应用型本科高校系列教材

概率统计及其应用

主　编　杨姣仕　熊　萍

副主编　胡　骏　金丽宏

西安电子科技大学出版社

内 容 简 介

本书按照教育部制定的"工科类本科数学基础课程教学基本要求"(概率论与数理统计部分),结合编者多年教学实践经验编写而成. 本书共八章,内容包括:随机事件与概率、随机变量及其分布、随机变量的数字特征、大数定律与中心极限定理、数理统计的基本概念、参数估计、假设检验、概率统计与数学软件. 每节后配有习题,每章后配有总习题,且均配有习题参考答案. 本书内容充实,注重理论联系实际,阐述简明易懂、循序渐进,例题和习题的选取注重典型性和实用性,难易度适中.

本书可作为普通高等院校理工类(非数学类专业)及经济管理类"概率论与数理统计"课程教材,也可作为自学者的参考书.

图书在版编目(CIP)数据

概率统计及其应用/杨姣仕,熊萍主编. —西安:西安电子科技大学出版社,2022.3
ISBN 978 - 7 - 5606 - 6214 - 5

Ⅰ. ①概⋯ Ⅱ. ①杨⋯ ②熊⋯   Ⅲ. ①概率统计—高等学校—教材 Ⅳ. ①TPO211

中国版本图书馆 CIP 数据核字(2021)第 232254 号

策划编辑 杨丕勇
责任编辑 郭 静 杨丕勇
出版发行 西安电子科技大学出版社(西安市太白南路 2 号)
电 话 (029)88202421 88201467   邮 编 710071
网 址 www. xduph. com   电子邮箱 xdupfxb001@163. com
经 销 新华书店
印刷单位 咸阳华盛印务有限责任公司
版 次 2022 年 3 月第 1 版 2022 年 3 月第 1 次印刷
开 本 787 毫米×1092 毫米 1/16 印张 14.75
字 数 347 千字
印 数 1～3000 册
定 价 42.80 元
ISBN 978 - 7 - 5606 - 6214 - 5/O

XDUP 6516001 - 1

* * * 如有印装问题可调换 * * *

前　言

"概率论与数理统计"是继"高等数学"之后又一门重要的基础课程，也是应用性很强的课程．根据当前工科类、理科类（非数学专业）和经济管理类各专业对概率论与数理统计的学习需求，编者结合多年的教学实践经验，编写了本书．

在本书编写过程中，编者吸取了同类教材的优点，努力做到概念清楚、重点突出、重在启发，便于教与学．本书分三部分：第一章至第四章为概率论基础，第五章至第七章为数理统计部分，第八章为概率统计与数学软件部分．本书具有以下特色：

第一，本书在确保课程自身的系统性和逻辑性的同时，立足于"理论体系完整，重在实际应用"的原则，侧重于使学生完整、全面地掌握基本概念、基本方法，重点培养和提高学生分析问题与解决问题的能力、熟练运用数学工具进行计算的能力以及运用本课程知识和利用数学软件 MATLAB 解决实际问题的能力，同时，着力提高逻辑思维能力．

第二，本书在内容的选取和安排上根据难易度进行了适当的调整．对理论性较强的内容作了适当的弱化处理，强调数学知识的应用；而对重要的知识点力求讲透，注重启发引导．

第三，本书配备大量的典型例题，每节内容都配有针对性的习题，每章后还配有总习题．读者可以通过这些例题和习题，更好地掌握本学科的基本概念、理论和方法．部分考研真题也体现在本书的相关内容中，以满足部分学生的需要．

第四，在讲述了本学科的基本概念和理论之后，本书最后一章介绍了如何用数学软件 MATLAB 产生随机数、求随机变量的数字特征、进行参数估计和假设检验、对实际问题进行数学建模，使本来抽象、冗繁和枯燥的课程变得形象、简明，在着力培养学生解决实际问题能力的同时，也为学生将数学应用于各行业打下一定的基础．

本书第一章至第三章由杨姣仕编写，第四章由胡骏编写，第五章至第七章由熊萍编写，第八章由金丽宏编写．全书由杨姣仕统稿．本书的编写是武汉城市学院"概率论与数理统计"课程建设项目工作的一部分，学校领导十分关心、支持该课程的建设工作，教务部领导及公共课部领导对本书的编写工作给予了大力的帮助和支持，尹水仿教授对本书进行了细致的审阅，数理教学中心的老师们也提出了宝贵意见和建议，在此，一并表示感谢！

由于编者水平有限，不足之处在所难免，恳请读者批评指正．

编者

2021 年 12 月

目　录

第一章　随机事件与概率

在自然界和人类社会中会观察到两类现象,一类是在一定条件下必然会出现的现象,称为确定性现象. 例如:在标准大气压下,水加热到 100 ℃一定沸腾;向空中抛出的重物必然下落;等等. 另一类现象是在一定条件下我们事先无法准确预知其结果的现象,称为随机现象. 例如:抛掷一枚质地均匀的硬币,硬币落地后有可能反面朝上,也有可能正面朝上;掷一颗骰子,掷出的点数可能是 1,2,…,6 中的任何一个;等等. 随机现象的特点是:即使在相同的条件下,每次试验或观察的结果也有可能不相同,或者已知它过去的状态,它将来的发展状态仍然无法确定.

虽然随机现象的结果事先不能预知,然而人们经过长期的实践发现,如果同类的随机现象大量重复出现,它的总体就会呈现出一定的规律性,大量同类随机现象所呈现的这种规律性,随着观察次数的增多而愈加明显. 比如抛掷一枚质地均匀的硬币,每一次投掷很难判断哪一面朝上,但是如果多次重复地投掷这枚硬币,就会越来越清楚地发现正面朝上与反面朝上的次数大致相同.

这种在大量重复试验或观测中所呈现出来的规律性,称为随机现象的统计规律性. 概率论与数理统计是研究随机现象的统计规律性的数学学科,它在自然科学和社会科学中展示出了强有力的影响作用,已成为经济工作者、管理工作者和工程技术人员等必备的数学素养.

第一节　随机试验与随机事件

一、随机试验

为了研究随机现象的统计规律性,对研究对象进行的大量重复观察或试验,称为随机试验. 随机试验简称试验,用 E 表示.

随机试验应具备以下三个特征:

(1) 可以在相同的条件下重复进行;

(2) 每次试验的可能结果不止一个,但在试验之前,能明确试验的所有可能结果;

(3) 试验之前不能确定哪一个结果会出现.

下面是一些随机试验的例子.

E_1:抛一枚质地均匀的硬币,观察正面 H、反面 T 出现的情况;

E_2:将一枚质地均匀的硬币抛三次,观察正面 H、反面 T 出现的情况;

E_3:掷一颗均匀对称的骰子,观察出现的点数;

E_4:从一批灯泡中抽取一只灯泡,测试它的使用寿命 t;

E_5:观察某地区一昼夜最低温度 x 和最高温度 y.

二、样本空间

为了研究随机试验，首先要知道这个试验的所有可能结果有哪些. 随机试验所有可能结果组成的集合称为样本空间，一般用字母 S 表示，每一个可能的结果称为样本点，常用 ω 表示，即 $S=\{\omega\}$.

在讨论一个随机试验时，首先要确定它的样本空间，对一个具体的试验来说，其样本空间可以由试验的具体内容来确定，下面分别写出上述各试验 $E_k(k=1,2,\cdots,5)$ 所对应的样本空间 $S_k(k=1,2,\cdots,5)$：

E_1：抛一枚均匀硬币，观察正面 H、反面 T 出现的情况，则样本空间
$$S_1=\{H,T\}$$

E_2：将一枚均匀硬币抛三次，观察正面 H、反面 T 出现的情况，则样本空间
$$S_2=\{HHH,HHT,HTH,THH,TTT,TTH,THT,HTT\}$$

E_3：掷一颗骰子，观察出现的点数，则样本空间
$$S_3=\{1,2,3,4,5,6\}$$

E_4：从一批灯泡中随意抽取一只，测试它的使用寿命 t，则样本空间
$$S_4=\{t\,|\,t\geqslant 0\}$$

E_5：观察某地区一昼夜最低温度 x 和最高温度 y. 设这个地区的温度不会低于 T_0 也不会高于 T_1，则样本空间
$$S_5=\{(x,y)\,|\,T_0\leqslant x<y\leqslant T_1\}$$

注意：

（1）样本空间中的元素可以是数值型也可以是非数值型.

（2）样本空间至少包含两个样本点.

（3）从样本空间含有样本点的个数来区分，样本空间可分为有限与无限两类，如以上样本空间 S_1，S_2，S_3 包含有限个样本点，是有限样本空间；而 S_4，S_5 包含无限个样本点，是无限样本空间.

（4）试验的目的不一样，样本空间中的样本点也会不一样. 比如：将一枚硬币抛三次，观察正面出现的次数，此时样本空间为 $S=\{3,2,1,0\}$.

三、随机事件

在随机试验中，人们不仅关心某个样本点是否出现，更关心满足某一特定条件的样本点是否出现. 例如，在随机试验 E_2 中，人们可能会关心"正面朝上的次数不少于两次"这一事件是否发生了，也可能关心事件"至少出现一次正面"是否发生了. 满足某一特定条件的样本点构成了样本空间 S 的子集. 一般，样本空间的子集称为随机试验的随机事件，简称事件，通常用大写字母 A，B，C 等来表示.

下面先从一个例子来分析.

例 1　在 E_3 中，若设事件 A 表示"出现的点数为偶数"，在一次试验中 A 发生，表示当且仅当在这次试验中出现 2 点、4 点、6 点中的一个，这样可以认为 A 是由 2 点、4 点、6 点组成的，而将 A 定义为它们组成的集合

$$A=\{2,4,6\}$$

类似地,事件 B 表示"出现的点数不超过 3",可定义为集合

$$B=\{1,2,3\}$$

在一次试验中,当且仅当出现的结果为随机事件中的某一个元素时,称这一事件发生. 例如,随机试验 E_3 中,事件 A 表示出现的点数为偶数,当掷出 2 点、4 点或 6 点时,就说事件 A 发生了.

特别地,由一个样本点组成的单点集,称为基本事件. 样本空间 S 包含所有的样本点,它是自身的子集,在每次试验中都发生,称为必然事件. 空集 $\varnothing$ 不包含任何样本点,它也是样本空间的子集,在任何一次试验中均不发生,称为不可能事件. 必然事件和不可能事件都没有随机性,但为了今后研究的方便,还是把它们作为随机事件的两个极端情形来处理.

四、事件的关系与运算

在研究随机试验时,我们发现一个随机试验往往包含很多随机事件,其中有些比较简单,有些比较复杂. 为了通过较简单的随机事件来解释较为复杂的随机事件的性质和规律,需要研究随机试验的各随机事件之间的关系及运算.

我们已经知道了样本空间是包含了所有可能结果的集合,随机事件是样本空间的一个子集. 大家知道,集合之间是可以运算的,因此随机事件之间也可以进行相应的运算. 事件之间的关系与运算可按集合之间的关系与运算来处理. 我们需要清楚这些关系与运算所代表的概率意义,能正确地将集合论中的符号翻译成概率论的语言. 事件的关系和运算也可以用韦恩(Venn)图来形象地表示,如图 1.1 所示.

设 S 为随机试验 E 的样本空间,A,B,$A_i(i=1,2,\cdots)$ 是随机事件,也就是 S 的子集. 我们用矩形表示样本空间 S,用圆 A 与圆 B 分别表示事件 A 与 B.

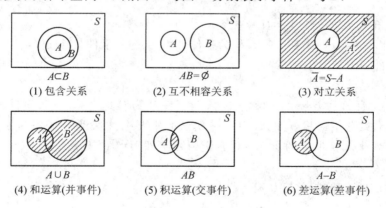

图 1.1 事件的关系与运算

1. 事件的关系

(1) 包含关系($A\subset B$).

属于 A 的样本点一定属于 B,则称事件 B 包含事件 A,记为 $A\subset B$ 或 $B\supset A$. 在概率论中,$A\subset B$ 表示事件 A 发生必导致事件 B 发生.

(2) 相等关系($A = B$).

若事件 A，B 满足：属于 A 的样本点必属于 B，而且属于 B 的样本点必属于 A，即 $A \subset B$ 且 $B \subset A$，则称事件 A 与 B 相等，记为 $A = B$. 从集合论观点看，两个事件相等就意味着这两个事件是同一集合.

(3) 互不相容关系.

若 $AB = \varnothing$，则称事件 A 与事件 B 互不相容（或互斥）. 显然，此时事件 A 与事件 B 不能同时发生. 基本事件是两两互不相容的.

2. 事件的运算

(1) 事件 A 与 B 的并（$A \bigcup B$）.

事件 $A \bigcup B = \{x \,|\, x \in A$ 或 $x \in B\}$ 称为事件 A 与事件 B 的和事件或并事件. 当且仅当 A，B 中至少有一个发生时，事件 $A \bigcup B$ 发生.

类似地，我们将 $\bigcup\limits_{k=1}^{n} A_k$ 称为 n 个事件 A_1，A_2，$\cdots$，A_n 的并事件，它表示 A_1，A_2，$\cdots$，A_n 至少有一个发生这一事件；将 $\bigcup\limits_{k=1}^{\infty} A_k$ 称为可列个事件 A_1，A_2，$\cdots$，A_n，$\cdots$ 的并事件，它表示 A_1，A_2，$\cdots$，A_n，$\cdots$ 至少有一个发生这一事件.

(2) 事件 A 与 B 的交（$A \bigcap B$）.

事件 $A \bigcap B = \{x \,|\, x \in A$ 且 $x \in B\}$ 称为事件 A 与 B 的交事件或积事件. 当且仅当两个事件 A 与 B 都发生时，事件 $A \bigcap B$ 发生. $A \bigcap B$ 也记作 AB.

类似地，我们将 $\bigcap\limits_{k=1}^{n} A_k$ 称为 n 个事件 A_1，A_2，$\cdots$，A_n 的交事件，它表示 A_1，A_2，$\cdots$，A_n 同时发生这一事件；称 $\bigcap\limits_{k=1}^{\infty} A_k$ 为可列个事件 A_1，A_2，$\cdots$，A_n，$\cdots$ 的交事件，它表示 A_1，A_2，$\cdots$，A_n，$\cdots$ 同时发生这一事件.

(3) 事件 A 与 B 的差（$A - B$）.

事件 $A - B = \{x \,|\, x \in A$ 且 $x \notin B\}$ 称为事件 A 与 B 的差事件. 当且仅当事件 A 发生且 B 不发生时，事件 $A - B$ 发生.

(4) 对立关系：

若 $AB = \varnothing$ 且 $A \bigcup B = S$，则称事件 A 与事件 B 为对立关系，又称事件 A 与事件 B 互为（对立）逆事件. 这指的是事件 A，B 在一次试验中要么 A 发生，要么 B 发生，两事件中有且仅有一个发生. 事件 A 的对立事件常记为 $\overline{A}$，即 $B = \overline{A}$. 显然

$$\overline{A} = S - A$$

对于任意的两个事件 A 与 B 有

$$A - B = A\overline{B} = A - AB$$

五、事件的运算规律

我们已经看到事件的运算实际上就是集合的运算，因此，事件的运算和集合的运算满足一样的运算规律. 设 A，B，C 为事件，则有

(1) 交换律：

$$A \cup B = B \cup A, \quad A \cap B = B \cap A$$

(2) 结合律：

$$A \cup (B \cup C) = (A \cup B) \cup C$$

$$A \cap (B \cap C) = (A \cap B) \cap C$$

(3) 分配律：

$$A \cup (B \cap C) = (A \cup B) \cap (A \cup C)$$

$$A \cap (B \cup C) = (A \cap B) \cup (A \cap C)$$

(4) 对偶律：

$$\overline{A \cup B} = \overline{A} \cap \overline{B}, \ \overline{A \cap B} = \overline{A} \cup \overline{B}$$

对偶律可以推广到有限个事件：

$$\overline{\bigcup_{i=1}^{n} A_i} = \bigcap_{i=1}^{n} \overline{A_i}; \ \overline{\bigcap_{i=1}^{n} A_i} = \bigcup_{i=1}^{n} \overline{A_i}$$

注意：正确地用字母表示事件的关系与运算是相当重要的.

例 2　设 A, B, C 是三个事件，试以 A, B, C 的运算表示下列各事件：

(1) A 与 B 发生，C 不发生；

(2) A, B, C 都不发生；

(3) A, B, C 中至少有一个发生；

(4) A, B, C 中恰有一个发生；

(5) A, B, C 中不多于一个发生；

(6) A, B, C 中不多于两个发生；

(7) A, B, C 中至少有两个发生.

解　首先注意到一个事件不发生，即为它的对立事件发生，例如事件 A 不发生即为 $\overline{A}$ 发生.

(1) C 不发生，意味着 $\overline{C}$ 发生，"A 与 B 发生，C 不发生"意味着 $A, B, \overline{C}$ 都发生，可以表示成 $AB\overline{C}$.

(2) A, B, C 都不发生，即 $\overline{A}, \overline{B}, \overline{C}$ 都发生，可以表示成 $\overline{A}\,\overline{B}\,\overline{C}$.

(3) 由并事件的含义知，A, B, C 中至少有一个发生，就是事件 $A \cup B \cup C$.

(4) A, B, C 中恰有一个发生，但未指定是哪一个发生，可以是恰有 A 发生或恰有 B 发生或恰有 C 发生，若恰有 A 发生则必须 B, C 均不发生，因而 A, B, C 中恰有 A 发生可表示为 $A\overline{B}\,\overline{C}$，类似地恰有 B 发生可表示为 $\overline{A}B\overline{C}$，恰有 C 发生可表示为 $\overline{A}\,\overline{B}C$. 所以 A, B, C 中恰有一个发生可以表示成 $A\overline{B}\,\overline{C} \cup \overline{A}B\overline{C} \cup \overline{A}\,\overline{B}C$.

(5) A, B, C 中不多于一个发生，表示 A, B, C 中至少有两个不发生，即 $\overline{A}\,\overline{B}, \overline{B}\,\overline{C}, \overline{A}\,\overline{C}$ 中至少有一个发生，可以表示成 $\overline{A}\,\overline{B} \cup \overline{B}\,\overline{C} \cup \overline{A}\,\overline{C}$.

又 A, B, C 中不多于一个发生表示 A, B, C 都不发生或恰有一个发生，故又可以表示成 $\overline{A}\,\overline{B}\,\overline{C} \cup A\overline{B}\,\overline{C} \cup \overline{A}B\overline{C} \cup \overline{A}\,\overline{B}C$.

(6) A, B, C 中不多于两个发生表示 A, B, C 中至少有一个不发生，即 $\overline{A} \cup \overline{B} \cup \overline{C}$，亦即 $\overline{ABC}$.

（7）A，B，C中至少有两个发生，即事件 AB，BC，CA 中至少有一个发生，所以可以表示为 $AB \cup BC \cup CA$. 也可以表示成恰有两个发生或者三个事件都发生，即

$$A B \overline{C} \cup A \overline{B} C \cup \overline{A} B C \cup A B C$$

例 3　甲、乙、丙三人同时向一目标各射击一次，分别用 A_1，A_2，A_3 表示三人各自击中目标，若目标至少被两人击中，则一定被摧毁，则可用 A_1，A_2，A_3 表示下列事件：

"至少有一人击中目标"可以表示成 $A_1 \cup A_2 \cup A_3$；

"甲与乙击中，丙没有击中"可以表示成 $A_1 A_2 \overline{A_3}$；

"目标被击中一次"可以表示成 $A_1 \overline{A_2}\,\overline{A_3} \cup \overline{A_1} A_2 \overline{A_3} \cup \overline{A_1}\,\overline{A_2} A_3$；

"目标被摧毁"可以表示成 $A_1 A_2 \cup A_2 A_3 \cup A_1 A_3$.

例 4　图书馆中随意抽取一本书，用事件 A 表示"取到数学书"，B 表示"取到中文书"，C 表示"取到平装书"，则

$A B \overline{C}$ 表示"抽取的是精装中文版数学书"；

$\overline{C} \subset B$ 表示"精装书都是中文书"；

$\overline{A} = B$ 表示"非数学书都是中文版的且中文版的书都是非数学书".

┌─ **习题 1.1** ─┐

1. 以 A，B，C 分别表示学生甲、乙、丙各自通过英语四级的事件，用 A，B，C 表示以下事件：

（1）甲、乙、丙三人中恰有一人通过英语四级＿＿＿＿＿＿＿＿＿＿＿＿＿＿＿；

（2）甲、乙、丙三人中恰有一人未通过英语四级＿＿＿＿＿＿＿＿＿＿＿＿＿；

（3）甲、乙、丙三人中至少有一人通过英语四级＿＿＿＿＿＿＿＿＿＿＿＿＿；

（4）甲、乙、丙三人中至少有一人未通过英语四级＿＿＿＿＿＿＿＿＿＿＿；

（5）甲、乙、丙三人中恰有两人通过英语四级＿＿＿＿＿＿＿＿＿＿＿＿＿；

（6）甲、乙、丙三人中恰有两人未通过英语四级＿＿＿＿＿＿＿＿＿＿＿＿；

（7）甲、乙、丙三人中至少有两人通过英语四级＿＿＿＿＿＿＿＿＿＿＿＿；

（8）甲、乙、丙三人中至少有两人未通过英语四级＿＿＿＿＿＿＿＿＿＿＿；

（9）甲、乙、丙三人都通过英语四级＿＿＿＿＿＿＿＿＿＿＿＿＿＿＿＿＿；

（10）甲、乙、丙三人都未通过英语四级＿＿＿＿＿＿＿＿＿＿＿＿＿＿＿；

（11）甲、乙、丙三人不是都通过英语四级＿＿＿＿＿＿＿＿＿＿＿＿＿＿；

（12）甲、乙、丙三人不是都未通过英语四级＿＿＿＿＿＿＿＿＿＿＿＿＿.

2. 设 A，B，C 为三个随机事件，则 $\overline{A} \cup \overline{B} \cup \overline{C}$ 表示＿＿＿＿＿＿事件，若有等式 $AB = \overline{A}$，则 A，B 分别表示＿＿＿＿＿＿事件.

3. 已知事件 A，B 互不相容，则 $A \cup \overline{B} =$ ＿＿＿＿；$A - \overline{B} =$ ＿＿＿＿；$A \overline{B} =$ ＿＿＿＿.

4. 试问下列命题是否成立：

（1）$A - (B - C) = (A - B) \cup C$；

（2）$(A \cup B) - B = A$；

（3）$(A - B) \cup B = A$.

第二节　随机事件的概率

对于一个事件（除必然事件和不可能事件外）来说，它在一次试验中可能发生，也可能不发生．人们往往会关心事件在一次试验中发生的可能性大小，并希望找到一个合适的数来表征事件在一次试验中发生的可能性大小．为此，首先引入频率的概念，它描述了事件发生的频繁程度，进而引出表征事件在一次试验中发生的可能性大小的数——概率．

一、频率

定义 1　在相同的条件下，进行 n 次重复试验，设在 n 次重复试验中事件 A 发生了 n_A 次，比值 $\dfrac{n_A}{n}$ 称为事件 A 在这 n 次试验中发生的频率，记作 $f_n(A)$，即

$$f_n(A) = \frac{n_A}{n}$$

由频率的定义易见，频率具有以下基本性质：

(1) 非负性：$f_n(A) \geqslant 0$.

(2) 规范性：$f_n(S) = 1$.

(3) 有限可加性：若 $A_1, A_2, \cdots, A_m$ 两两不相容，则 $f_n(\bigcup\limits_{i=1}^{m} A_i) = \sum\limits_{i=1}^{m} f_n(A_i)$.

例如，我们曾讨论抛一枚硬币试验，掷出正面和掷出反面的可能性是相同的，都是 $\dfrac{1}{2}$．为了验证这一点，历史上有不少人做过这个试验．下表 1.1 是历史上一些学者从进行的抛硬币试验中得到的数据．从表中可以看出，正面出现的频率始终在 $\dfrac{1}{2}$ 附近摆动，并且抛掷次数越多，频率就越接近 $\dfrac{1}{2}$，即抛硬币次数增大时，出现正面的频率逐渐稳定在 $\dfrac{1}{2}$．

表 1.1　不同实验者在抛硬币实验中统计的频率

实　验　者	抛硬币次数	正面出现次数	正面出现频率
德·摩根	2048	1061	0.5181
蒲丰	4040	2048	0.5069
皮尔逊	12000	6019	0.5016
皮尔逊	24000	12012	0.5005
维尼	30000	14994	0.4998

二、概率

在大量重复进行同一试验时，事件 A 发生的频率 $f_n(A)$ 所稳定的常数，称为事件 A 的概率．注意到在实际工作、生活中，我们不可能对每一个事件都做大量的试验，从中得到频率的稳定值．为了理论研究的需要，数学家从频率的稳定性和频率的性质中得到启发，1933 年，前苏联数学家科尔莫哥洛夫给出了表征事件在一次试验中发生可能性大小的概率

的定义.

定义 2 设 S 是随机试验 E 的样本空间. 如果对于其中每一个事件 A, 存在一个实数 $P(A)$, 其满足下列条件:

(1) 非负性: 对于任意事件 A, 总有 $P(A) \geqslant 0$;

(2) 规范性: 对于必然事件 S, $P(S) = 1$;

(3) 可列可加性: 若事件 A_1, A_2, $\cdots$, A_n, $\cdots$ 两两不相容, 则 $P(\bigcup\limits_{i=1}^{\infty} A_i) = \sum\limits_{i=1}^{\infty} P(A_i)$.

则称 $P(A)$ 为事件 A 的概率.

该定义称为概率的公理化定义, 这三条性质是概率的三个基本属性, 概率论的全部理论都是建立在上面的三条公理的基础之上的.

由上述的定义可以推出概率的一些重要性质:

性质 1 不可能事件的概率为 0, 即 $P(\varnothing) = 0$.

性质 2 有限可加性: 对于 n 个两两互不相容的事件 A_1, A_2, $\cdots$, A_n, 有

$$P(A_1 \bigcup A_2 \bigcup \cdots \bigcup A_n) = P(A_1) + P(A_2) + \cdots + P(A_n)$$

证 因为 $A_1 \bigcup A_2 \bigcup \cdots \bigcup A_n = A_1 \bigcup A_2 \bigcup \cdots \bigcup A_n \bigcup \varnothing \bigcup \varnothing \bigcup \cdots$, 且由概率的可列可加性及性质 1 得

$$P(A_1 \bigcup A_2 \bigcup \cdots \bigcup A_n) = P(A_1) + P(A_2) + \cdots + P(A_n)$$

性质 3 对任意一个事件 A, 有 $P(\overline{A}) = 1 - P(A)$.

证 因为 $A\overline{A} = \varnothing$, $A \bigcup \overline{A} = S$, 由概率的有限可加性和规范性得

$$1 = P(S) = P(A \bigcup \overline{A}) = P(A) + P(\overline{A})$$

所以

$$P(\overline{A}) = 1 - P(A)$$

性质 4 当事件 A, B 满足 $B \subset A$ 时,

$$P(A - B) = P(A) - P(B)$$
$$P(A) \geqslant P(B)$$

证 因为当 $B \subset A$ 时, $A = B \bigcup (A - B)$, $B \bigcap (A - B) = \varnothing$, 由性质 2 可得

$$P(A) = P(B) + P(A - B)$$

因此

$$P(A - B) = P(A) - P(B)$$

又由概率的非负性, $P(A - B) \geqslant 0$ 知 $P(A) \geqslant P(B)$

性质 5 对于任一事件 B, 总有 $P(B) \leqslant 1$.

证 性质 4 中取 $A = S$, $1 = P(S) = P(B) + P(S - B)$, 易得到 $P(B) \leqslant 1$.

性质 6 任意事件 A, B 满足加法公式, 即 $P(A \bigcup B) = P(A) + P(B) - P(AB)$.

证 因 $A \bigcup B = A \bigcup (B - AB)$, 且 $A \bigcap (B - AB) = \varnothing$, 故由概率的有限可加性有

$$P(A \bigcup B) = P(A) + P(B - AB)$$

又 $AB \subset B$, 由性质 4 得到

$$P(A \bigcup B) = P(A) + P(B) - P(AB)$$

加法公式可以推广到任意 n 个事件的概率计算.

若 A_1，A_2，…，A_n 为 n 个事件，则

$$P(A_1 \bigcup A_2 \bigcup \cdots \bigcup A_n) = \sum_{i=1}^{n} P(A_i) - \sum_{1 \leqslant i < j \leqslant n} P(A_i A_j) +$$
$$\sum_{1 \leqslant i < j < k \leqslant n} P(A_i A_j A_k) + \cdots + (-1)^{n-1} P(A_1 A_2 \cdots A_n)$$

特别地，当 $n=3$ 时，有

$$P(A \bigcup B \bigcup C) = P(A) + P(B) + P(C) - P(AB) - P(AC) - P(BC) + P(ABC)$$

注：适当运用概率的性质有助于计算较为复杂的事件的概率.

例 1　设 A，B，C 为三个随机事件，已知 $P(A) = P(B) = P(C) = \frac{1}{4}$，$P(AB) = 0$，$P(BC) = P(AC) = \frac{1}{16}$，求 A，B，C 全不发生的概率.

解　所求概率
$$P(\overline{A}\,\overline{B}\,\overline{C}) = P(\overline{A \bigcup B \bigcup C}) = 1 - P(A \bigcup B \bigcup C)$$
$$= 1 - [P(A) + P(B) + P(C) - P(AB) - P(AC) - P(BC) + P(ABC)]$$
由于 $ABC \subset AB$ 且 $P(AB) = 0$，利用非负性及单调性可得
$$0 \leqslant P(ABC) \leqslant P(AB) = 0$$
从而
$$P(ABC) = 0$$
因此
$$P(\overline{ABC}) = 1 - (\frac{3}{4} - \frac{2}{16}) = \frac{3}{8}$$

例 2　设 A，B 为随机事件，$P(A) = 0.7$，$P(A-B) = 0.3$，求 $P(\overline{AB})$.

解　由 $P(A-B) = P(A-AB) = P(A) - P(AB) = 0.3$，$AB \subset A$，从而
$$P(AB) = 0.4$$
$$P(\overline{AB}) = 1 - P(AB) = 0.6$$

例 3　小王参加"智力大冲浪"游戏，他能答出甲、乙两类问题的概率分别为 0.7 和 0.2，两类问题都能答出的概率为 0.1. 求：

（1）小王答出甲类而答不出乙类问题的概率；

（2）小王至少有一类问题能答出的概率；

（3）小王两类问题都答不出的概率.

解　用事件 A，B 分别表示事件"能答出甲类问题"，"能答出乙类问题"，则
$$P(A) = 0.7, \quad P(B) = 0.2, \quad P(AB) = 0.1$$
可得

（1）$P(A\overline{B}) = P(A) - P(AB) = 0.7 - 0.1 = 0.6$；

（2）$P(A \bigcup B) = P(A) + P(B) - P(AB) = 0.8$；

（3）$P(\overline{A}\,\overline{B}) = P(\overline{A \bigcup B}) = 1 - P(A \bigcup B) = 0.2$.

习题 1.2

1. 设 A，B 为两个事件，$P(AB)=P(\overline{A}\,\overline{B})$，$P(A)=p$，求 $P(B)$.

2. 设 A，B 仅发生一个的概率为 0.3，且 $P(A)+P(B)=0.5$，求 A，B 至少有一个不发生的概率.

3. 设随机事件 A，B 同时发生，C 也必然会发生，则下列选项必然成立的是_____.

(A) $P(C) < P(A)+P(B)-1$ 　　　　　(B) $P(C) \geqslant P(A)+P(B)-1$

(C) $P(C) = P(AB)$ 　　　　　　　　(D) $P(C) = P(A \bigcup B)$

4. 设 A，B 为任意两个随机事件，则_____.

(A) $P(AB) \leqslant P(A)P(B)$ 　　　　　(B) $P(AB) \geqslant P(A)P(B)$

(C) $P(AB) \leqslant \dfrac{P(A)+P(B)}{2}$ 　　(D) $P(AB) \geqslant \dfrac{P(A)+P(B)}{2}$

5. 设随机事件 A，B 互不相容，则_____.

(A) $P(\overline{AB}) = 0$ 　　　　　　　(B) $P(AB) = P(A)P(B)$

(C) $P(A) = 1-P(B)$ 　　　　　　　(D) $P(\overline{A} \bigcup \overline{B}) = 1$

第三节　古 典 概 型

在概率论发展史上最先研究的是一类较简单的随机试验，这类随机试验的样本空间只包含有限个样本点，并且每个样本点等可能出现，这样的概率模型称为古典概型. 为了计算古典概型中事件的概率，先回顾排列与组合的计数方法.

一、预备知识

排列和组合都是计算"从 n 个元素中任取 r 个元素"的取法总数的，两者的区别在于前者考虑元素间的次序，而后者不考虑元素间的次序.

（1）加法原理：完成一件事有 n 种方式，第一种方式里有 m_1 种不同的方法，第二种方式里有 m_2 种不同的方法，…，第 n 种方式里有 m_n 种不同的方法，那么完成这件事共有 $\sum\limits_{i=1}^{n} m_i$ 种不同的方法，这称为加法原理. 例如，某人从甲地到乙地，可以选择乘飞机，也可以选择乘火车，还可以选择坐汽车. 飞机有 4 班次，火车有 6 班次，汽车有 2 班次，则该人从甲地到乙地共有 $4+6+2=12$ 种选择.

（2）乘法原理：完成一件事有 n 个步骤，第一步有 m_1 种不同的方法，第二步有 m_2 种不同的方法，…，第 n 步有 m_n 种不同的方法，那么完成这件事共有 $\prod\limits_{i=1}^{n} m_i$ 种不同的方法，这称为乘法原理. 例如，有 4 件不同的外套和 3 条不同的裤子，共有 $4 \times 3 = 12$ 种不同的搭配.

（3）排列：从 n 个不同元素中任取 $m(m \leqslant n)$ 个元素（被取出的元素各不相同），按照一定的顺序排成一排，叫作从 n 个不同元素中任取 m 个元素的一个排列.

（4）排列数：从 n 个不同元素中任取 $m (m \leqslant n)$ 个元素的所有排列的个数，$\mathrm{A}_n^m = \dfrac{n!}{(n-m)!}$．

（5）组合：从 n 个不同元素中任取 $m (m \leqslant n)$ 个元素，不考虑次序并成一组，叫作从 n 个不同元素中任取 $m (m \leqslant n)$ 个元素的一个组合．

（6）组合数：从 n 个不同元素中任取 $m (m \leqslant n)$ 个元素的所有组合个数，$\mathrm{C}_n^m = \dfrac{n!}{m!(n-m)!}$．

二、古典概型

如果一个随机试验满足：

（1）样本空间中的样本点个数有限（有限性）；

（2）每个基本事件的发生等可能（等可能性）．

一般把这类随机现象的数学模型称为古典概型或等可能概型．

在实际应用中，我们需要根据实际情况去判断基本事件是否等可能发生，例如，抛掷一枚质地均匀的硬币，经过分析就可以认为朝上面出现正面和反面是等可能的．

设古典概型的样本空间 S 包含 n 个样本点，随机事件 A 中含有 $k (k \leqslant n)$ 个样本点，则随机事件 A 发生的概率为

$$P(A) = \frac{k}{n} = \frac{A \text{ 包含的样本点数}}{S \text{ 包含的样本点数}} \qquad (1-1)$$

因此要计算古典概型中任一随机事件的概率，关键是要计算样本空间所包含的样本点个数和该随机事件所含的样本点个数，这些计算常常需要利用排列组合的知识．

例 1　将一枚硬币抛掷三次，观察每次正面朝上的情况．事件 A 表示"三次中恰有一次正面"，事件 B 表示"三次中至少出现一次正面"，求 $P(A)$，$P(B)$．

解　用 H 表示出现正面，T 表示出现反面，则样本空间 $S = \{HHH, HHT, HTH, THH, TTH, THT, HTT, TTT\}$ 共包含 8 个样本点，事件 $A = \{HTT, THT, TTH\}$ 共 3 个样本点，事件 $B = \{HHH, HHT, HTH, THH, HTT, THT, TTH\}$ 共 7 个样本点．所以

$$P(A) = \frac{3}{8}, \qquad P(B) = \frac{7}{8}$$

例 2　袋中有 4 个白球，2 个红球，从中取球两次，每次取一个．

（1）放回抽样：第一次取出一个球，观察颜色后，放回，再从中任取一个球；

（2）不放回抽样：第一次取球不放回，再从中任取一个球．

分别求在以上两种方式下下列事件的概率：

（1）取到两球均为白球的概率；

（2）取到两球颜色相同的概率；

（3）取到两球中至少有一个白球的概率．

解　设 A 表示随机事件"取到的两球均为白色"，设 B 表示随机事件"取到的两球均为红色"，设 C 表示随机事件"取到的两球同色"，设 D 表示随机事件"取到的两球至少有一个

为白色".

（1）有放回抽样：

$$P(A) = \frac{4 \times 4}{6 \times 6} = \frac{4}{9}$$

$$P(C) = P(A \cup B) = P(A) + P(B) = \frac{4 \times 4}{6 \times 6} + \frac{2 \times 2}{6 \times 6} = \frac{5}{9}$$

$$P(D) = 1 - P(B) = 1 - \frac{2 \times 2}{6 \times 6} = \frac{8}{9}$$

（2）不放回抽样：

$$P(A) = \frac{4 \times 3}{6 \times 5} = \frac{2}{5}$$

$$P(C) = P(A \cup B) = P(A) + P(B) = \frac{4 \times 3}{6 \times 5} + \frac{2 \times 1}{6 \times 5} = \frac{7}{15}$$

$$P(D) = 1 - P(B) = 1 - \frac{2 \times 1}{6 \times 5} = \frac{14}{15}$$

例 3　袋中有 a 个白球，b 个红球，从袋中按不放回与放回两种方式取 m 个球（$m \leqslant a+b$），求其中恰有 k 个（$k \leqslant a$，$k \leqslant m$）白球的概率.

解　设 A 表示事件"取到的 m 个球中有 k 个白球".

（1）不放回情形：

解法一　每次任取一个球，记下颜色，放在一边，重复 m 次，共取到 m 个球. 由于抽取后不放回，每次取球时球数都比上次少一个，则

$$A_{a+b}^{m} = C_{a+b}^{m} m!$$

所以样本空间 S 包含的样本点数

$$n_s = A_{a+b}^{m} = C_a^k C_b^{m-k} m!$$

事件 A 包含的样本点个数为

$$n_A = C_m^k A_a^k A_b^{m-k}$$

$$= \frac{m!}{k!(m-k)!} \cdot \frac{a!}{(a-k)!} \cdot \frac{b!}{(b-m+k)!} = C_a^k C_b^{m-k} m!$$

则

$$P(A) = \frac{C_a^k C_b^{m-k}}{C_{a+b}^m}, \ k \leqslant a, \ k \leqslant m$$

解法二　既然每次抽取不放回，那么抽取 m 次相当于从 $a+b$ 个球中一次抽取 m 个球，总共有 C_{a+b}^m 种取法，所以样本点总数为 $n_S = C_{a+b}^m$. k 个球取自 a 个白球，有 C_a^k 种取法；$m-k$ 个球取自 b 个红球，有 C_b^{m-k} 种取法. 所以事件 A 包含的样本点数为 $C_a^k C_b^{m-k}$. 故所求概率为

$$P(A) = \frac{C_a^k C_b^{m-k}}{C_{a+b}^m}$$

注：在不放回方式下，逐次取 m 个球，与一次任取 m 个球算得的结果相同.

（2）放回情形：

由于抽取后放回，因此每次抽取都是在 $a+b$ 个球中任意抽取，即有 $a+b$ 种可能结果.

取 m 个球需抽取 m 次, 共有 $(a+b)^m$ 种等可能的结果, 所以样本点总数为 $(a+b)^m$.

抽取的球中恰好有 k 个白球, 相当于在 m 次有放回的抽样中, 白球正好出现了 k 次, 红球正好出现了 $m-k$ 次. 从 a 个白球中抽取 k 个共有 a^k 种等可能情况, 从 b 个红球中抽取 $m-k$ 个共有 b^{m-k} 种等可能情况. 而取到 k 次白球可以出现在 m 次抽样的任何次序上, 所以这个事件包含的样本点数为 $C_m^k a^k b^{m-k}$. 故所求概率为

$$P(A) = \frac{C_m^k a^k b^{m-k}}{(a+b)^m} = C_m^k \left(\frac{a}{a+b}\right)^k \left(\frac{b}{a+b}\right)^{m-k}$$

若记 $p = \dfrac{a}{a+b}$, 则

$$P(A) = C_m^k p^k (1-p)^{m-k}, \quad k = 1, 2, \cdots, \min(a, m)$$

例 4 (分房模型)

设有 k 个不同的球, 每个球等可能地落入 N 个盒子中 $(k \leqslant N)$, 设每个盒子容球数无限, 求下列事件的概率:

(1) 某指定的 k 个盒子中各有一球;

(2) 某个指定的盒子恰有 m 个球 $(m \leqslant k)$;

(3) 某个指定的盒子没有球;

(4) 恰有 k 个盒子中各有一球;

(5) 至少有两个球在同一盒子中;

(6) 每个盒子至多有一个球.

解 设 (1) 至 (6) 中的各事件依次为 $A_1, A_2, \cdots, A_6$, 则

(1) 事件 A_1 包含的样本点数 $m_{A_1} = k!$, 从而 $P(A_1) = \dfrac{m_{A_1}}{n} = \dfrac{k!}{N^k}$;

(2) 事件 A_2 包含的样本点数 $m_{A_2} = C_k^m (N-1)^{k-m}$, 从而 $P(A_2) = \dfrac{C_k^m (N-1)^{k-m}}{N^k}$;

(3) 事件 A_3 包含的样本点数 $m_{A_3} = (N-1)^k$, 从而 $P(A_3) = \dfrac{(N-1)^k}{N^k}$;

(4) 事件 A_4 包含的样本点数 $m_{A_4} = C_N^k k!$, 从而 $P(A_4) = \dfrac{C_N^k k!}{N^k}$;

(5) 事件 A_5 包含的样本点数 $m_{A_5} = N^k - C_N^k k!$, 从而 $P(A_5) = \dfrac{N^k - C_n^k k!}{N^k}$;

(6) 事件 A_6 包含的样本点数 $m_{A_6} = C_N^k k!$, 从而 $P(A_6) = P(A_4) = \dfrac{C_N^k k!}{N^k}$.

注: 例 4 的"分房模型"可应用于很多类似场合, 见表 1.2.

表 1.2 "分房模型"的类似应用场合

球	人	人	信	钥匙	男舞伴	……
盒子	房子	生日	邮箱	门锁	女舞伴	……

下面举例说明"分房模型"的应用。

例 5 生物系二年级有 n 个人, 求至少有两人生日相同 (设为事件 A) 的概率.

解 本问题中的人可被视为"球", 365 天为 365 只"盒子". $\overline{A}$ 为事件" n 个人的生日均

不相同"，这相当于每个盒子至多有一个球. 由例 4(6)得

$$P(\overline{A}) = \frac{C_{365}^n \cdot n!}{365^n}$$

因此

$$P(A) = 1 - P(\overline{A}) = 1 - \frac{C_{365}^n \cdot n!}{365^n}$$

若 $n=64$，则 $P(A) \approx 0.997$.

计算古典概率应注意以下事项：

(1) 明确所作的试验是等可能概型，有时需设计符合问题要求的随机试验，使其成为等可能概型；

(2) 同一题的样本空间中的基本事件总数随试验设计的不同而不同，如例 3 中不放回试验的两种不同设计. 一般样本点总数 n_S 越小越好；

(3) 计算古典概率时须注意应用概率计算的有关公式，将复杂问题简单化.

习题 1.3

1. 电话号码为 86493940，但只知道前面的 6 位数，求一次拨对该号码的概率.

2. 从 5 双不同的鞋子中任取 4 只，问这 4 只中至少有两只配成一双的概率是多少？

3. 将 6 只球随机地放入 3 只盒子中，求每只盒子都有球的概率.

4. 袋中有 N 个球，其中有 N_1 个白球，其余为红球.

(1) 从中一次取 n 个球（$n < N_1$），求恰取到 k 个白球的概率；

(2) 从中一次取一个球，不放回取 n 次，求恰取到 k 个白球的概率；

(3) 从中一次取一个球，不放回取 n 次，求前 k 次取到白球的概率.

5. 设 10 个运动队平均分成两组预赛，计算最强的两个队被分在同一组的概率.

6. (2016 年数三)设袋中有红、白、黑球各一个，从中有放回地取球，每次取一个，直到三种颜色的球都取到时停止，则取球次数恰好为 4 的概率为_____.

7. 设有 30 名新生，要随机平均地分配到 3 个班中去. 这 30 名新生中，有 6 名党员. 试求如下事件的概率.

A：6 名党员新生平均分配到 3 个班中；

B：6 名党员新生被分配在同一班中.

第四节　条件概率

一、条件概率

在研究概率问题时，有时要考虑在事件 B 发生的条件下事件 A 发生的概率，记作 $P(A \mid B)$. 例如抛掷一枚骰子，已知掷出的是偶数点，考虑掷出的点数为 6 的概率，这类问题不同于直接求解掷出的点数为 6 点的古典概率问题，这就是本节要讨论的条件概率

问题.

定义 1　设 A，B 是两个事件，且 $P(B)>0$，称

$$P(A|B)=\frac{P(AB)}{P(B)} \tag{1-2}$$

为事件 B 发生的条件下事件 A 发生的条件概率.

例 1　抛掷一枚骰子，已知掷出的点数为偶数，求掷出的点数不超过 3 的概率为多少.

解　样本空间 $S=\{1,2,3,4,5,6\}$.

设 A 表示随机事件"掷出的点数为偶数"，则 $A=\{2,4,6\}$.

设 B 表示随机事件"掷出的点数不超过 3"，则 $B=\{1,2,3\}$.

则 $AB=\{2\}$，从而

$$P(B)=\frac{n_B}{n_S}=\frac{3}{6}，\ P(AB)=\frac{n_{AB}}{n_S}=\frac{1}{6}$$

按定义进行计算得 B 发生的条件下 A 发生的条件概率为

$$P(A|B)=\frac{P(AB)}{P(B)}=\frac{1}{3}$$

在这里，我们看到 $P(A)=\frac{1}{2}\neq\frac{1}{3}$，这容易理解，因为以事件 B 发生为前提，相当于样本空间缩小了，此时 A 中的样本点 4、6 不可能出现. 在随机事件 B 的 3 个样本点 1、2、3 中依据等可能性计算取得 2 的概率为 $\frac{1}{3}$，当然就有 $P(A|B)\neq P(A)$.

易见，条件概率 $P(A|B)$ 满足概率公理化定义中的三个要求，即

(1) 非负性：对于任一事件 A，$P(A|B)\geqslant0$.

(2) 规范性：$P(S|B)=1$.

(3) 可列可加性：设 A_1，A_2，… 两两互不相容，则

$$P(\bigcup_{i=1}^{+\infty}A_i\mid B)=\sum_{i=1}^{+\infty}P(A_i\mid B)$$

因此，条件概率是概率，它具有概率所具有的一切性质，例如：

$$P(\varnothing\mid B)=0$$
$$P(\overline{A}|B)=1-P(A|B)$$
$$P(A_1\bigcup A_2|B)=P(A_1|B)+P(A_2|B)-P(A_1A_2|B)$$

计算条件概率有两种方法：其一，在缩减后的样本空间中用古典概型的方法计算；其二，用条件概率定义计算.

例 2　一批产品共有 100 件，其中 90 件正品，从中不放回取三次，每次取一个，已知第一次和第二次取到的是次品，求第三次取到正品的概率.

解法 1　用古典概型的求解方法：

设 A_i 表示随机事件"第 i 次取到次品"（$i=1,2,3$），则所求概率为

$$P(\overline{A_3}|A_1A_2)=\frac{C_{90}^1}{C_{98}^1}=\frac{90}{98}$$

解法 2　由条件概率的定义计算：

$$P(\overline{A_3}|A_1A_2)=\frac{P(A_1A_2\overline{A_3})}{P(A_1A_2)}=\frac{C_{10}^1C_9^1C_{90}^1/C_{100}^1C_{99}^1C_{98}^1}{C_{10}^1C_9^1/C_{100}^1C_{99}^1}=\frac{90}{98}$$

二、条件概率的三大计算公式

1. 乘法公式

由条件概率的定义可得到一个非常有用的公式，这就是概率的乘法公式.

乘法公式　设 A，B 是两个事件，且 $P(B)>0$，则有

$$P(AB)=P(B)P(A|B) \tag{1-3}$$

类似地，若 $P(A)>0$，则有

$$P(AB)=P(A)P(B|A) \tag{1-4}$$

乘法公式可以推广到有限多个事件的情形，如果 A_1，A_2，…，A_n 为 n 个事件，且 $P(A_1A_2\cdots A_{n-1})>0$，则

$$P(A_1A_2\cdots A_n)=P(A_1)P(A_2|A_1)\cdots P(A_n|A_1A_2\cdots A_{n-1})$$

特别地，对于 A，B，C 三个事件，当 $P(AB)>0$ 时，有

$$P(ABC)=P(AB)P(C|AB)=P(A)P(B|A)P(C|AB)$$

例 3　一批产品共有 100 件，其中 90 件正品，10 件次品，每次从中任意取一件，取出后不放回，求第三次才取到正品的概率.

解　设 A_i 表示随机事件"第 i 次取到次品"$(i=1,2,3)$，则

$$P(A_1)=\frac{C_{10}^1}{C_{100}^1}=0.1$$

$$P(A_2|A_1)=\frac{C_9^1}{C_{99}^1}=\frac{9}{99}$$

$$P(\overline{A_3}|A_2A_1)=\frac{C_{90}^1}{C_{98}^1}=\frac{90}{98}$$

于是所求概率为

$$P(A_1A_2\overline{A_3})=P(A_1)\cdot P(A_2|A_1)\cdot P(\overline{A_3}|A_1A_2)=0.1\times\frac{9}{99}\times\frac{90}{98}\approx0.0084$$

2. 全概率公式

将复杂事件分解成一些较容易计算的情况分别进行考虑，可以化繁为简，这就是全概率公式的思想.

例 4　某商店出售的电视机全部由甲、乙两厂生产，其中甲厂生产的占 2/3，正品率为 90％；乙厂生产的占 1/3，正品率为 60％. 今从商店随机买回一台电视机，问是正品的概率是多少.

解　设 G 表示事件"买回的电视机是正品"，设 A 表示事件"电视机是甲厂生产的"，设 B 表示事件"电视机是乙厂生产的"，则

$$P(A)=\frac{2}{3}\quad P(G|A)=\frac{9}{10}\quad P(B)=\frac{1}{3}\quad P(G|B)=\frac{6}{10}$$

因为

$$G=GA\bigcup GB\quad GA\bigcap GB=\varnothing$$

所以有

$$P(G) = P(GA \cup GB) = P(GA) + P(GB) = P(A)P(G \mid A) + P(B)P(G \mid B)$$

因此

$$P(G) = \frac{2}{3} \times \frac{9}{10} + \frac{1}{3} \times \frac{6}{10} = \frac{4}{5}$$

本题利用概率有限可加性和条件概率公式求概率. 求概率建立起来的公式就是下面要介绍的全概率公式, 先引入完备事件组的概念.

(i) **完备事件组** 设 S 是随机试验 E 的样本空间, B_1, B_2, $\cdots$, B_n 是 S 的一组随机事件, 满足

(1) $B_i B_j = \varnothing$ ($i \neq j$, i, $j = 1$, 2, $\cdots$, n);

(2) $\bigcup\limits_{i=1}^{n} B_i = S$.

则称 B_1, B_2, $\cdots$, B_n 为样本空间 S 的一个完备事件组.

若 B_1, B_2, $\cdots$, B_n 是样本空间 S 的一个完备事件组, 那么, 对于每次试验, 事件 B_1, B_2, $\cdots$, B_n 中必有一个且仅有一个发生.

(ii) **定理 1** 设 B_1, B_2, $\cdots$, B_n 为样本空间 S 的一个完备事件组, 且

$$P(B_i) > 0 \quad (i = 1, 2, \cdots, n)$$

则对于任意的随机事件 A, 有

$$P(A) = \sum_{i=1}^{n} P(B_i) P(A \mid B_i) \tag{1-5}$$

证 因为 $A = AS = A(\bigcup\limits_{i=1}^{n} B_i) = \bigcup\limits_{i=1}^{n}(AB_i)$ 由于 $B_i B_j = \varnothing$ 且 $AB_i \subset B_i$, 故

$$(AB_i)(AB_j) = \varnothing \quad (i \neq j, \ i, \ j = 1, \ 2, \ \cdots, \ n)$$

由概率加法公式及乘法公式, 得

$$P(A) = P(AS) = P\Big[A(\bigcup\limits_{i=1}^{n} B_i)\Big] = P(\bigcup\limits_{i=1}^{n} AB_i) = \sum_{i=1}^{n} P(AB_i) = \sum_{i=1}^{n} P(B_i) P(A \mid B_i)$$

我们称式 (1-5) 为全概率公式. 利用全概率公式可以将求复杂事件的概率问题分为若干互不相容的简单事件的概率问题来处理. 特别地, 只要 $0 < P(B) < 1$, B 和 $\overline{B}$ 总构成完备事件组, 所以 $P(A) = P(B)P(A \mid B) + P(\overline{B})P(A \mid \overline{B})$, 这是一个常用的公式.

例 5 设第一个盒子中有 2 个白球 1 个黑球, 第二个盒子中有 3 个白球和 1 个黑球, 第三个盒子中有 2 个白球和 2 个黑球, 此三个盒子外形相同, 某人任意取一个球, 求取到白球的概率.

解 设 A 表示随机事件"取到的球为白球", B_i 表示随机事件"从第 i 个盒子中取球" ($i = 1$, 2, 3), 则 B_1, B_2, B_3 是完备事件组, 且

$$P(B_i) = \frac{1}{3}, \ P(A \mid B_1) = \frac{2}{3}, \ P(A \mid B_2) = \frac{3}{4}, \ P(A \mid B_3) = \frac{2}{4}$$

由全概率公式可得所求的概率

$$P(A) = P(B_1)P(A \mid B_1) + P(B_2)P(A \mid B_2) + P(B_3)P(A \mid B_3)$$

$$= \frac{1}{3} \cdot \frac{2}{3} + \frac{1}{3} \cdot \frac{3}{4} + \frac{1}{3} \cdot \frac{2}{4} = \frac{23}{36}$$

例6　设甲袋中装有 n 个白球，m 个红球，乙袋中装有 N 个白球，M 个红球，今从甲袋中取一个球放入乙袋中，再从乙袋中任意取一个球，问取到白球的概率是多少.

解　用 B 表示事件"从乙袋中取出白球"，A_1，A_2 分别表示事件"从甲袋中取出红球放入乙袋"、"从甲袋中取出白球放入乙袋"，则 A_1，A_2 构成完备事件组.

由全概率公式可得所求的概率

$$P(B) = P(A_1)P(B \mid A_1) + P(A_2)P(B \mid A_2)$$

$$= \frac{C_m^1}{C_{m+n}^1} \cdot \frac{C_N^1}{C_{M+N+1}^1} + \frac{C_n^1}{C_{m+n}^1} \cdot \frac{C_{N+1}^1}{C_{M+N+1}^1}$$

$$= \frac{m}{n+m} \cdot \frac{N}{M+N+1} + \frac{n}{m+n} \cdot \frac{N+1}{M+N+1}$$

3. 贝叶斯公式

另一个重要公式是贝叶斯公式.

贝叶斯(Bayes)公式　设 B_1，B_2，$\cdots$，B_n 为 S 的一个完备事件组，且 $P(B_i) > 0 (i=1, 2, \cdots, n)$，则对于任意的随机事件 A，有

$$P(B_i \mid A) = \frac{P(B_i)P(A \mid B_i)}{\sum\limits_{i=1}^{n} P(B_i)P(A \mid B_i)} \qquad (1-6)$$

证　由条件概率公式有

$$P(B_i \mid A) = \frac{P(AB_i)}{P(A)} = \frac{P(B_i)P(A \mid B_i)}{\sum\limits_{i=1}^{n} P(B_i)P(A \mid B_i)}$$

贝叶斯公式又称为逆概率公式，在概率论与数理统计中有多方面的应用. 这里 B_1，B_2，$\cdots$，B_n 可以看作导致 A 发生的"原因". $P(B_i \mid A)$ 是在事件 A 发生的条件下，某个"原因"B_i 发生的概率，称为"后验概率"；$P(B_i)$ 称为"先验概率".

贝叶斯公式的意义在于：在出现一个新的补充事件条件下，重新修正对原有事件 B_i 的概率的估计，计算出后验概率 $P(B_i \mid A)$.

大家可以用贝叶斯公式对"狼来了"这则寓言故事进行分析，计算孩子在村民心目中的可信度是如何下降的.

例7　某电子设备厂所用电子管由三个厂家提供，根据记录，有以下数据（见表 1.3）：

表 1.3　元件制造商的次品率和供应份额

元件制造商	次品率	供应份额
1	0.02	0.15
2	0.01	0.80
3	0.03	0.05

若该电子设备厂从三个厂家购进的元件混合存放.

(1) 现从中随机地取出一件，求它是次品的概率；

(2) 从中任意取出一件，检验结果为次品，求该次品由三个厂家生产的概率各是多少.

解　设 A 表示事件"取出的元件是次品"，B_i 表示事件"取出的元件是由第 i 厂生产的"

（$i=1$，2，3）.

则由题可知 $P(B_1)=0.15$，$P(B_2)=0.80$，$P(B_3)=0.05$，$P(A|B_1)=0.02$，$P(A|B_2)=0.01$，$P(A|B_3)=0.03$

（1）由全概率公式得

$$P(A)=P(B_1)P(A|B_1)+P(B_2)P(A|B_2)+P(B_3)P(A|B_3)$$
$$=0.02\times0.15+0.01\times0.80+0.03\times0.05=0.0125$$

（2）$P(B_1|A)=\dfrac{P(AB_1)}{P(A)}=\dfrac{P(B_1)P(A|B_1)}{P(A)}=\dfrac{0.02\times0.15}{0.0125}=0.24$

$P(B_2|A)=\dfrac{P(AB_2)}{P(A)}=\dfrac{P(B_2)P(A|B_2)}{P(A)}=\dfrac{0.01\times0.80}{0.0125}=0.64$

$P(B_3|A)=\dfrac{P(AB_3)}{P(A)}=\dfrac{P(B_3)P(A|B_3)}{P(A)}=\dfrac{0.03\times0.05}{0.0125}=0.12$

例 8　发报台分别以概率 0.6 和 0.4 发出信号"·"和"-"，由于通信系统受到干扰，当发出信号为"·"时，收报台未必收到信号"·"，而是分别以概率 0.8 和 0.2 收到信号"·"和"-"．又若当发出信号为"-"时，收报台分别以概率 0.9 和 0.1 收到信号"-"和"·"．现求当收报台收到信号"·"时，发报台确实发出信号"·"的概率．

解　设 A 为发出信号"·"的事件，B 为收到信号"·"的事件．则 $P(A)=0.6$，$P(\overline{A})=0.4$，$P(B|A)=0.8$，$P(B|\overline{A})=0.1$，由贝叶斯公式知所求概率为

$$P(A|B)=\frac{P(AB)}{P(B)}=\frac{P(A)P(B|A)}{P(A)P(B|A)+P(\overline{A})P(B|\overline{A})}$$
$$=\frac{0.6\times0.8}{0.6\times0.8+0.4\times0.1}=0.923$$

例 9　根据以往的资料，一位母亲患某种传染病的概率为 0.5．当母亲患病时，她的第 1 个、第 2 个孩子患病的概率都为 0.5，且两个孩子均不患病的概率为 0.25；当母亲未患病时，每个孩子必定不患病．

（1）求第 1 个、第 2 个孩子未患病的概率；

（2）求当第 1 个孩子未患病时第 2 个孩子未患病的概率；

（3）求当两个孩子均未患病时，母亲患病的概率．

解　设 C 表示事件"母亲患病"，N_i 表示随机事件"第 i 个孩子未患病"（$i=1$，2）．则

$$P(C)=0.5,\ P(\overline{C})=0.5,\ P(\overline{N_i}|C)=0.5,\ P(N_1N_2|C)=0.25,\ P(N_i|\overline{C})=1,\ P(N_1N_2|\overline{C})=1$$

（1）由 $P(N_1)=P(C)P(N_1|C)+P(\overline{C})P(N_1|\overline{C})$

$$=P(C)[1-P(\overline{N_1}|C)]+0.5\times1=0.5\times0.5+0.5=0.75$$

因此，

$$P(N_2)=P(N_1)=0.75$$

（2）由题设当 $\overline{C}$ 发生时，N_1，N_2 均为必然事件，必然事件一定相互独立（事件的独立性见下节内容），于是 $P(N_1N_2|\overline{C})=P(N_1|\overline{C})P(N_2|\overline{C})=1$，因此

$$P(N_2|N_1)=\frac{P(N_1N_2)}{P(N_1)}=\frac{P(C)P(N_1N_2|C)+P(\overline{C})P(N_1N_2|\overline{C})}{P(N_1)}$$

$$= \frac{0.5 \times 0.25 + 0.5 \times 1}{0.75} = \frac{5}{6}$$

(3) $P(C \mid N_1 N_2) = \dfrac{P(C) P(N_1 N_2 \mid C)}{P(N_1 N_2)} = \dfrac{0.5 \times 0.25}{0.625} = 0.2$

从本例可以看到,先验概率与后验概率不一样,所以读者在解决实际问题时一定要清楚求解的是哪一种,不要将两者混淆.

┌ ╴ ╴ ╴ ╴ ╴ ╴ ╴ ┐
　习题 1.4
└ ╴ ╴ ╴ ╴ ╴ ╴ ╴ ┘

1. 朋友自远方来访,他乘火车、轮船、汽车、飞机来的概率分别是 0.3,0.2,0.1,0.4. 如果他乘火车、轮船、汽车迟到的概率分别是 $\dfrac{1}{4}$,$\dfrac{1}{3}$,$\dfrac{1}{12}$,而乘飞机不会迟到. 结果他迟到了,试问他乘火车来的概率是多少?

2. 设有两箱同种零件,第一箱内装 50 件,其中 10 件一等品;第二箱内装 30 件,其中 18 件一等品. 先从两箱中随机挑选一箱,然后从该箱中先后随机取出两个零件(取出的零件均不放回),试求:

(1) 先取出的零件是一等品的概率;

(2) 在先取出的是一等品的条件下,后取出的零件仍然是一等品的概率.

3. 一道单项选择题同时列出 4 个答案,一个考生可能真正理解而选对答案,也可能乱猜一个. 假设他知道正确答案的概率为 $\dfrac{1}{3}$,猜对的概率为 $\dfrac{1}{4}$. 如果已知他选对了,求他确实知道正确答案的概率.

第五节　事件的独立性

事件的独立性是概率论中的一个重要概念,两个事件之间的独立性是指一个事件的发生与否不影响另一个事件发生的概率. 实际问题中关于事件独立性的例子很多,先看下面的例题.

例 1　将一枚骰子抛掷两次,记 A 为"第一次掷出的点数为 3",记 B 为"第二次掷出的点数为 6",由题意易得

$$P(A) = P(A \mid B) = \frac{1}{6}, \; P(B) = P(B \mid A) = \frac{1}{6}$$

即第二次掷出的点数对第一次掷出的点数没有影响,事件 B 的发生与否对事件 A 的发生的概率没有影响. 又由乘法公式有 $P(AB) = P(A) P(B \mid A)$,可知 $P(AB) = P(A) P(B)$.

由此引出两事件的独立性的定义.

一、两事件的独立性

定义 1　设 A,B 为两事件,如果满足等式

$$P(AB) = P(A) P(B)$$

则称事件 A 与事件 B 相互独立，简称 A 与 B 独立.

按照这个定义，必然事件 S 和不可能事件 $\varnothing$ 与任何事件独立. 此外，由于 A 与 B 的位置对称，如果 A 与 B 相互独立，则 B 与 A 也相互独立.

我们在本章第一节曾介绍过"互不相容（互斥）"的概念，这里应注意区分这两个概念. 实际上，若 $P(A)>0$，$P(B)>0$，则"A，B 相互独立"与"A，B 互不相容"不能同时成立，即当 A，B 互不相容时，它们必不相互独立；反之，当它们相互独立时，一定相容.

下面几个结论在概率计算时经常用到：

结论1 设 A，B 为两事件，且 $P(B)>0$，则 A 与 B 相互独立的充要条件是 $P(A\mid B)=P(A)$. 同理，若 $P(A)>0$，则 A 与 B 相互独的充要条件是令 $P(B)=P(B\mid A)$.

证 设 A 与 B 相互独立，即有 $P(AB)=P(A)P(B)$，则

$$P(A\mid B)=\frac{P(AB)}{P(B)}=P(A)$$

反之，设 $P(A)=P(A\mid B)$，则由条件概率定义有

$$P(A\mid B)=\frac{P(AB)}{P(B)}=P(A)$$

于是 $P(AB)=P(A)P(B)$

故 A 与 B 相互独立.

同理，可证 $P(B)=P(B\mid A)$.

结论2 若 A，B 相互独立，则 $\overline{A}$ 与 B，A 与 $\overline{B}$，$\overline{A}$ 与 $\overline{B}$ 也相互独立.

下面以 A，B 相互独立为条件证明 $\overline{A}$ 与 B 独立，其他证明类似.

证 $P(\overline{A}B)=P(B-AB)=P(B)-P(AB)=P(B)-P(A)P(B)$
$$=[1-P(A)]P(B)=P(\overline{A})P(B)$$

故 $\overline{A}$ 与 B 独立.

结论3 若 $P(A\mid B)=P(A\mid\overline{B})$，则 A 与 B 相互独立.

证 由加法公式有

$$P(A)=P(AB\bigcup A\overline{B})=P(AB)+P(A\overline{B})$$
$$=P(B)P(A\mid B)+P(\overline{B})P(A\mid\overline{B})$$
$$=P(A\mid B)[P(B)+P(\overline{B})]=P(A\mid B)$$

故 A 与 B 相互独立.

例2 设甲、乙两射手对同一目标射击，他们击中目标的概率分别为 0.9 和 0.8，现在两个人各射击一次，求该目标被击中的概率为多少.

解 设 A 表示事件"甲击中目标"，B 表示事件"乙击中目标"，以 C 表示事件"目标被击中"，则 $C=A\bigcup B$，A 与 B 相互独立，有

$$P(C)=P(A\bigcup B)=P(A)+P(B)-P(AB)=0.9+0.8-0.8\times0.9=0.98$$

在研究随机事件的独立性时，需研究的随机事件往往会超过两个，下面给出多个随机事件相互独立的概念.

二、n 个事件的独立性

定义2 设有 n 个事件 A_1，A_2，…，A_n，对于任意的整数 $k(k\leqslant n)$，$k=2$，3，…，n

都有

$$P(A_{i_1}, A_{i_2}, \cdots, A_{i_k}) = P(A_{i_1})P(A_{i_2})\cdots P(A_{i_k}), \text{ 且 } 1 \leqslant i_1 < i_2 \cdots < i_k \leqslant n \quad (1-8)$$

则称 $A_1, A_2, \cdots, A_n$ 相互独立.

特别地，若 $n=3$，则 A, B, C 三个事件相互独立需满足以下等式：

$$\begin{cases} P(AB) = P(A)P(B) \\ P(AC) = P(A)P(C) \\ P(BC) = P(B)P(C) \\ P(ABC) = P(A)P(B)P(C) \end{cases}$$

由上面 4 个等式容易看出，如果 A, B, C 相互独立，则 A 与 B，B 与 C，C 与 A 都相互独立，即 A, B, C 两两独立；反之，A, B, C 两两独立，不能保证 A, B, C 相互独立.

关于多个事件的独立性，有如下结论：

结论 1 若 n 个事件 $A_1, A_2, \cdots, A_n$ 相互独立，则

$$P(A_1 \bigcap A_2 \bigcap A_n) = P(A_1)P(A_2)\cdots P(A_n)$$

同时它们中的任何 $m(2 \leqslant m < n)$ 个事件也相互独立.

结论 2 若 n 个事件 $A_1, A_2, \cdots, A_n$ 相互独立，则将其中任意多个事件换成它们的对立事件后，所得的 n 个事件仍然相互独立，比如 $\overline{A_1}, \overline{A_2}, \cdots, \overline{A_n}$ 也相互独立，且

$$P(A_1 \bigcup A_2 \bigcup \cdots \bigcup A_n) = 1 - P(\overline{A_1 \bigcup A_2 \bigcup \cdots \bigcup A_n})$$
$$= 1 - P(\overline{A_1}\ \overline{A_2}\cdots\overline{A_n})$$
$$= 1 - P(\overline{A_1})P(\overline{A_2})\cdots P(\overline{A_n})$$

需要说明的是，在实际应用中，独立性的定义不是用来判断事件间的独立性的，而是用来计算积事件的概率的. 判定事件的独立性时，往往不是根据定义，而是根据实际意义. 一般地，如果根据实际情况分析，事件之间没有联系，则认为它们之间是相互独立的. 如果事件是独立的，则许多概率的计算就可以大为简化. 而如果 $A_1, A_2, \cdots, A_n$ 不相互独立，$P(A_1 \bigcup A_2 \bigcup \cdots \bigcup A_n)$ 这个概率的计算就要用到概率的一般加法公式，是比较复杂的.

例 3 设每只步枪射击飞机的命中率为 0.004，现用 250 只步枪同时独立地进行一次射击，求飞机被击中的概率.

解 设 A 表示事件"飞机被击中"，设 B_i 表示事件"第 i 只步枪击中飞机"（$i=1, 2, \cdots, 250$），则

$$A = B_1 \bigcup B_2 \bigcup \cdots \bigcup B_{250}$$

因此

$$P(A) = P(B_1 \bigcup B_2 \bigcup \cdots \bigcup B_{250}) = 1 - \prod_{i=1}^{250}[1 - P(B_i)] = 1 - (1 - 0.004)^{250} \approx 0.63$$

习题 1.5

1. 设 $P(A) = 0.4$，$P(A \bigcup B) = 0.7$，在以下情况中求 $P(B)$：

（1）若 A, B 互不相容；

（2）若 A, B 相互独立；

(3) 若 $A \subset B$.

2. 若 A，B 相互独立，$P(A)=0.2$，$P(B)=0.45$，试求 $P(\overline{A} \cap \overline{B})$，$P(\overline{A} \cup \overline{B})$.

3. 甲、乙、丙三人对同一目标进行 3 次独立的射击，他们的命中率分别为 0.5，0.6，0.8. 对目标的 3 次射击中，分别求恰有 1 人命中目标和至少有 1 人命中目标的概率.

4. 设每个人的血清中含肝炎病毒的概率为 0.004%，求来自不同地区的 100 个人的血清混合液中含有肝炎病毒的概率.

5. 设 A，B，C 为三个随机事件，且 A 与 C 相互独立，B 与 C 相互独立，则 $A \cup B$ 与 C 相互独立的充要条件是_____.

(A) A 与 B 相互独立　　　(B) A 与 B 互不相容

(C) AB 与 C 相互独立　　　(D) AB 与 C 互不相容

6. 设事件 A，B，C 两两独立，则事件 A，B，C 相互独立的充分必要条件是_____.

(A) A 与 BC 相互独立　　　(B) AB 与 $A \cup C$ 相互独立

(C) AB 与 AC 相互独立　　　(D) $A \cup B$ 与 $A \cup C$ 相互独立

7. 设随机事件 A，B，C 相互独立，且 $P(A)=P(B)=P(C)=\dfrac{1}{2}$，则 $P(AC|A \cup B)=$ _____.

总 习 题 一

一、填空题

1. 设两个相互独立事件 A 和 B 都不发生的概率为 $\dfrac{1}{9}$，A 发生 B 不发生的概率与 B 发生 A 不发生的概率相等，则 $P(A)=$ _____.

2. 设 A，B，C 为三个随机事件，A 与 C 互不相容，$P(AB)=\dfrac{1}{2}$，$P(C)=\dfrac{1}{3}$，则 $P(AB|\overline{C})=$ _____.

3. 设随机事件 A 与 B 相互独立，A 与 C 相互独立，$BC=\varnothing$，若
$$P(A)=P(B)=\frac{1}{2}, P(AC|AB \cup C)=\frac{1}{4}$$
则 $P(C)=$ _____.

二、选择题

1. 设 A，B，C 为任意三个随机事件，事件 D 表示 A，B，C 至少有一个发生，则与 D 不相等的是_____.

(A) $A \cup B \cup C$ 　　　　　　(B) $S - \overline{A} \, \overline{B} \, \overline{C}$

(C) $A \cup (B-A) \cup (C-(A \cup B))$ 　　(D) $A\overline{B} \, \overline{C} \cup AB \, \overline{C} \cup \overline{A} \, BC$

2. 设 A，B 为两随机事件，若 $0<P(A)<1$，$0<P(B)<1$，则 $P(A|\overline{B})<P(A|B)$ 的充要条件是_____.

(A) $P(B|A)>P(B|\overline{A})$ 　　　(B) $P(B|A)<P(B|\overline{A})$

(C) $P(\overline{B}|A)>P(B|\overline{A})$ 　　　(D) $P(\overline{B}|A)<P(B|\overline{A})$

三、解答题

1. 设 A，B，C 为任意三个随机事件，判断下列等式是否一定成立：

(1) $A \cup B - C = A - C \cup B$

(2) $A - (B \cup C) = A - B - C$

2. 设 $P(AB) = 0$，则下列说法哪些正确？

(1) A 与 B 不相容；

(2) A 与 B 相容；

(3) AB 是不可能事件；

(4) AB 不一定是不可能事件；

(5) $P(A) = 0$ 或 $P(B) = 0$；

(6) $P(A - B) = P(A)$

3. 设 A，B，C 为随机事件，且

$$P(A) = P(B) = P(C) = \frac{1}{4}, \quad P(AB) = P(BC) = 0, \quad P(AC) = \frac{1}{8}$$

求 A，B，C 至少有一个发生的概率.

4. 设 A，B 为两随机事件，且 $P(AB) = P(\overline{A} \cap \overline{B})$，$P(A) = \frac{1}{3}$，求 $P(B)$.

5. 设 A，B 为两随机事件，$P(\overline{A}) = 0.3$，$P(B) = 0.4$，$P(A\overline{B}) = 0.5$，求 $P(B | A \cup \overline{B})$.

6. 四个球放入三个盒子中，在已知前面两球放入不同盒子的条件下，求恰有三个球放在同一个盒子中的概率.

7. 甲乙两选手进行某专业知识比赛，考题由抽签给定. 已知 10 个考题中有 3 个难题. 甲乙二人不放回地先后抽签答题，求甲乙二人各自抽到难题的概率.

8. 设有编号 $1 \sim 10$ 的 10 张卡片，从中任选 3 张，求下列事件的概率.

(1) 最大号码为 5；　　(2) 最大号码为 8，最小号码为 3.

9. 15 名学生中有 3 名女生. 将这 15 名学生随机地分成 3 组，每组 5 人. 求下列事件的概率：

A:"每组各有一名女生"；B:"三名女生在同一组".

10. 设某家有 3 个孩子，已知其中至少有 1 个女孩，求这一家至少有一个男孩的概率.

11. 设某家有两个孩子，已知其中一个孩子是女孩，求这一家另一个孩子是男孩的概率.

12. 一名工人看管 3 台机器，在 1 小时内 3 台机器不用工人看管的概率分别为 0.9，0.8，0.7，求在 1 小时内 3 台机器最多有 1 台需要看管的概率.

13. 若甲，乙，丙三个小组在一天内独自能将某密码破译的概率分别为 $\frac{1}{2}$，$\frac{1}{3}$ 与 $\frac{1}{4}$. 让这三个小组独立地破译密码，求一天内这三个小组中至少有一个小组能将此密码破译的概率.

14. 设某公共汽车站每 5 分钟有一辆车到达（每辆到站公共汽车都能将站台候车的乘客全载走），而每位乘客在 5 分钟内的任意时刻到达车站是等可能的. 求正在车站候车的 10 位乘客中，恰有一位乘客候车的时间超过 4 分钟的概率.

15. n 个客人来时都把雨伞放在门边,走时每人任取一把. 求:

(1) 至少有一人选中自己的雨伞的概率;

(2) 指定的某 $n-k$ 个客人未选中自己雨伞的概率;

(3) 恰有 $k(\leqslant n)$ 个客人选中自己的雨伞的概率.

16. 设 10 件产品中有 3 件次品,7 件正品,现从中取三次,每次取一件,取后不放回,试求下列事件的概率:

(1) 第三次取得次品;

(2) 第三次才取得次品;

(3) 已知前两次没有取得次品,第三次取得次品.

17. 设有一批同类型产品,它由三家工厂生产. 第一、二、三家工厂的产量各占总产量的 $\frac{1}{2}$,$\frac{1}{4}$ 和 $\frac{1}{4}$,次品率分别为 2%,2% 和 4%,将这些产品混在一起. 求:

(1) 从中任取一个产品,求取到的是次品的概率.

(2) 现任取一个产品,发现是次品,问它是第一、二、三家工厂生产的概率各为多少?

18. 已知某班男同学中患近视眼的占 25%,女同学中患近视眼的占 30%,且此班男女同学的人数之比为 $3:1$. 从此班中随机地抽取一位同学去检查视力,求此同学恰为近视眼的概率.

19. 战斗机有 3 个不同部分会遭到射击,在第 i 部分被击中 $i(i=1,2,3)$ 发子弹时,战斗机才会被击落. 设射击的命中率与每一部分的面积成正比,第 1,2,3 部分的面积比为 $1:2:7$,若战斗机已被击中 2 发子弹,求战斗机被击落的概率.

四、证明题

设 A,B,C 是不能同时发生但两两独立的随机事件,且 $P(A)=P(B)=P(C)=\rho$,证明 ρ 可取的最大值为 $\frac{1}{2}$.

第二章　随机变量及其分布

上一章我们介绍了随机试验的样本空间，利用样本空间的子集来表示随机事件，研究了随机事件及其概率，但是这种用集合表示随机事件的方式对讨论随机试验的统计规律性及运用数学工具有较大的局限性. 本章中，随机变量的引入，使我们能够利用微积分等数学工具来研究随机试验，揭示随机现象客观存在的统计规律性.

第一节　随 机 变 量

一、随机变量的定义

我们在前面讨论过随机试验，其中有些试验的结果就是数量；有些虽然本身不是数量，但可以根据研究需要建立试验结果与数量的对应关系. 比如下面的例子.

例 1　将一枚质地均匀的硬币连续投掷 3 次，观察正面 H、反面 T 出现的情况，则样本空间

$$S = \{HHH, \ HHT, HTH, THH, HTT, THT, TTH, TTT\}$$

将样本空间中的样本点依次记为 $\omega_1, \omega_2, \omega_3, \omega_4, \omega_5, \omega_6, \omega_7, \omega_8$，则样本空间

$$S = \{\omega_1, \omega_2, \omega_3, \omega_4, \omega_5, \omega_6, \omega_7, \omega_8\}$$

若用 X 表示出现正面的次数，则 X 由试验的结果来确定，X 可能的结果是 $0, 1, 2, 3$，易知

$$X(\omega_1) = 3, \ X(\omega_2) = X(\omega_3) = X(\omega_4) = 2$$
$$X(\omega_5) = X(\omega_6) = X(\omega_7) = 1, \ X(\omega_8) = 0$$

不难发现 $\{X=0\}$ 就是事件 $\{\omega_8\}$，$\{X=1\}$ 是事件 $\{\omega_5, \omega_6, \omega_7\}$，$\{X=2\}$ 是事件 $\{\omega_2, \omega_3, \omega_4\}$，$\{X=3\}$ 是事件 $\{\omega_1\}$，则

$$P(X=0) = P(\omega_8) = \frac{1}{8}, \ P(X=1) = P(\omega_5) + P(\omega_6) + P(\omega_7) = \frac{3}{8}$$

$$P(X=2) = \frac{3}{8}, \ P(X=3) = \frac{1}{8}, \ P(X \leqslant 1) = P(X=0) + P(X=1) = \frac{1}{2}$$

从上例我们发现可以引入一个取值于某个集合上的变量 X，它有下面的两个特征：

（1）$X = X(\omega)$ 是定义在样本空间 S 上的单值实函数，有明确的取值范围.

（2）$X = X(\omega)$ 的自变量取值随机，从而 $X(\omega)$ 取某一数值也是随机的，并且可以确定它取各个值的可能大小.

定义 1　设 E 是随机试验，其样本空间为 $S = \{\omega\}$，如果对任一 $\omega \in S$ 都有一实数 $X(\omega)$ 与之对应，且对任何实数 $x \in \mathbf{R}$，集合 $\{\omega | X(\omega) \leqslant x\}$ 是一随机事件，则称单值实函数 $X = X(\omega)$ 为随机变量，$X(\omega)$ 简记为 X. 约定用大写英文字母 X, Y 等表示随机变量.

引入随机变量后,事件可以通过随机变量来表示,例如,设 a,b 为实数,当 X 是随机变量时,集合 $\{X=a\}$,$\{X<b\}$,$\{a<X\leqslant b\}$,$\{a\leqslant X<b\}$ 等都是随机事件.从而对事件及事件概率的研究也就转化为对随机变量及其取值规律的研究.

随机变量因取值方式的不同,通常分为离散型和非离散型两类,而非离散型随机变量中最重要的是连续型随机变量.本章主要介绍离散型随机变量和连续型随机变量.

二、分布函数

在实际问题中,我们往往关心的不是随机变量取某特定值的概率,而是它们落在某区间内的概率,为此引出分布函数的定义.

定义 2　设 X 为随机变量,x 为任意实数,称函数

$$F(x)=P(X\leqslant x),\qquad -\infty<x<+\infty \tag{2-1}$$

为随机变量 X 的概率分布函数,简称分布函数.

分布函数 $F(x)$ 是一个普通的一元实函数,定义域是全体实数,若将随机变量 X 看作实轴上随机点的坐标,那么分布函数 $F(x)$ 的值就表示 X 落在区间 $(-\infty,x]$ 上的概率,而 X 落在区间 $(a,b]$ 上的概率恰为分布函数 $F(x)$ 在此区间两个端点的函数值之差,即

$$P(a<X\leqslant b)=P(X\leqslant b)-P(X\leqslant a)=F(b)-F(a)$$

分布函数 $F(x)$ 的基本性质如下:

(1) 有界性:对任意 x,有 $0\leqslant F(x)\leqslant 1$,且 $F(-\infty)=\lim\limits_{x\to-\infty}F(x)=0$,$F(+\infty)=\lim\limits_{x\to+\infty}F(x)=1$.

(2) 单调不减性:若 $x_1<x_2$,则 $F(x_1)\leqslant F(x_2)$.

(3) 右连续性:$F(x_0+0)=F(x_0)$,即 $\lim\limits_{x\to x_0^+}F(x)=F(x_0)$.

注　若一个函数具备以上三个性质,则它一定是某个随机变量的分布函数.因此,这三个基本性质成为判断某函数是否为分布函数的充要条件.

有了分布函数后,有关随机变量 X 的各种事件的概率都能方便地用分布函数表示了,例如,对任意的实数 $a<b$,有

(1) $P(a<X\leqslant b)=F(b)-F(a)$;

(2) $P(X=a)=F(a)-F(a-0)$;

(3) $P(a\leqslant X\leqslant b)=F(b)-F(a-0)$;

$\qquad P(a<X<b)=F(b-0)-F(a)$;

$\qquad P(a\leqslant X<b)=F(b-0)-F(a-0)$;

(4) $P(X<a)=F(a-0)$; $P(X>a)=1-F(a)$; $P(X\geqslant a)=1-F(a-0)$.

下面对(2)进行证明,其他可据(2)类推:

证　由于

$$\{X=a\}=\lim_{n\to+\infty}\left(a-\frac{1}{n}<X\leqslant a\right)$$

所以

$$P(X=a)=\lim_{n\to+\infty}P\left(a-\frac{1}{n}<X\leqslant a\right)=\lim_{n\to+\infty}\left[F(a)-F\left(a-\frac{1}{n}\right)\right]=F(a)-F(a-0)$$

分布函数是概率论中一个非常重要的概念，每一个随机变量都有确定的分布函数，通过它就能使许多概率问题得以简化而归纳为函数的运算，这样就能利用微积分知识对随机现象进行研究，这也是引进随机变量的原因.

例 2　确定常数 A、B 的值，使函数

$$F(x)=\begin{cases} A+Be^{-\frac{x^2}{2}}, & x>0 \\ 0, & x\leqslant 0 \end{cases}$$

为某一随机变量的分布函数，并求 $P(X\leqslant 2)$，$P(\frac{1}{2}<X\leqslant 1)$，$P(X=\frac{1}{3})$.

分析　一个函数 $F(x)$ 是某个随机变量的分布函数的充要条件是：$F(x)$ 单调不减，右连续，且 $F(-\infty)=\lim\limits_{x\to-\infty}F(x)=0$，$F(+\infty)=\lim\limits_{x\to+\infty}F(x)=1$，由这些条件可以确定常数 A、B，也可以判断一个函数是否为分布函数.

解　因为 $F(+\infty)=\lim\limits_{x\to+\infty}(A+Be^{-\frac{x^2}{2}})=A$，得 $A=1$.

又由 $F(x)$ 的右连续性，

$$F(0^+)=\lim\limits_{x\to0^+}(A+Be^{-\frac{x^2}{2}})=A+B=F(0)=0$$

所以 $B=-A=-1$. 故

$$F(x)=\begin{cases} 1-e^{-\frac{x^2}{2}}, & x>0 \\ 0, & x\leqslant 0 \end{cases}$$

从而

$$P(X\leqslant 2)=F(2)=1-e^{-\frac{2^2}{2}}=1-e^{-2}=0.8647,$$

$$P(\frac{1}{2}<X\leqslant 1)=F(1)-F(\frac{1}{2})=e^{-\frac{1}{8}}-e^{-\frac{1}{2}}=0.2760,$$

$$P(X=\frac{1}{3})=F(\frac{1}{3})-F(\frac{1}{3}-0)=(1-e^{-\frac{1}{18}})-(1-e^{-\frac{1}{18}})=0.$$

习题 2.1

1. 设随机变量 X 的分布函数为

$$F(x)=\begin{cases} 0, & x<0 \\ A\sin x, & 0\leqslant x\leqslant\frac{\pi}{2} \\ 1, & x>\frac{\pi}{2} \end{cases}$$

试求：(1) 常数 A；(2) $P(|X|<\frac{\pi}{6})$，$P(\frac{\pi}{4}<X<\pi)$.

2. 设 $F_1(x)$ 与 $F_2(x)$ 分别为随机变量 X_1 和 X_2 的分布函数，为使 $F(x)=aF_1(x)-bF_2(x)$ 是某一随机变量的分布函数，在下列给定的各组数值中应取＿＿＿＿.

(A) $a = \dfrac{3}{5}, b = -\dfrac{2}{5}$　　　　　　(B) $a = \dfrac{3}{3}, b = \dfrac{2}{3}$

(C) $a = -\dfrac{1}{2}, b = \dfrac{3}{2}$　　　　　　(D) $a = \dfrac{1}{2}, b = -\dfrac{3}{2}$

3. 设随机变量 X 的分布函数为
$$F(x) = \begin{cases} 0, & x < 0 \\ \dfrac{1}{2}, & 0 \leqslant x < 1 \\ 1 - e^{-x}, & x \geqslant 1 \end{cases}$$

则 $P(X = 1) =$ _____.

(A) 0　　　(B) $\dfrac{1}{2}$　　　(C) $\dfrac{1}{2} - e^{-1}$　　　(D) $1 - e^{-1}$

4. 假设随机变量 X 的绝对值不大于 1, $P(X = -1) = \dfrac{1}{8}$, $P(X = 1) = \dfrac{1}{4}$, 在事件 $(-1 < X < 1)$ 出现的条件下, X 在 $(-1, 1)$ 内的任一子区间上取值的条件概率与该子区间长度成正比, 试求 X 的分布函数.

第二节　离散型随机变量

一、定义

有些随机变量全部可能的取值只有有限个或可列无穷个, 这种随机变量称为离散型随机变量. 例如, 掷一枚均匀硬币, 以随机变量 X 来描述朝上面的情况, 用"1"表示出现正面, 用"0"表示出现反面, 则 X 可能的取值为$\{0, 1\}$, X 为离散型随机变量; 又如掷一骰子, 出现的点数用随机变量 X 表示, 其可能的取值为$\{1, 2, 3, 4, 5, 6\}$, X 也为离散型随机变量; 若引入随机变量 Y 表示直到 6 点出现所需的抛掷次数, 则 Y 的可能取值为$\{1, 2, 3, \cdots\}$, 此时 Y 也为离散型随机变量. 对于离散型随机变量, 我们不仅要明确它所有可能的取值, 还要确定它取各个值的概率.

定义 1　若随机变量 X 只能取有限个值或者可列无穷个值 $x_1, x_2, \cdots, x_n, \cdots$, 则 X 为离散型随机变量, 称
$$P(X = x_i) = p_i, \quad i = 1, 2, 3, \cdots, n, \cdots \tag{2-2}$$
为离散型随机变量 X 的概率分布律或分布律.

分布律也可以用表格表示为

X	x_1	x_2	$\cdots$	x_n	$\cdots$
P	p_1	p_2	$\cdots$	p_n	$\cdots$

其中第一行表示 X 的取值, 第二行表示 X 取相应值的概率.

离散型随机变量 X 的分布律具有下面两个性质:

(1) 非负性　$p_i \geqslant 0$, $i = 1, 2, 3, \cdots$;

（2）完备性　$\displaystyle\sum_{i=1}^{\infty} p_i = 1.$

证　第一个性质是利用了概率的非负性.

第二个性质是由于事件 $\{X = x_i\}$，$i = 1, 2, \cdots$ 两两互不相容，且 $\displaystyle\bigcup_{i=1}^{\infty}(X = x_i) = S$，于是

$$P\Big[\bigcup_{i=1}^{\infty}(X = x_i)\Big] = \sum_{i=1}^{\infty} P(X = x_i) = \sum_{i=1}^{\infty} P_i = P(S) = 1.$$

反之，若数列 $\{p_n\}$ 满足以上两个性质，则它必可作为某离散型随机变量的分布律.

例 1　掷材质均匀的硬币 3 次，用 X 表示出现正面的次数，由第一节例 1 易得 X 的分布律如下：

X	0	1	2	3
P	$\dfrac{1}{8}$	$\dfrac{3}{8}$	$\dfrac{3}{8}$	$\dfrac{1}{8}$

它满足上述两条性质.

例 2　袋中有 100 件产品，其中 15 件次品，不放回地从中取出 20 件，用 X 表示取出的次品数，求 X 的分布律.

解　易知 X 的所有可能取值为 $0, 1, \cdots, 15$，于是 X 的分布律为

$$P(X = k) = \frac{C_{15}^{k} C_{85}^{20-k}}{C_{100}^{20}}, \quad k = 0, 1, \cdots, 15$$

例 3　设某球员投球的命中率为 p，用 X 表示该球员连续投球直到命中的投球数，求 X 的分布律.

解　X 可能取的值为 $1, 2, \cdots, n, \cdots$

设 A_i 表示事件"第 i 次投球命中"（$i = 1, 2, \cdots, n, \cdots$），则有

$$\{X = k\} = \overline{A_1}\,\overline{A_2}\cdots\overline{A_{k-1}}A_k$$

于是

$$\begin{aligned}
P(X = k) &= P(\overline{A_1}\,\overline{A_2}\cdots\cdots\overline{A_{k-1}}A_k) \\
&= P(\overline{A_1})P(\overline{A_2})\cdots P(\overline{A_{k-1}})P(A_k) \\
&= (1-p)^{k-1}p, \quad k = 1, 2, \cdots, n, \cdots
\end{aligned}$$

故 X 的分布律为

$$P(X = k) = (1-p)^{k-1}p, \qquad k = 1, 2, \cdots, n, \cdots$$

这个分布中的 $P(X = k)$ 恰好形成以 $q = 1 - p$ 为公比的等比数列，是几何级数的一般项，故称之为几何分布，记作 $X \sim G(p)$.

由分布函数的定义知

$$F(x) = P(X \leqslant x) = \sum_{x_k \leqslant x} P(X = x_k) = \sum_{x_k \leqslant x} p_k$$

容易看出，离散型随机变量的分布函数是分段函数，其图形（见图 2.1）是阶梯形的，它在 X 的每个可能值 x_k 处有跳跃，其跃度为 $p_k = P(X = x_k)$，$k = 1, 2, \cdots, n, \cdots$.

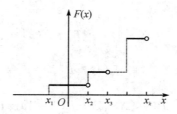

图 2.1　离散型随机变量的分布函数

例 4　对第一节例题 1，通过计算易得随机变量 X 的分布函数为

$$F(x)=\begin{cases} 0, & x<0 \\ P(X=0), & 0\leqslant x<1 \\ P(X=0)+P(X=1), & 1\leqslant x<2 \\ P(X=0)+P(X=1)+P(X=2), & 2\leqslant x<3 \\ 1, & 3\leqslant x \end{cases}\begin{cases} 0, & x<0 \\ 1/8, & 0\leqslant x<1 \\ 1/8+3/8=1/2, & 1\leqslant x<2 \\ 7/8, & 2\leqslant x<3 \\ 1, & 3\leqslant x \end{cases}$$

由图（2.1）知道：$F(x)$ 单调、有界、右连续，且为跳跃函数.

例 5　设 X 的分布律为

X	1	4	6	10
P	$\frac{2}{6}$	$\frac{1}{6}$	$\frac{2}{6}$	$\frac{1}{6}$

求 X 的分布函数 $F(x)$，并利用分布函数求

$$P(2<X\leqslant 6),\ P(X<4),\ P(1\leqslant X<5)$$

解　（1）X 仅在 1，4，6，10 四点处其概率不为 0，而 $F(x)$ 的值是 $X\leqslant x$ 的累积概率值，由概率的有限可加性知它即为小于或等于 x 的那些 x_i 所对应的概率之和.

当 $x<1$ 时，$F(x)=P(X\leqslant x)=0$；

当 $1\leqslant x<4$ 时，$F(x)=P(X\leqslant x)=P(X=1)=\dfrac{1}{3}$；

当 $4\leqslant x<6$ 时，$F(x)=P(X\leqslant x)=P(X=1)+P(X=4)=\dfrac{1}{2}$；

当 $6\leqslant x<10$ 时，$F(x)=P(X\leqslant x)=P(X=1)+P(X=4)+P(X=6)=\dfrac{5}{6}$；

当 $10\leqslant x$ 时，$F(x)=P(X\leqslant x)=P(X=1)+P(X=4)+P(X=6)+P(X=10)=1$.

因此

$$F(x)=\begin{cases} 0, & x<1 \\ \dfrac{1}{3}, & 1\leqslant x<4 \\ \dfrac{1}{2}, & 4\leqslant x<6 \\ \dfrac{5}{6}, & 6\leqslant x<10 \\ 1, & 10\leqslant x \end{cases}$$

（2）由分布函数的定义有

$$P(2<X\leqslant 6)=F(6)-F(2)=\frac{1}{2}$$

$$P(X<4)=F(4)-P(X=4)=\frac{1}{3}$$

$$P(1\leqslant X<5)=P(1<X\leqslant 5)+P(X=1)-P(X=5)=\frac{1}{2}$$

分布函数和分布律都是对离散型随机变量取值规律的描述．比较而言，分布律更直观、方便．下面介绍几种重要的常用离散型随机变量．

二、几种常见的离散型随机变量的概率分布

1．（0-1）分布

设随机变量 X 只可能取 0 与 1 两个值，它的概率分布为

$$P(X=1)=p,\ P(X=0)=1-p,\quad(0<p<1)$$

则称 X 服从参数为 p 的（0-1）分布．其分布律也可写成表格形式：

X	0	1
p_k	$1-p$	p

这是一类最简单的分布，适用于描述只有两种可能的结果（事件 A 发生或者事件 A 不发生）的随机试验．如对目标射击命中与否，抽检产品合格与否，观察系统运行状况正常与否等随机试验，都可以用服从（0-1）分布的随机变量来描述．

例 6　设有一批产品，其合格率为 p，现在从中任取一件，记

$$X=\begin{cases}1,&\text{取到合格品}\\0,&\text{取到不合格品}\end{cases}$$

则 $P(X=1)=p,\quad P(X=0)=1-p$．

2．二项分布

设试验 E 只有两个可能结果 A 与 $\overline{A}$．设 $P(A)=p(0<p<1)$，此时 $P(\overline{A})=1-p$．将 E 独立地重复 n 次，则称这一串重复的独立试验为 n 重伯努利试验．

在 n 重伯努利试验中，用 X 表示 n 次试验中事件 A 发生的次数，则 X 是一个离散型随机变量，它可能的取值为 0，1，2，…，n，且对每一个 $k(0\leqslant k\leqslant n)$，事件 $\{X=k\}$ 即为事件"n 次试验中事件 A 恰好发生 k 次"，于是有

$$P(X=k)=C_n^k p^k(1-p)^{n-k},\quad k=0,1,2,\cdots,n$$

定义 3　设随机变量 X 具有分布律

$$P(X=k)=C_n^k p^k(1-p)^{n-k},\quad k=0,1,2,\cdots,n$$

其中 $0<p<1$ 为常数，则称 X 服从参数为 n，p 的二项分布，记为 $X\sim B(n,p)$．特别地，$n=1$ 时 $B(1,p)$ 就是（0-1）分布．

显然，二项分布满足分布律的两个条件，即：

（1）$P(X=k)\geqslant 0$；

(2) $\sum_{k=0}^{n} P(X=k) = \sum_{k=0}^{n} C_n^k p^k (1-p)^{n-k} = [p+(1-p)]^n = 1.$

二项分布是使用很广泛的一种分布,在现实生活中有些常见的试验模型都可以用二项分布来描述. 例如,在 n 次独立射击中恰有 k 次击中目标;在一大批产品中任意抽取 n 件,恰有 k 件次品等.

例 7 N 件产品中 M 件次品,从中以有放回抽样形式抽取 n 件,求恰有 m 件次品的概率 p.

解 设 A 表示随机事件"恰有 m 件次品",利用古典概型的方法直接计算得

$$P(A) = \frac{C_n^m M^m (N-M)^{n-m}}{N^n} = C_n^m \left(\frac{M}{N}\right)^m \left(1-\frac{M}{N}\right)^{n-m}$$

若用 X 表示取到的次品数,令 $p = \dfrac{M}{N}$,则

$$P(X=m) = \frac{C_n^m M^m (N-M)^{n-m}}{N^n} = C_n^m p^m (1-p)^{n-m}$$

易知 X 服从参数为 n,p 的二项分布,即 $X \sim B(n, p)$.

例 8 若一年中某类人寿保险者里面每个人死亡的概率为 0.005,现在有 10 000 人参加这类人寿保险,试求在未来的一年中这些保险者里面:

(1) 有 40 人死亡的概率;

(2) 死亡人数不超过 70 人的概率.

解 用 X 表示 10 000 名参保人员一年中死亡的人数,易知 $X \sim B(10\,000, 0.005)$,则

(1) $P(X=40) = C_{10000}^{40} 0.005^{40} (1-0.005)^{10000-40}$;

(2) $P(X \leqslant 70) = \sum_{k=0}^{70} C_{10000}^{70} 0.005^k (1-0.005)^{10000-k}.$

例 9 对某一目标射击 100 次,已知每次命中率为 0.05,用 X 表示击中次数,求 X 的分布律及至少命中一次的概率.

解 由题意知 $X \sim B(100, 0.05)$,则分布律为

$$P(X=k) = C_{100}^k 0.05^k (1-0.05)^{100-k}, \quad k=0,1,2,\cdots,100$$

$$P(X \geqslant 1) = \sum_{k=1}^{100} C_{100}^k 0.05^k (1-0.05)^{100-k} = 1 - P(X=0)$$

$$= 1 - C_{100}^0 0.05^0 (1-0.05)^{100-0} = 1 - 0.95^{100}$$

3. 泊松分布

定义 4 设随机变量 X 所有可能的取值为 0,1,2,$\cdots$,取各个值的概率为

$$P(X=k) = \frac{\lambda^k}{k!} e^{-\lambda}, \quad k=0,1,2,\cdots$$

其中 $\lambda > 0$ 为常数. 则称 X 服从参数为 λ 的泊松分布,记为 $X \sim P(\lambda)$.

泊松分布是常用的离散型分布之一,常与单位时间(或单位面积、单位产品等)上的计数过程相联系,例如:大卖场的顾客数;市级医院的急诊病人数;某地区交通事故的次数;一个容器中的细菌数;一本书一页中的印刷错误数等都服从泊松分布.

关于泊松分布的计算,可对不同的参数 λ 及 k 的值查阅书后的附表 2.

关于二项分布和泊松分布有下面的定理.

泊松定理 在 n 重伯努利试验中,事件 A 在一次试验中发生的概率为 p_n(与试验的次

数 n 有关），如果 $\lim\limits_{n\to+\infty} np_n = \lambda > 0$，则对任意给定的非负整数 k，有

$$\lim_{n\to+\infty} \mathrm{C}_n^k p_n^k (1-p_n)^{n-k} = \frac{\lambda^k}{k!} \mathrm{e}^{-\lambda}$$

事实上，记 $np_n = \lambda_n$，即 $p_n = \dfrac{\lambda_n}{n}$. 因为

$$\mathrm{C}_n^k p_n^k (1-p_n)^{n-k} = \frac{n(n-1)\cdots(n-k+1)}{k!} \left(\frac{\lambda_n}{n}\right)^k \left(1-\frac{\lambda_n}{n}\right)^{n-k}$$
$$= \frac{\lambda_n^k}{k!} \left(1-\frac{1}{n}\right)\left(1-\frac{2}{n}\right)\cdots\left(1-\frac{k-1}{n}\right)\left(1-\frac{\lambda_n}{n}\right)^{n-k}$$

因对固定的 k 有 $\lim\limits_{n\to+\infty} \lambda_n^k = \lambda^k$，故

$$\lim_{n\to+\infty} \left(1-\frac{\lambda_n}{n}\right)^{n-k} = \mathrm{e}^{-\lambda}$$

又

$$\lim_{n\to+\infty} \left(1-\frac{1}{n}\right)\left(1-\frac{2}{n}\right)\cdots\left(1-\frac{k-1}{n}\right) = 1$$

从而

$$\lim_{n\to+\infty} \mathrm{C}_n^k p_n^k (1-p_n)^{n-k} = \frac{\lambda^k}{k!} \mathrm{e}^{-\lambda}$$

注：条件 $\lim\limits_{n\to+\infty} np_n = \lambda$ 为一定数，故当 n 很大时，p_n 必定很小. 所以由泊松定理可知，对 n 重伯努利试验，在 n 很大，而 p 很小时有近似计算公式：

$$\mathrm{C}_n^k p_n^k (1-p_n)^{n-k} \approx \frac{\lambda^k}{k!} \mathrm{e}^{-\lambda}, \quad k = 0, 1, 2, \cdots$$

其中 $\lambda = np$，此时二项分布可用泊松分布来近似，即大量独立试验中稀有事件出现的次数可以用泊松分布来描述.

例 10　某人进行射击，设每次射击的命中率为 0.02，独立射击 400 次，试求至少击中两次的概率.

解　设 X 为 400 次射击中击中的次数，则 $X \sim B(400, 0.02)$，分布律为

$$P(X=k) = \mathrm{C}_{400}^k 0.02^k (1-0.02)^{400-k}, \quad k = 0, 1, 2, \cdots, 400$$

因此

$$P(X \geqslant 2) = 1 - P(X=0) - P(X=1) = 1 - 0.98^{400} - 400(0.02)(0.98)^{399} = 0.9972$$

若利用泊松定理计算，$\lambda = np = 8$ 可由附表 2 得，从而

$$P(X \geqslant 2) \approx 1 - \frac{\mathrm{e}^{-8}}{0!} - \frac{8\mathrm{e}^{-8}}{1!} = 1 - 0.0003 - 0.0027 = 0.997$$

┌ ┄ ┄ ┄ ┄ ┐
习题 2.2
└ ┄ ┄ ┄ ┄ ┘

1. 离散型随机变量 X 的分布函数为

$$F(x) = \begin{cases} 0, & x < 0 \\ 0.4, & 0 \leqslant x < 1 \\ 0.8, & 1 \leqslant x < 2 \\ 0.9, & 2 \leqslant x < 3 \\ 1, & 3 \leqslant x \end{cases}$$

则 X 的分布律为_____, $P(X \leqslant 2.5) =$_____, $P(X>3) =$_____.

2. 设随机变量 X 的分布函数为

$$F(x) = \begin{cases} A + \dfrac{1}{3}e^x, & x<0 \\[2mm] B - \dfrac{1}{3}e^{-2x}, & x \geqslant 0 \end{cases}$$

求常数 A, B 和概率 $P(-1<X \leqslant 2)$.

3. 设某种试验成功的概率为 0.8, 随机变量 X 表示试验首次取得成功所进行的试验次数, 则 X 的分布律为_____.

4. 有 5 件产品, 其中 2 件次品, 3 件正品. 现从中任取 2 件, 设 X 表示抽取的 2 件产品中的次品数, 求离散型随机变量 X 的分布律和分布函数.

5. 设某汽车停靠站候车人数服从参数为 4.5 的泊松分布.

(1) 求至少两人候车的概率;

(2) 已知至少两人候车, 求恰有两人候车的概率.

6. 为保证设备正常工作, 需要配备适量的维修人员, 现有同类型设备 300 台, 每台发生故障的概率均为 0.01, 且各台设备的工作是相互独立的. 通常情况下, 若一台设备发生故障需一名维修人员去处理. 现问至少需要配备多少维修人员, 才能保障设备发生故障而不能及时修理的概率小于 0.01.

7. 一名女工照管 800 个纱锭, 若每一个纱锭单位时间内纱线被扯断的概率为 0.005, 试求单位时间内扯断次数不大于 10 的概率.

第三节　连续型随机变量

对于非离散型随机变量, 其中有一类重要的随机变量——连续型随机变量, 这些随机变量可能取的值充满一个区间, 无法像离散型随机变量那样将所有可能取值一一罗列, 例如灯泡的寿命, 顾客在银行窗口等待服务的时间等. 因而也就不能用离散型随机变量的分布律来描述它的概率分布, 我们需要寻求一种相应的方法来研究连续型随机变量.

一、连续型随机变量

定义 1　设随机变量 X 的分布函数为 $F(x)$, 如果存在实数轴上的一个非负可积函数 $f(x)$, 使得对于任意给定的实数 x 有

$$F(x) = P(X \leqslant x) = \int_{-\infty}^{x} f(t)\,dt \tag{2-3}$$

则称 X 为连续型随机变量, 并称 $f(x)$ 为 X 的概率密度函数, 简称为密度函数或者概率密度.

概率密度函数的性质如下:

(1) 非负性　$f(x) \geqslant 0$;

(2) 规范性　$\displaystyle\int_{-\infty}^{+\infty} f(x)\,dx = 1 = F(+\infty)$. $\tag{2-4}$

反之，满足上述两条性质的函数一定是某个连续型随机变量的概率密度.

连续型随机变量的性质如下：

（1）分布函数 $F(x)$ 为连续函数，其图形是位于 $y=0$ 与 $y=1$ 之间的单调上升的连续曲线. 对于实数轴上任意的集合 D，有

$$P(X \in D) = \int_D f(x)\mathrm{d}x \qquad\qquad (2-5)$$

所以，对于连续型随机变量，知道了 X 的概率密度，即掌握了它在实数轴上的分布规律，就能够算得它落在集合 D 中的概率，即概率密度可以完全刻画连续型随机变量的概率特征；

（2）若概率密度 $f(x)$ 在点 x 处连续，则有 $F'(x)=f(x)$；

（3）$P(x_1 < X \leqslant x_2) = F(x_2) - F(x_1) = \int_{x_1}^{x_2} f(x)\mathrm{d}x$； $\qquad\qquad (2-6)$

（4）对任意常数 a，有 $P(X=a)=0$.

证　任取 $\Delta x > 0$，有 $\{X=a\} \subset \{a-\Delta x < X \leqslant a\}$，于是有

$$P(X=a) \leqslant P(a-\Delta x < X \leqslant a) = \int_{a-\Delta x}^{a} f(x)\mathrm{d}x = F(a) - F(a-\Delta x)$$

注意到 X 为连续型随机变量，其分布函数 $F(x)$ 连续，因而有

$$0 \leqslant \lim_{\Delta x \to 0^+} P(X=a) \leqslant \lim_{\Delta x \to 0^+} [F(a) - F(a-\Delta x)] = 0$$

故

$$P(X=a) = 0$$

上述结果表明：连续型随机变量不能像离散型随机变量那样，用列举它所取到的所有可能值的概率来描述它的分布规律，而必须用它在各个区间取值的概率来描述. 分布律确定了离散型随机变量的概率分布，而密度函数确定了连续型随机变量的概率分布. 同时容易得到，一个事件的概率等于零，此事件并不一定是不可能事件. 同样地，一个事件的概率为 1，此事件也不一定就是必然事件.

另外，由 $P(X=a)=0$ 可知，在计算连续型随机变量落在某一区间内的概率时，可以不必区分是开区间还是闭区间，即对于任意的实数 $a<b$，有

$$P(a<X<b) = P(a \leqslant X<b) = P(a<X \leqslant b) = P(a \leqslant X \leqslant b)$$

例 1　已知 X 的概率密度为 $f(x) = \begin{cases} A\cos x, & |x| \leqslant \dfrac{\pi}{2}, \\ 0, & |x| > \dfrac{\pi}{2}. \end{cases}$

（1）确定常数 A；（2）求分布函数 $F(x)$；（3）求 $P\left(0<X<\dfrac{\pi}{4}\right)$.

解　（1）由 $\int_{-\infty}^{+\infty} f(x)\mathrm{d}x = 1$ 得

$$\int_{-\infty}^{+\infty} f(x)\mathrm{d}x = \int_{-\frac{\pi}{2}}^{\frac{\pi}{2}} A\cos x\,\mathrm{d}x = A\sin x \Big|_{-\frac{\pi}{2}}^{\frac{\pi}{2}} = 2A = 1$$

故 $A = \dfrac{1}{2}$.

(2) 当 $x < -\dfrac{\pi}{2}$ 时，

$$F(x) = \int_{-\infty}^{x} f(t)\mathrm{d}t = \int_{-\infty}^{x} 0\mathrm{d}t = 0$$

当 $-\dfrac{\pi}{2} \leqslant x < \dfrac{\pi}{2}$ 时，

$$F(x) = \int_{-\infty}^{x} f(t)\mathrm{d}t = \int_{-\infty}^{-\frac{\pi}{2}} f(t)\mathrm{d}t + \int_{-\frac{\pi}{2}}^{x} f(t)\mathrm{d}t = \int_{-\frac{\pi}{2}}^{x} \frac{\cos t}{2}\mathrm{d}t = \frac{\sin x + 1}{2}$$

当 $x \geqslant \dfrac{\pi}{2}$ 时，

$$F(x) = \int_{-\infty}^{x} f(t)\mathrm{d}t = \int_{-\frac{\pi}{2}}^{\frac{\pi}{2}} \frac{\cos t}{2}\mathrm{d}t = 1$$

综上所述，X 的分布函数为

$$F(x) = \begin{cases} 0, & x < -\dfrac{\pi}{2} \\[2mm] \dfrac{\sin x + 1}{2}, & -\dfrac{\pi}{2} \leqslant x < \dfrac{\pi}{2} \\[2mm] 1, & x \geqslant \dfrac{\pi}{2} \end{cases}$$

(3) 根据题意有

$$P\left(0 < X < \frac{\pi}{4}\right) = \int_{0}^{\frac{\pi}{4}} \frac{\cos x}{2}\mathrm{d}x = \frac{\sqrt{2}}{4}$$

或

$$P\left(0 < X < \frac{\pi}{4}\right) = F\left(\frac{\pi}{4}\right) - F(0) = \frac{\sin\dfrac{\pi}{4} + 1}{2} - \frac{1}{2} = \frac{\sqrt{2}}{4}$$

例 2　设连续型随机变量 X 的分布函数 $F(x) = A + B\arctan x$，求
(1) 常数 A 与 B；(2) $P(-1 < X < 1)$；(3) 概率密度 $f(x)$.

解　(1) 由 $F(-\infty) = 0$，$F(+\infty) = 1$ 有

$$F(-\infty) = \lim_{x \to -\infty} F(x) = \lim_{x \to -\infty} (A + B\arctan x) = A - \frac{\pi B}{2} = 0$$

$$F(+\infty) = \lim_{x \to +\infty} F(x) = \lim_{x \to +\infty} (A + B\arctan x) = A + \frac{\pi B}{2} = 1$$

故

$$A = \frac{1}{2}; \quad B = \frac{1}{\pi}$$

(2) $P(-1 < X < 1) = F(1) - F(-1) = \dfrac{1}{2}$；

(3) $f(x) = F'(x) = \dfrac{1}{\pi(1 + x^2)}$，$-\infty < x < +\infty$.

下面介绍几种常见的连续型分布.

二、几种常见的连续型分布

1. 均匀分布

设随机变量 X 具有概率密度

$$f(x)=\begin{cases} \dfrac{1}{b-a}, & a<x<b \\ 0, & \text{其他} \end{cases} \tag{2-7}$$

则称 X 服从区间 (a,b) 上的均匀分布,记作 $X\sim U(a,b)$.

当 $X\sim U(a,b)$ 时,其分布函数为

$$F(x)=\begin{cases} 0, & x<a \\ \dfrac{x-a}{b-a}, & a\leqslant x<b \\ 1, & x\geqslant b \end{cases}$$

均匀分布的概率密度 $f(x)$ 和分布函数 $F(x)$ 的图形见图 2.2.

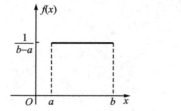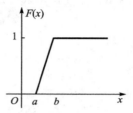

图 2.2　均匀分布的概率密度和分布函数

在向有限区间 (a,b) 内随机投掷一点的随机试验中,记 X 为落点的坐标,则 $X\sim U(a,b)$,此时若 $(c,d)\subset(a,b)$,则 $P(c<X<d)=\dfrac{d-c}{b-a}$ 只与该子区间 (c,d) 的长度有关,而与子区间的位置无关.

分布的"均匀"性是指 X 具有下述意义的等可能性,即它落在区间 (a,b) 内任意等长小区间的概率相等.

均匀分布一般用来描述在某个区间上具有等可能结果的随机试验. 例如,进行大量数值计算时,若在小数点后第 k 位进行四舍五入,则产生的误差可以看作服从 $U\left(-\dfrac{1}{2}10^{-k},\dfrac{1}{2}10^{-k}\right)$ 的随机变量.

例 3　某公共汽车每 10 分钟按时通过一车站,乘客在任一时刻到达汽车站是等可能的,求乘客候车时间 X 不超过 5 分钟的概率.

解　易知 $X\sim U(0,10)$. 现要使候车时间不超过 5 分钟,则 X 必须落在区间 $[0,5)$,因此所求概率为 $P(0\leqslant X<5)=\displaystyle\int_{0}^{5}\dfrac{1}{10}\mathrm{d}t=\dfrac{1}{2}$.

2. 指数分布

设连续型随机变量 X 具有概率密度

$$f(x)=\begin{cases} \lambda\mathrm{e}^{-\lambda x}, & x\geqslant 0, \\ 0, & x<0. \end{cases} \qquad \lambda>0 \text{ 为常数} \tag{2-8}$$

则称 X 服从参数为 λ 的指数分布，记 $X \sim E(\lambda)$.

当 $X \sim E(\lambda)$ 时，其分布函数为

$$F(x) = \begin{cases} 1 - e^{-\lambda x}, & x \geq 0 \\ 0, & x < 0 \end{cases}$$

指数分布下的概率密度函数 $f(x)$ 和分布函数 $F(x)$ 的图形见图 2.3.

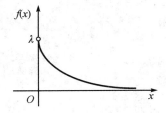 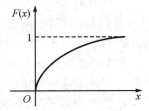

图 2.3　指数分布的概率密度函数和分布函数

指数分布常用作各种"寿命"的分布，如：电子元件的寿命，动物的寿命，电话的通话时间，顾客在某一服务系统接受服务的时间等，都可假定服从指数分布.

指数分布具有一个非常重要的性质，就是"无记忆性". 设随机变量 X 服从参数为 λ 的指数分布，则对任意实数 $s > 0$，$t > 0$，有

$$P(X > s+t \mid X > s) = P(X > t)$$

证　$P(X > s+t \mid X > s) = \dfrac{P(X > s+t, \ X > s)}{P(X > s)}$

$$= \frac{P(X > s+t)}{P(X > s)} = \frac{1 - P(X \leq s+t)}{1 - P(X \leq s)} = \frac{e^{-\lambda(s+t)}}{e^{-\lambda s}} = e^{-\lambda t}$$

$$= 1 - F(t) = 1 - P(X \leq t) = P(X > t)$$

如果 X 是某一元件的寿命，那么该性质表明：若已知元件已使用了 s 小时，那么它总共使用至少 $s+t$ 小时的条件概率与从开始使用时算起它至少能使用 t 小时的概率相同. 这就是说元件对它已经使用过的 s 小时没有记忆. 具有这一性质使指数分布有广泛的应用.

习题 2.3

1. 已知随机变量 X 的概率密度函数 $f(x) = \dfrac{1}{2} e^{-|x|}$，$-\infty < x < +\infty$，试求 X 的分布函数.

2. 设连续型随机变量 X 的分布函数为

$$F(x) = \begin{cases} 0, & x < 1 \\ A\ln x, & 1 \leq x < e \\ 1, & e \leq x \end{cases}$$

求：（1）常数 A；（2）$P(0 < X \leq 3)$；（3）概率密度 $f(x)$.

3. 已知随机变量 X 的概率密度函数为

$$f(x)=\begin{cases} 0.2, & -1<x\leqslant 0 \\ 0.2+cx, & 0<x\leqslant 1 \\ 0, & \text{其他} \end{cases}$$

试确定常数 c，求分布函数 $F(x)$，并求 $P(0\leqslant X\leqslant 0.5)$，$P(0.5<X|X>0.1)$.

4. 设 X_1，X_2 是任意两个相互独立的随机变量，他们的概率密度函数分别为 $f_1(x)$，$f_2(x)$，分布函数分别为 $F_1(x)$，$F_2(x)$，则_____.

(A) $f_1(x)+f_2(x)$ 必为某一随机变量的概率密度函数

(B) $f_1(x)f_2(x)$ 必为某一随机变量的概率密度函数

(C) $F_1(x)+F_2(x)$ 必为某一随机变量的分布函数

(D) $F_1(x)F_2(x)$ 必为某一随机变量的分布函数

5. 已知随机变量 X 的概率密度函数为

$$f(x)=\begin{cases} 2x, & 0<x<1 \\ 0, & \text{其他} \end{cases}$$

以 Y 表示对 X 的三次独立重复观测中事件 $(X\leqslant\dfrac{1}{2})$ 出现的次数，则 $P(Y=2)=$_____.

第四节　二维随机变量及其分布

在实际问题中，试验结果有时需要同时用两个或两个以上的随机变量来描述. 例如，用温度和风力来描述天气情况，通过对含碳、含硫、含磷量的测定来研究钢的成分. 要研究这些随机变量之间的联系，就需考虑多维随机变量及其取值规律——多维分布.

设 E 是一个随机试验，$S=\{\omega\}$ 为其样本空间，X 和 Y 是定义在 S 上的两个随机变量，则由它们构成的向量 (X,Y) 称为二维随机向量或二维随机变量. 又设有定义在同一个样本空间上的 n 个随机变量 X_1，X_2，$\cdots$，X_n，则向量 $(X_1,X_2,\cdots,X_n)$ 称为 n 维随机向量或 n 维随机变量. 以前讨论的单个随机变量也称为一维随机变量. 我们下面讨论二维随机变量.

一、二维随机变量

1. 定义

设试验 E 的样本空间 $S=\{\omega\}$，$X=X(\omega)$，$Y=Y(\omega)$ 是定义在 S 上的随机变量，由它们构成的向量 (X,Y) 称为二维随机变量或二维随机向量.

2. 联合分布函数

对二维随机向量，将 (X,Y) 作为一个整体进行研究，不但能研究分量 X 和 Y 的性质，还可以研究它们之间的相互联系. 为了描述二维随机变量 (X,Y) 整体的统计规律性，我们引入二维随机变量的分布函数的概念. 我们将事件 $\{X\leqslant x\}\bigcap\{Y\leqslant y\}$ 简记为 $\{X\leqslant x,Y\leqslant y\}$.

设 (X,Y) 为二维随机变量，对于任意实数 x,y，称二元函数

$$F(x,y)=P(X\leqslant x,Y\leqslant y)$$

为二维随机变量 (X,Y) 的分布函数，也称为随机变量 X 和 Y 的联合分布函数.

分布函数 $F(x,y)$ 表示事件 $\{X\leqslant x\}$ 和事件 $\{Y\leqslant y\}$ 同时发生的概率，如果用平面上的点

(x,y)表示二维随机变量(X,Y)的一组可能的取值，则$F(x,y)$表示(X,Y)的取值落入以(x,y)为右上顶点的无穷矩形中的概率，如图 2.4所示.

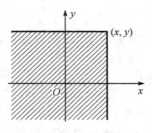

图 2.4　联合分布函数的变量可能取值范围图

如一维随机变量的分布函数一样，二维随机变量的分布函数$F(x,y)$也有如下的基本性质：

（1）分布函数关于每个变量单调不减，即若$x_1<x_2$，则对任意固定的y，有$F(x_1,y)\leqslant F(x_2,y)$；若$y_1<y_2$，则对任意固定的$x$，有$F(x,y_1)\leqslant F(x,y_2)$.

（2）分布函数关于每个变量都是右连续的，即对任意给定的x和y，有$F(x+0,y)=F(x,y)$，$F(x,y+0)=F(x,y)$.

（3）有界，即对任意给定的x和y，分布函数满足$0\leqslant F(x,y)\leqslant1$，且

对任意给定的y，$F(-\infty,y)=\lim\limits_{x\to-\infty}F(x,y)=0$；

对任意给定的x，$F(x,-\infty)=\lim\limits_{y\to-\infty}F(x,y)=0$；

$$F(-\infty,-\infty)=\lim\limits_{\substack{x\to-\infty\\y\to-\infty}}F(x,y)=0；\quad F(+\infty,+\infty)=\lim\limits_{\substack{x\to+\infty\\y\to+\infty}}F(x,y)=1.$$

（4）对于任意实数$x_1<x_2$，$y_1<y_2$有

$$P(x_1<X\leqslant x_2,y_1<Y\leqslant y_2)=F(x_2,y_2)-F(x_2,y_1)-F(x_1,y_2)+F(x_1,y_1)\geqslant0$$

与一维的情形类似，常见的二维随机变量有离散型和连续型两种类型. 我们分别讨论.

二、二维离散型随机变量及其分布

若二维随机变量(X,Y)所有可能的取值为有限对或可列对，则称(X,Y)为二维离散型随机变量. 设(X,Y)的所有可能的取值为$(x_i,y_j)(i,j=1,2,\cdots)$，则称概率

$$P(X=x_i,Y=y_i)=p_{ij},\quad i,j=1,2,\cdots$$

为二维随机变量(X,Y)的分布律，也称为随机变量X和Y的联合分布律.

(X,Y)的分布律也常用表格来表示，见表 2.1.

表 2.1　二维离散型随机变量(X,Y)的联合分布律

X＼Y	y_1	y_2	$\cdots$	y_j	$\cdots$
x_1	p_{11}	p_{12}	$\cdots$	p_{1j}	$\cdots$
x_2	p_{21}	p_{22}	$\cdots$	p_{2j}	$\cdots$
$\vdots$	$\vdots$	$\vdots$		$\vdots$	
x_i	p_{i1}	p_{i2}	$\cdots$	p_{ij}	$\cdots$
$\vdots$	$\vdots$	$\vdots$		$\vdots$	

显然，二维离散型随机变量的联合分布律具有如下性质：

(1) $0 \leqslant p_{ij} \leqslant 1$, i, $j=1$, 2, 3, $\cdots$;

(2) $\sum\limits_{i} \sum\limits_{j} p_{ij} = 1$.

容易看出，二维离散型随机变量 (X, Y) 的联合分布函数为

$$F(x, y) = P(X \leqslant x, Y \leqslant y)$$
$$= \sum_{x_i \leqslant x} \sum_{y_j \leqslant y} P(X = x_i, Y = y_j) = \sum_{x_i \leqslant x} \sum_{y_j \leqslant y} p_{ij} \qquad (2-9)$$

这里的和式表示对一切满足 $x_i \leqslant x$, $y_j \leqslant y$ 的 i, j 求和. 反过来，由联合分布函数也可以求出联合分布律. 因此，联合分布函数和联合分布律是相互唯一确定的，它们都可以完全刻画二维离散型随机变量的概率特征.

例 1　将两个球随机地放入编号为 1，2，3 的盒子中，令 X 为放入 1 号盒中的球数；Y 为放入 2 号盒中的球数. 试求 (X, Y) 的分布律.

解　分析题意可以得出 X, Y 的可能取值分别为 0，1，2 与 0，1，2.

由古典概率有

$$P(X=0, Y=0) = \frac{1}{3^2} = \frac{1}{9},$$

$$P(X=0, Y=1) = \frac{2}{3^2} = \frac{2}{9}, \quad P(X=0, Y=2) = \frac{1}{3^2} = \frac{1}{9},$$

$$P(X=1, Y=0) = \frac{2}{3^2} = \frac{2}{9}, \quad P(X=1, Y=1) = \frac{2}{3^2} = \frac{2}{9},$$

$$P(X=1, Y=2) = 0, \quad P(X=2, Y=0) = \frac{1}{3^2} = \frac{1}{9},$$

$$P(X=2, Y=1) = 0, \quad P(X=2, Y=2) = 0,$$

故 (X, Y) 的分布律为

X＼Y	0	1	2
0	$\frac{1}{9}$	$\frac{2}{9}$	$\frac{1}{9}$
1	$\frac{2}{9}$	$\frac{2}{9}$	0
2	$\frac{1}{9}$	0	0

三、二维连续型随机变量及其概率分布

设二维随机变量 (X, Y) 的分布函数为 $F(x, y)$，如果存在非负函数 $f(x, y)$，使得对任意实数 x, y，有

$$F(x, y) = P(X \leqslant x, Y \leqslant y) = \int_{-\infty}^{y} \left[\int_{-\infty}^{x} f(u, v) \mathrm{d}u \right] \mathrm{d}v$$

则称 (X, Y) 为二维连续型随机变量，称 $f(x, y)$ 为二维随机变量 (X, Y) 的联合概率密度，也简称为随机变量 (X, Y) 的概率密度.

按定义, 联合概率密度 $f(x, y)$ 具有如下性质:

(1) $f(x, y) \geqslant 0$;

(2) $\int_{-\infty}^{+\infty} \int_{-\infty}^{+\infty} f(x, y) \mathrm{d}x \mathrm{d}y = 1$;

(3) 若 $f(x, y)$ 在点 (x, y) 处连续, 则有 $\dfrac{\partial^2 F(x, y)}{\partial x \partial y} = f(x, y)$;

(4) 若 G 是 xOy 平面上的一个区域, 则随机点 (X, Y) 落在 G 内的概率为

$$P((X, Y) \in G) = \iint\limits_{G} f(x, y) \mathrm{d}x \mathrm{d}y$$

注: 这是一个非常重要的公式, 利用它可将事件的概率计算问题转化为二重积分的计算问题.

例2 设二维随机变量 (X, Y) 的概率密度为

$$f(x, y) = \begin{cases} kxy, & 0 \leqslant x \leqslant y, 0 \leqslant y \leqslant 1, \\ 0, & \text{其他.} \end{cases} \text{ 其中 } k \text{ 为常数.}$$

求: (1) 常数 k; (2) $P(X+Y \geqslant 1)$, $P(X < 0.5)$;

(3) (X, Y) 的分布函数 $F(x, y)$.

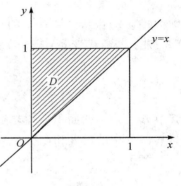

解 $f(x, y)$ 的非零区域见题图 2.5 的阴影部分所示.

令 $D = \{(x, y) \mid 0 \leqslant x \leqslant y, 0 \leqslant y \leqslant 1\}$

(1) 由 $\int_{-\infty}^{+\infty} \int_{-\infty}^{+\infty} f(x, y) \mathrm{d}x \mathrm{d}y = 1$ 有 $\iint\limits_{D} f(x, y) \mathrm{d}x \mathrm{d}y = 1$,

即 $\int_0^1 \mathrm{d}y \int_0^y kxy \, \mathrm{d}x = k \int_0^1 y \dfrac{y^2}{2} \mathrm{d}y = \dfrac{k}{8} = 1$. 因此, $k = 8$.

题图 2.5

(2) 将 (X, Y) 看成平面上随机点的坐标, 事件 $\{X+Y \geqslant 1\}$ 相当于随机点落入区域 $D_1 = \{(x, y) \mid x+y \geqslant 1\}$, 事件 $\{X < 0.5\}$ 相当于随机点落入区域 $D_2 = \{(x, y) \mid x < 0.5\}$.

$$P(X+Y \geqslant 1) = \iint\limits_{D_1} f(x, y) \mathrm{d}x \mathrm{d}y = \int_{0.5}^1 \mathrm{d}y \int_{1-y}^y 8xy \, \mathrm{d}x = \dfrac{5}{6}$$

$$P(X < 0.5) = \iint\limits_{D_2} f(x, y) \mathrm{d}x \mathrm{d}y = \int_0^{0.5} \mathrm{d}x \int_x^1 8xy \, \mathrm{d}y = \dfrac{7}{16}$$

(3) $F(x, y) = P(X \leqslant x, Y \leqslant y) = \int_{-\infty}^x \left[\int_{-\infty}^y f(u, v) \mathrm{d}v \right] \mathrm{d}u$

当 $x < 0$ 或 $y < 0$ 时, $F(x, y) = 0$;

当 $0 \leqslant x < 1$, $0 \leqslant y < x$ 时, $F(x, y) = \int_0^y \mathrm{d}v \int_0^v 8uv \, \mathrm{d}u = y^4$;

当 $0 \leqslant x < 1$, $x \leqslant y < 1$ 时, $F(x, y) = \int_0^x \mathrm{d}u \int_u^y 8uv \, \mathrm{d}v = 2x^2 y^2 - x^4$;

当 $0 \leqslant x < 1$, $1 \leqslant y$ 时, $F(x, y) = \int_0^x \mathrm{d}u \int_u^1 8uv \, \mathrm{d}v = 2x^2 - x^4$;

当 $1 \leqslant x$, $0 \leqslant y < 1$ 时, $F(x, y) = \int_0^y \mathrm{d}v \int_0^v 8uv \, \mathrm{d}u = y^4$;

当 $1 \leqslant x$, $1 \leqslant y$ 时, $F(x, y) = 1$.

综上得

$$F(x, y) = \begin{cases} 0, & x < 0 \text{ 或 } y < 0 \\ y^4, & 0 \leqslant x < 1, 0 \leqslant y < x \\ 2x^2 y^2 - x^4, & 0 \leqslant x < 1, x \leqslant y < 1 \\ 2x^2 - x^4, & 0 \leqslant x < 1, y \geqslant 1 \\ y^4, & x \geqslant 1, 0 \leqslant y < 1 \\ 1, & x \geqslant 1, y \geqslant 1 \end{cases}$$

设 G 是二维平面上的有界区域，S 为 G 的面积($S > 0$)，如果随机变量(X, Y)的联合概率密度为

$$f(x, y) = \begin{cases} \dfrac{1}{S}, & (x, y) \in G \\ 0, & \text{其他} \end{cases} \tag{2-10}$$

则称(X, Y)服从区域 G 上的(二维)均匀分布.

注：若随机变量(X, Y)服从区域 G 上的均匀分布，则对 G 中任一有面积的子区域 G_1，有

$$P((X, Y) \in G_1) = \frac{A_1}{A}$$

其中 A_1 为 G_1 的面积. 上式表明二维随机变量落入区域 G_1 的概率与 G_1 的面积成正比，而与其在 G 中的位置和形状无关.

例 3　设二维随机变量(X, Y)服从区域 G 上的均匀分布，其中

$$G = \{(x, y) \mid 0 \leqslant y \leqslant x, 0 \leqslant x \leqslant 1\}$$

求：(1) 概率密度 $f(x, y)$；(2) $P(Y > X^2)$；(3) (X, Y)在平面上的落点到 y 轴的距离小于 0.3 的概率.

解　(1) 由均匀分布的定义有

$$f(x, y) = \begin{cases} 2, & 0 \leqslant y \leqslant x, 0 \leqslant x \leqslant 1 \\ 0, & \text{其他} \end{cases}$$

(2) $P(Y > X^2) = \displaystyle\int_0^1 dx \int_{x^2}^x 2 dy = \frac{1}{3}$；

(3) $P(|X| < 0.3) = P(-0.3 < X < 0.3) = 2 \times \dfrac{1}{2} \times (0.3)^2 = 0.09$.

四、边缘分布

二维随机变量(X, Y)作为一个整体，前面讨论了它的联合分布，而 X, Y 各自都是一维随机变量，它们也有各自的分布函数，记为 $F_X(x)$，$F_Y(y)$. $F_X(x)$，$F_Y(y)$分别称为二维随机变量(X, Y)关于 X 和关于 Y 的边缘分布函数.

事实上，(X, Y)的边缘分布函数为

$$F_X(x) = P(X \leqslant x) = P(X \leqslant x, Y < +\infty) = F(x, +\infty) \tag{2-11}$$
$$F_Y(y) = P(Y \leqslant y) = P(X < +\infty, Y \leqslant y) = F(+\infty, y) \tag{2-12}$$

1. 二维离散型随机变量的边缘分布律

设(X, Y)为二维离散型随机变量，其联合分布律为

$$P(X=x_i, Y=y_j)=p_{ij}, \quad i, j=1, 2, \cdots$$

则 X 的分布律为

$$p_{i\cdot}=P(X=x_i)=P(X=x_i, Y=y_1)+P(X=x_i, Y=y_2)+\cdots$$

$$=\sum_{j=1}^{\infty}P(X=x_i, Y=y_i)=\sum_{j=1}^{\infty}p_{ij}, \quad i=1, 2, 3, \cdots \quad (2-13)$$

Y 的分布律为

$$p_{\cdot j}=P(Y=y_i)=P(X=x_1, Y=y_j)+P(X=x_2, Y=y_j)+\cdots$$

$$=\sum_{i=1}^{\infty}P(X=x_i, Y=y_i)=\sum_{i=1}^{\infty}p_{ij}, \quad j=1, 2, 3, \cdots \quad (2-14)$$

$p_{i\cdot}$ 和 $p_{\cdot j}(i, j=1, 2, 3, \cdots)$ 分别称为 (X, Y) 关于 X 和关于 Y 的边缘分布律. 若将 (X, Y) 的分布律用表格形式表示，则 $p_{i\cdot}$ 就是表中第 i 行所有概率之和，$p_{\cdot j}$ 就是表中第 j 列所有概率之和. 若将分布律的表格扩充，可以更直观地得到边缘分布律，如表 2.2 所示.

表 2.2　二维随机变量 (X, Y) 的联合分布律和边缘分布律

Y \ X	y_1	y_2	$\cdots$	y_j	$\cdots$	$p_{i\cdot}=P(X=x_i)$
x_1	p_{11}	p_{12}	$\cdots$	p_{1j}	$\cdots$	$\sum\limits_{j=1}^{\infty}p_{1j}$
x_2	p_{21}	p_{22}	$\cdots$	p_{2j}	$\cdots$	$\sum\limits_{j=1}^{\infty}p_{2j}$
$\vdots$	$\vdots$	$\vdots$		$\vdots$		$\vdots$
x_i	p_{i1}	p_{i2}	$\cdots$	p_{ij}	$\cdots$	$\sum\limits_{j=1}^{\infty}p_{ij}$
$\vdots$	$\vdots$	$\vdots$		$\vdots$		$\vdots$
$p_{\cdot j}=P(Y=y_j)$	$\sum\limits_{i=1}^{\infty}p_{i1}$	$\sum\limits_{i=1}^{\infty}p_{i2}$	$\cdots$	$\sum\limits_{i=1}^{\infty}p_{ij}$	$\cdots$	1

例 4　某校新选出的 6 名学生会女委员中，文、理、工科各占 $1/6$、$1/3$、$1/2$，现从中随机指定 2 人为学生会主席候选人. 令 X, Y 分别为候选人中来自文、理科的人数. 求 (X, Y) 的联合分布律和边缘分布律.

解　X, Y 的可能取值分别为 $0, 1$ 与 $0, 1, 2$.

由乘法公式得

$$P(X=0, Y=0)=P(X=0)P(Y=0|X=0)=\frac{C_5^2}{C_6^2}\cdot\frac{C_3^2}{C_5^2}=\frac{3}{15}$$

或由古典概型得

$$P(X=0, Y=0)=\frac{C_3^2}{C_6^2}=\frac{3}{15}$$

相仿地，有

$$P(X=0, Y=1)=\frac{C_2^1 C_3^1}{C_6^2}=\frac{6}{15}, \quad P(X=0, Y=2)=\frac{C_2^2}{C_6^2}=\frac{1}{15}$$

$$P(X=1, Y=0)=\frac{C_1^1 C_3^1}{C_6^2}=\frac{3}{15}, \quad P(X=1, Y=1)=\frac{C_1^1 C_2^1}{C_6^2}=\frac{2}{15}$$

$$P(X=1, Y=2)=0$$

故联合分布律与边缘分布律为

X＼Y	0	1	2	$p_{i\cdot}$
0	$\frac{3}{15}$	$\frac{6}{15}$	$\frac{1}{15}$	$\frac{2}{3}$
1	$\frac{3}{15}$	$\frac{2}{15}$	0	$\frac{1}{3}$
$p_{\cdot j}$	$\frac{6}{15}$	$\frac{8}{15}$	$\frac{1}{15}$	1

例 5　设袋中装有 2 只白球和 3 只黑球，现分别用有放回和不放回两种摸球方式. 各摸两次，每次仅摸出一球，定义随机变量：

$$X=\begin{cases}0，第一次摸出黑球\\1，第一次摸出白球\end{cases}，\qquad Y=\begin{cases}0，第二次摸出黑球\\1，第二次摸出白球\end{cases}$$

试求(X,Y)的联合分布律与边缘分布律.

解　(1) 有放回情形　此时第一次取球和第二次取球是相互独立的，

$$P(X=0, Y=0)=P(X=0)P(Y=0)=\frac{3}{5}\times\frac{3}{5}$$

类似的可以求得其他概率 p_{ij}，得到有放回情形的联合分布律如下：

X＼Y	0	1
0	$\frac{3}{5}\cdot\frac{3}{5}$	$\frac{3}{5}\cdot\frac{2}{5}$
1	$\frac{2}{5}\cdot\frac{3}{5}$	$\frac{2}{5}\cdot\frac{2}{5}$

(2) 不放回情形　此时第一次取球和第二次取球不相互独立，计算概率需用乘法公式.

$$P(X=0, Y=0)=P(X=0)P(Y=0|X=0)=\frac{3}{5}\times\frac{2}{4}$$

类似的可以求得其他概率 p_{ij}，得到不放回情形的联合分布律如下：

X＼Y	0	1
0	$\frac{3}{5}\cdot\frac{2}{4}$	$\frac{3}{5}\cdot\frac{2}{4}$
1	$\frac{2}{5}\cdot\frac{3}{4}$	$\frac{2}{5}\cdot\frac{1}{4}$

由联合分布律可以得到边缘分布律，见下表.

有放回

X＼Y	0	1	$p_{i\cdot}$
0	$\frac{3}{5}\cdot\frac{3}{5}$	$\frac{3}{5}\cdot\frac{2}{5}$	$\frac{3}{5}$
1	$\frac{3}{5}\cdot\frac{2}{5}$	$\frac{2}{5}\cdot\frac{2}{5}$	$\frac{2}{5}$
$p_{\cdot j}$	$\frac{3}{5}$	$\frac{2}{5}$	1

不放回

X＼Y	0	1	$p_{i\cdot}$
0	$\frac{3}{5}\cdot\frac{2}{4}$	$\frac{3}{5}\cdot\frac{2}{4}$	$\frac{3}{5}$
1	$\frac{2}{5}\cdot\frac{3}{4}$	$\frac{2}{5}\cdot\frac{1}{4}$	$\frac{2}{5}$
$p_{\cdot j}$	$\frac{3}{5}$	$\frac{2}{5}$	1

不难看出，边缘分布律由联合分布律唯一确定，但在一般情况下，两个边缘分布律不能确定联合分布律.

2. 二维连续型随机变量的边缘概率密度

类似地，由二维连续型随机变量 (X, Y) 的概率密度 $f(x, y)$，也可以得到单个连续型随机变量的概率密度. 事实上，由

$$F_X(x) = P(X \leqslant x) = P\{X \leqslant x, Y < +\infty\} = F(x, +\infty) = \int_{-\infty}^{x} \left[\int_{-\infty}^{+\infty} f(u, y) \mathrm{d}y \right] \mathrm{d}u$$

得到

$$f_X(x) = F_X'(x) = \int_{-\infty}^{+\infty} f(x, y) \mathrm{d}y$$

同理，由

$$F_Y(y) = P(Y \leqslant y) = P\{X < +\infty, Y \leqslant y\} = F(+\infty, y) = \int_{-\infty}^{y} \left[\int_{-\infty}^{+\infty} f(x, v) \mathrm{d}x \right] \mathrm{d}v$$

得到

$$f_Y(y) = F_Y'(y) = \int_{-\infty}^{+\infty} f(x, y) \mathrm{d}x \tag{2-16}$$

$f_X(x)$，$f_Y(y)$ 分别称为 (X, Y) 关于 X，Y 的边缘概率密度函数或者边缘概率密度.

连续型随机变量与离散型随机变量相同：已知联合分布可以求得边缘分布；反之则不能唯一确定.

例 6　设 (X, Y) 服从区域 G 上的均匀分布，G 为直线 $2x + y = 2$、x 轴和 y 轴所围的三角形平面区域，求关于 X 和关于 Y 的边缘概率密度.

解　易知

$$f(x, y) = \begin{cases} 1, & (x, y) \in G \\ 0, & (x, y) \notin G \end{cases}$$

$f(x, y)$ 的非零区域见题图 2.6 的阴影部分所示，故

$$f_X(x) = \int_{-\infty}^{+\infty} f(x, y) \mathrm{d}y = \begin{cases} \int_0^{2-2x} 1 \mathrm{d}y, & 0 < x < 1 \\ 0, & \text{其他} \end{cases} = \begin{cases} 2 - 2x, & 0 < x < 1 \\ 0, & \text{其他} \end{cases}$$

$$f_Y(y) = \int_{-\infty}^{+\infty} f(x, y) \mathrm{d}x = \begin{cases} \int_0^{1-\frac{y}{2}} 1 \mathrm{d}x, & 0 < y < 2 \\ 0, & \text{其他} \end{cases} = \begin{cases} 1 - \dfrac{y}{2}, & 0 < y < 2 \\ 0, & \text{其他} \end{cases}$$

例 7　设 (X, Y) 的密度函数为

$$f(x, y) = \begin{cases} 6\mathrm{e}^{-2x-3y} & x, y > 0, \\ 0, & \text{其他} \end{cases}$$

求：(1) 分布函数 $F(x, y)$；(2) 边缘概率密度 $f_X(x)$ 以及 $f_Y(y)$；(3) $P(Y \leqslant X)$.

解　$f(x, y)$ 的非零区域见题图 2.7 的阴影部分所示.

(1) $F(x, y) = P\{X \leqslant x, Y \leqslant y\} = \int_{-\infty}^{y} \int_{-\infty}^{x} f(u, v) \mathrm{d}u \mathrm{d}v$

$$= \begin{cases} (1-\mathrm{e}^{-2x})(1-\mathrm{e}^{-3y}), & x, y > 0 \\ 0, & 其他 \end{cases};$$

(2) $f_X(x) = \int_{-\infty}^{+\infty} f(x, y) \mathrm{d}y = \begin{cases} 2\mathrm{e}^{-2x}, & x > 0 \\ 0, & 其他 \end{cases}$,

$f_Y(y) = \int_{-\infty}^{+\infty} f(x, y) \mathrm{d}x = \begin{cases} 3\mathrm{e}^{-3y}, & y > 0 \\ 0, & 其他 \end{cases};$

(3) $P(Y \leqslant X) = \int_{0}^{+\infty} \int_{y}^{+\infty} 6\mathrm{e}^{-2x-3y} \mathrm{d}x \mathrm{d}y = \dfrac{3}{5}$.

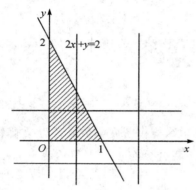

题图 2.6　　　　　　　　　　题图 2.7

例 8　设二维连续型随机变量 (X, Y) 的分布函数为

$$F(x, y) = A\left(B + \arctan \dfrac{x}{2}\right)\left(C + \arctan \dfrac{y}{3}\right), \quad (-\infty < x, y < +\infty)$$

求：(1) 常数 A, B, C；

(2) (X, Y) 的概率密度；

(3) 关于 X 和关于 Y 的边缘分布函数与边缘概率密度.

解　(1) 由分布函数的性质有

$$F(+\infty, +\infty) = A\left(B + \dfrac{\pi}{2}\right)\left(C + \dfrac{\pi}{2}\right) = 1;$$

$$F(x, -\infty) = A\left(B + \arctan \dfrac{x}{2}\right)\left(C - \dfrac{\pi}{2}\right) = 0;$$

$$F(-\infty, y) = A\left(B - \dfrac{\pi}{2}\right)\left(C + \arctan \dfrac{y}{3}\right) = 0.$$

通过以上三式计算可得 $A = \dfrac{1}{\pi^2}$，$B = \dfrac{\pi}{2}$，$C = \dfrac{\pi}{2}$，即

$$F(x, y) = \dfrac{1}{\pi^2}\left(\dfrac{\pi}{2} + \arctan \dfrac{x}{2}\right)\left(\dfrac{\pi}{2} + \arctan \dfrac{y}{3}\right), \quad (-\infty < x, y < +\infty)$$

（2）由概率密度的性质得（X，Y）的概率密度为

$$f(x, y) = \frac{\partial^2 F(x, y)}{\partial x \partial y} = \frac{6}{\pi^2 (x^2+4)(y^2+9)}, \quad (-\infty < x, y < +\infty)$$

（3）关于 X 和 Y 的边缘分布函数分别为

$$F_X(x) = F(x, +\infty) = \frac{1}{\pi}\left(\frac{\pi}{2} + \arctan\frac{x}{2}\right), \quad (-\infty < x < +\infty)$$

$$F_Y(x) = F(+\infty, y) = \frac{1}{\pi}\left(\frac{\pi}{2} + \arctan\frac{y}{3}\right), \quad (-\infty < y < +\infty)$$

关于 X 和 Y 的边缘概率密度分别为

$$f_X(x) = F_X'(x) = \frac{2}{\pi(x^2+4)}, \quad (-\infty < x < +\infty)$$

$$f_Y(y) = F_Y'(y) = \frac{3}{\pi(y^2+9)}, \quad (-\infty < y < +\infty)$$

五、条件分布

下面由条件概率引出条件分布的概念．对二维随机变量，考虑一个随机变量取某确定值时，另一个随机变量的分布．

1. 二维离散型随机变量的条件分布

设（X，Y）是离散型二维随机变量，X 和 Y 的联合分布律为

$$P(X=x_i, Y=y_j) = p_{ij}, \quad i, j = 1, 2, \cdots$$

则（X，Y）关于 X 和 Y 的边缘分布律为

$$P(X=x_i) = p_i. = \sum_{j=1}^{\infty} p_{ij}, \quad i = 1, 2, \cdots$$

$$P(Y=y_j) = p._j = \sum_{i=1}^{\infty} p_{ij}, \quad j = 1, 2, \cdots$$

定义 1　对于固定的 j，若 $p._j = P(Y=y_j) > 0$，称

$$P(X=x_i | Y=y_j) = \frac{P(X=x_i, Y=y_j)}{P(Y=y_j)} = \frac{p_{ij}}{p._j}, \quad i = 1, 2, \cdots \tag{2-17}$$

为在 $Y=y_j$ 条件下，随机变量 X 的条件分布律．

同样，对于固定的 i，若 $p_i. = P(X=x_i) > 0$，称

$$P(Y=y_j | X=x_i) = \frac{P(X=x_i, Y=y_j)}{P(X=x_i)} = \frac{p_{ij}}{p_i.}, \quad j = 1, 2, \cdots \tag{2-18}$$

为在 $X=x_i$ 条件下，随机变量 Y 的条件分布律．

易知上述条件概率满足分布律的性质：

（1）$P(X=x_i | Y=y_j) \geqslant 0$，$P(Y=y_j | X=x_i) \geqslant 0$；

（2）$\sum_{i=1}^{\infty} P(X=x_i | Y=y_j) = 1$，$\sum_{j=1}^{\infty} P(Y=y_j | X=x_i) = 1$.

例 9　设二维随机变量 X，Y 的联合分布律及边缘分布律如下表

$\diagdown$ Y X	-1	0	1	$P(X=x_i)$
-1	0	$\dfrac{1}{4}$	0	$\dfrac{1}{4}$
0	$\dfrac{1}{4}$	0	$\dfrac{1}{4}$	$\dfrac{1}{2}$
1	0	$\dfrac{1}{4}$	0	$\dfrac{1}{4}$
$P(Y=y_i)$	$\dfrac{1}{4}$	$\dfrac{1}{2}$	$\dfrac{1}{4}$	1

求在 $Y=0$ 条件下 X 的条件分布律.

解 因为 $P(Y=0)=\dfrac{1}{2}>0$，所以

$$P(X=-1\,|\,Y=0)=\frac{P(X=-1,\,Y=0)}{P(Y=0)}=\frac{\dfrac{1}{4}}{\dfrac{1}{2}}=\frac{1}{2}$$

$$P(X=0\,|\,Y=0)=\frac{P(X=0,\,Y=0)}{P(Y=0)}=\frac{0}{\dfrac{1}{2}}=0$$

$$P(X=1\,|\,Y=0)=\frac{P(X=1,\,Y=0)}{P(Y=0)}=\frac{\dfrac{1}{4}}{\dfrac{1}{2}}=\frac{1}{2}$$

即在 $Y=0$ 条件下，X 的条件分布律为

$X\,|\,Y=0$	-1	1
$P(X=x_i\,|\,Y=0)$	$\dfrac{1}{2}$	$\dfrac{1}{2}$

2. 连续型随机变量的条件分布

连续型随机变量 (X,Y) 的条件分布比离散型复杂，对于任意实数 x,y，有 $P(X=x)=0$，$P(Y=y)=0$，所以就不能直接用条件概率来计算条件分布函数.

设 (X,Y) 为二维连续型随机变量，分布函数为 $F(x,y)$，概率密度为 $f(x,y)$，(X,Y) 关于 Y 的边缘概率密度为 $f_Y(y)$，$f(x,y)$ 和 $f_Y(y)$ 均连续，且 $f_Y(y)>0$. 计算条件概率：

$$
\begin{aligned}
P(X\leqslant x\,|\,Y=y)&=\lim_{\varepsilon\to0^+}P(X\leqslant x\,|\,y-\varepsilon<Y\leqslant y+\varepsilon)=\lim_{\varepsilon\to0^+}\frac{P(X\leqslant x,\,y-\varepsilon<Y\leqslant y+\varepsilon)}{P(y-\varepsilon<Y\leqslant y+\varepsilon)}\\
&=\lim_{\varepsilon\to0^+}\frac{F(x,\,y+\varepsilon)-F(x,\,y-\varepsilon)}{F_Y(y+\varepsilon)-F_Y(y-\varepsilon)}\\
&=\lim_{\varepsilon\to0^+}\frac{[F(x,\,y+\varepsilon)-F(x,\,y-\varepsilon)]/2\varepsilon}{[F_Y(y+\varepsilon)-F_Y(y-\varepsilon)]/2\varepsilon}\\
&=\frac{\dfrac{\partial F(x,\,y)}{\partial y}}{\dfrac{\mathrm{d}F_Y(y)}{\mathrm{d}y}}
\end{aligned}
$$

由于

$$F(x, y) = \int_{-\infty}^{y} \int_{-\infty}^{x} f(u, v) \mathrm{d}u \mathrm{d}v, \frac{\partial F(x, y)}{\partial y} = \int_{-\infty}^{x} f(u, y) \mathrm{d}u$$

$$F_Y(y) = \int_{-\infty}^{y} f_Y(t) \mathrm{d}t, \frac{\mathrm{d}F_Y(y)}{\mathrm{d}y} = f_Y(y)$$

从而

$$P(X \leqslant x | Y = y) = \frac{\int_{-\infty}^{x} f(u, y) \mathrm{d}u}{f_Y(y)}$$

至此，我们定义：对于一切 $f_Y(y) > 0$，给定 $Y = y$ 条件下 X 的条件分布函数和条件概率密度函数分别为

$$F_{X|Y}(x | y) = P(X \leqslant x | Y = y) = \frac{\int_{-\infty}^{x} f(u, y) \mathrm{d}u}{f_Y(y)} \quad (2-19)$$

$$f_{X|Y}(x | y) = \frac{f(x, y)}{f_Y(y)} \quad (2-20)$$

同理可以定义对于一切 $f_X(x) > 0$，给定 $X = x$ 条件下 Y 的条件分布函数和条件概率密度函数分别为

$$F_{Y|X}(y | x) = \frac{\int_{-\infty}^{y} f(x, v) \mathrm{d}v}{f_X(x)} \quad (2-21)$$

$$f_{Y|X}(y | x) = \frac{f(x, y)}{f_X(x)} \quad (2-22)$$

例 10　设二维随机变量 (X, Y) 的密度函数为 $f(x, y) = \begin{cases} 6, & 0 < x^2 < y < x < 1 \\ 0, & \text{其他} \end{cases}$，求 $f_{X|Y}(x | y)$，$f_{Y|X}(y | x)$。

解　易得边缘概率密度函数为

$$f_X(x) = \int_{-\infty}^{+\infty} f(x, y) \mathrm{d}y = \begin{cases} \int_{x^2}^{x} 6 \mathrm{d}y, & 0 < x < 1 \\ 0, & \text{其他} \end{cases} = \begin{cases} 6(x - x^2), & 0 < x < 1 \\ 0, & \text{其他} \end{cases}$$

$$f_Y(y) = \int_{-\infty}^{+\infty} f(x, y) \mathrm{d}x = \begin{cases} \int_{y}^{\sqrt{y}} 6 \mathrm{d}x, & 0 < y < 1 \\ 0, & \text{其他} \end{cases} = \begin{cases} 6(\sqrt{y} - y), & 0 < y < 1 \\ 0, & \text{其他} \end{cases}$$

当 $0 < x < 1$ 时，$f_X(x) = 6(x - x^2) > 0$，则在 $X = x(0 < x < 1)$ 条件下，Y 的条件概率密度函数为

$$f_{Y|X}(y | x) = \frac{f(x, y)}{f_X(x)} = \begin{cases} \dfrac{1}{x - x^2}, & x^2 < y < x \\ 0, & \text{其他} \end{cases}$$

当 $0 < y < 1$ 时，$f_Y(y) = 6(\sqrt{y} - y) > 0$，则在 $Y = y(0 < y < 1)$ 条件下，X 的条件概率密度函数为

$$f_{X|Y}(x|y) = \frac{f(x, y)}{f_Y(y)} = \begin{cases} \dfrac{1}{\sqrt{y}-y}, & y < x < \sqrt{y} \\ 0, & 其他 \end{cases}$$

六、随机变量的独立性

1. 二维随机变量的独立性

定义 2　设(X, Y)为二维随机变量,若对任意的实数 x, y,均有
$$F(x, y) = F_X(x)F_Y(y)$$
即
$$P(X \leqslant x, Y \leqslant y) = P(X \leqslant x)P(Y \leqslant y) \tag{2-23}$$
则称随机变量 X 与 Y 相互独立.

随机变量(X, Y)只要满足上述定义的条件,则任何只与 X 有关的事件和任何只与 Y 有关的事件都相互独立.

对于二维离散型随机变量,有下面更为简明的独立性定义.

定义 3　设(X, Y)为二维离散型随机变量,若对于一切 i, j,有
$$P(X = x_i, Y = y_j) = P(X = x_i)P(Y = y_j)$$
即
$$p_{ij} = p_{i\cdot} \cdot p_{\cdot j} \tag{2-24}$$
则称随机变量 X 与 Y 相互独立.

例 11　设二维离散型随机向量(X, Y)的联合分布律如下表,问要使 X 和 Y 相互独立,a, b 应取何值?

X \ Y	1	2	3
1	$\dfrac{1}{6}$	$\dfrac{1}{9}$	$\dfrac{1}{18}$
2	$\dfrac{1}{3}$	a	b

解　容易求得(X, Y)关于 X 和 Y 边缘分布律分别为

$$p_{1\cdot} = P(X=1) = \frac{1}{3}, \quad p_{2\cdot} = P(X=2) = \frac{1}{3} + a + b$$

$$p_{\cdot 1} = P(Y=1) = \frac{1}{2}, \quad p_{\cdot 2} = P(Y=2) = \frac{1}{9} + a, \quad p_{\cdot 3} = P(Y=3) = \frac{1}{18} + b$$

要使 X 和 Y 相互独立,应有

$$p_{12} = \frac{1}{9} = p_{1\cdot} \cdot p_{\cdot 2} = \frac{1}{3} \cdot \left(\frac{1}{9} + a\right),$$

即

$$\frac{1}{9} + a = \frac{1}{3}, \quad a = \frac{2}{9}$$

还应有

$$p_{13} = \frac{1}{18} = p_{1.} \cdot p_{.3} = \frac{1}{3} \cdot \left(\frac{1}{18} + b \right)$$

即

$$\frac{1}{18} + b = \frac{1}{6}, \quad b = \frac{1}{9}$$

对于二维连续型随机变量，也可以得到与定义 2 等价的定义如下.

定义 4　设 (X, Y) 为连续型随机变量，其概率密度为 $f(x, y)$，关于 X 和 Y 的边缘概率密度分别为 $f_X(x)$，$f_Y(y)$，如果对于一切 x, y，有

$$f(x, y) = f_X(x) f_Y(y) \tag{2-25}$$

则称随机变量 X 与 Y 相互独立.

例 12　设随机变量 (X, Y) 的概率密度为 $f(x, y) = \begin{cases} \dfrac{1}{2x^2 y}, & 1 \leqslant x < +\infty, \dfrac{1}{x} < y < x, \\ 0, & \text{其他} \end{cases}$，问 X 与 Y 是否相互独立？

解　利用公式

$$f_X(x) = \int_{-\infty}^{+\infty} f(x, y) \mathrm{d}y = \begin{cases} \dfrac{\ln x}{x^2}, & x > 1 \\ 0, & \text{其他} \end{cases}$$

$$f_Y(y) = \int_{-\infty}^{+\infty} f(x, y) \mathrm{d}x = \begin{cases} \dfrac{1}{2}, & 0 < y < 1 \\ \dfrac{1}{2y^2}, & y > 1 \\ 0, & \text{其他} \end{cases}$$

显然

$$f(x, y) \neq f_X(x) f_Y(y)$$

故 X 与 Y 不是相互独立的.

2. n 维随机变量的独立性

关于二维随机变量的一些概念和结论，可以推广到 n 维随机变量的情形.

设随机变量 $X_1, X_2, \cdots, X_n$ 是定义在同一个样本空间上的随机变量，它们构成的向量 $(X_1, X_2, \cdots, X_n)$ 称为 n 维随机变量，n 元函数

$$F(x_1, x_2, \cdots, x_n) = P(X \leqslant x_1, X \leqslant x_2, \cdots, X \leqslant x_n)$$

称为 n 维随机变量 $(X_1, X_2, \cdots, X_n)$ 的分布函数.

设 $(X_1, X_2, \cdots, X_n)$ 关于 X_i 的边缘分布函数为 $F_{X_i}(x_i)$，$(i = 1, 2, \cdots, n)$ 有下面的定义.

定义 5　设 $(X_1, X_2, \cdots, X_n)$ 为 n 维随机变量，若对于任意的实数 $x_1, x_2, \cdots, x_n$，有

$$P(X_1 \leqslant x_1, X_2 \leqslant x_2, \cdots, X_n \leqslant x_n) = P(X_1 \leqslant x_1) P(X_2 \leqslant x_2) \cdots P(X_n \leqslant x_n)$$

$$= F_{X_1}(x_1) F_{X_2}(x_2) \cdots F_{X_n}(x_n) \tag{2-26}$$

则称 n 维随机变量 $X_1, X_2, \cdots, X_n$ 相互独立.

对于离散型随机变量 $(X_1, X_2, \cdots, X_n)$，$X_1, X_2, \cdots, X_n$ 相互独立的充要条件是对一

切 x_1，x_2，$\cdots$，x_n，有

$$P(X_1=x_1, X_2=x_2, \cdots, X_n=x_n)$$
$$=P(X_1=x_1)P(X_2=x_2)\cdots P(X_n=x_n) \qquad (2-27)$$

对于连续型随机变量$(X_1, X_2, \cdots, X_n)$，X_1，X_2，$\cdots$，X_n 相互独立的充要条件是对一切 x_1，x_2，$\cdots$，x_n，有

$$f(x_1, x_2, \cdots, x_n)=f_{X_1}(x_1)f_{X_2}(x_2)\cdots f_{X_n}(x_n) \qquad (2-28)$$

这里 $f(x_1, x_2, \cdots, x_n)$ 是 $(X_1, X_2, \cdots, X_n)$ 的概率密度，$f_{X_i}(x_i)(i=1, 2, \cdots, n)$ 是 $(X_1, X_2, \cdots, X_n)$ 关于 X_i 的边缘概率密度.

下面的结论在数理统计中会经常用到：

若 X_1，X_2，$\cdots$，X_n 相互独立，则

(1) 其中任意 $r(r\leqslant n)$ 个随机变量也相互独立.

(2) X_1，X_2，$\cdots$，X_n 各自的函数 $g_1(X_1)$，$g_2(X_2)$，$\cdots$，$g_n(X_n)$ 也相互独立.

(3) 设$(X_1, X_2, \cdots, X_n)$ 与 $(Y_1, Y_2, \cdots, X_m)$ 相互独立，则 $g(X_1, X_2, \cdots, X_n)$ 与 $h(Y_1, Y_2, \cdots, Y_m)$ 也相互独立，其中 h，g 是连续函数.

习题 2.4

1. 设二维随机变量(X, Y)只能取下列数组中的值：
$$(0, 0), (0, 1), (-5, 4), (-2, 0),$$
且取这些组值的概率依次为 $\dfrac{c}{2}$，$\dfrac{c}{6}$，$\dfrac{c}{6}$，$\dfrac{c}{6}$，则 $c=$ _____.

2. 设随机变量 X 在 1，2，3，4 四个整数中等可能地取值，另一个随机变量 Y 在 $1\sim X$ 中等可能地取值，求(X, Y)的分布律.

3. 袋中有 1 个红球，2 个黑球，3 个白球，现有放回地从袋中取两次，每次取一个球，设随机变量 X，Y，Z 分别表示两次取球所取得的红球、黑球与白球的个数，求：(1) 求 $P(X=1|Z=0)$；(2) 求二维随机变量(X, Y)的概率分布律.

4. 设随机变量 X 与 Y 相互独立，下表列出了二维随机变量(X, Y)的分布律以及边缘分布律中的部分数值，试将其余的数字填入表中：

X ╲ Y	y_1	y_2	y_3	$p_i.$
x_1		$\dfrac{1}{8}$		
x_2	$\dfrac{1}{8}$			
$p._j$	$\dfrac{1}{6}$			1

5. 设随机变量(X, Y)的概率分布为

X \ Y	0	1
0	0.4	a
1	b	0.1

已知随机事件$(X=0)$与$(X+Y=1)$相互独立，则_____．

(A) $a=0.2$，$b=0.3$　　　　(B) $a=0.4$，$b=0.1$

(C) $a=0.3$，$b=0.2$　　　　(D) $a=0.1$，$b=0.4$

6. 设随机变量(X,Y)的概率密度为

$$f(x,y)=\begin{cases} x^2+\dfrac{xy}{k}, & 0\leqslant x\leqslant 1,\ 0\leqslant y\leqslant 2 \\ 0, & 其他 \end{cases}$$

求：(1) 常数k；(2) $P(X+Y\geqslant 1)$．

7. 设随机变量(X,Y)的概率密度

$$f(x,y)=\begin{cases} k\mathrm{e}^{-(3x+4y)}, & x>0,\ y>0 \\ 0, & 其他 \end{cases}$$

求：(1) 常数k；

(2) 分布函数$F(x,y)$；

(3) 概率$P(0<X<1,\ 0\leqslant Y\leqslant 2)$；

(4) 概率$P(Y\leqslant X)$．

8. 设随机变量(X,Y)在区域G内服从均匀分布，其中G是由$y=x^2$与$y=x$围成的区域．

(1) 求(X,Y)的概率密度及边缘概率密度；

(2) 问X和Y是否相互独立？

9. 设二维连续型随机变量(X,Y)的分布函数为

$$F(x,y)=\begin{cases} 1-\mathrm{e}^{-x}-\mathrm{e}^{-y}+\mathrm{e}^{-x-y}, & x>0,\ y>0 \\ 0, & 其他 \end{cases}$$

求关于X,Y边缘分布函数与边缘概率密度．

10. 设二维连续型随机变量(X,Y)的联合概率密度为

$$f(x,y)=\begin{cases} \dfrac{6}{5}x^2(4xy+1), & 0<x<1,\ 0<y<1 \\ 0, & 其他 \end{cases}$$

求：(1) $f_{X|Y}(x|y)$；(2) $f_{Y|X}(y|x)$．

第五节　随机变量函数的分布

在上一节的许多问题中，已知某一随机变量的分布，需要求该随机变量函数的分布．本节将讨论随机变量函数的分布．

一、离散型随机变量函数的分布

1. 一维离散型随机变量函数的分布

设 X 为离散型随机变量，则 $Y=g(X)$ 也为离散型随机变量，它的分布律可以直接从 X 的分布律得到．方法是先确定 Y 可能取的值，再求出它取每个值的概率．

若 X 的分布律为

X	x_1	x_2	$\cdots$	x_n	$\cdots$
P	p_1	p_2	$\cdots$	p_n	$\cdots$

则 $Y=g(X)$ 的分布律为

Y	$g(x_1)$	$g(x_2)$	$\cdots$	$g(x_n)$	$\cdots$
P	p_1	p_2	$\cdots$	p_n	$\cdots$

当 $g(x_1)$，$g(x_2)$，$\cdots$，$g(x_n)$，$\cdots$ 中有某些值相等时，应把相等的值分别合并，并把对应的概率相加，作为 Y 取该值的概率．

例 1　设 X 的分布律为

$X=x_i$	-1	0	1	2
p_i	0.2	0.3	0.1	0.4

求 $Y=2X+1$ 和 $Y=(X-1)^2$ 的分布律．

解　为计算方便，将 X 及各个函数的取值对应于下表中：

$X=x_i$	-1	0	1	2
p_i	0.2	0.3	0.1	0.4
$Y=y_i=2x_i+1$	-1	1	3	5
$Y=y_i=(x_i-1)^2$	4	1	0	1

因此，$Y=2X+1$ 的分布律为

$Y=y_i$	-1	1	3	5
p_i	0.2	0.3	0.1	0.4

经过合并整理得 $Y=(X-1)^2$ 的分布律为

$Y=y_i$	0	1	4
p_i	0.1	0.7	0.2

2. 二维离散型随机变量函数的分布

当 (X,Y) 为离散型随机变量时，它的函数 $Z=g(X,Y)$ 是（一维）离散型随机变量，其分布律的求法与前面讨论过的一维离散型随机变量的情形是一样的．即先确定 $Z=g(X,Y)$ 所有可能取的值，再求出它取每个值的概率．

设 (X,Y) 的分布律为

$$P(X=x_i,Y=y_j)=p_{ij}\quad i,j=1,2,3,\cdots$$

则 $Z=g(X,Y)$ 的分布律为

$$P\big(Z=g(x_i,y_j)\big)=p_{ij} \quad i,j=1,2,3,\cdots$$

例2　设 (X,Y) 的分布律见下表，求 $Z=XY$ 的分布律.

X＼Y	0	1	2
0	$\frac{1}{9}$	$\frac{2}{9}$	$\frac{1}{9}$
1	$\frac{2}{9}$	$\frac{1}{9}$	$\frac{2}{9}$

解　为计算方便，将 (X,Y) 及 $Z=XY$ 的取值对应于下表中：

(X,Y)	$(0,0)$	$(0,1)$	$(0,2)$	$(1,0)$	$(1,1)$	$(1,2)$
P	$\frac{1}{9}$	$\frac{2}{9}$	$\frac{1}{9}$	$\frac{2}{9}$	$\frac{1}{9}$	$\frac{2}{9}$
$Z=XY$	0	0	0	0	1	1

合并整理得到 $Z=XY$ 的分布律

$Z=XY$	0	1	2
P	$\frac{2}{3}$	$\frac{1}{9}$	$\frac{2}{9}$

二、连续型随机变量函数的分布

1. 一维连续型随机变量函数的分布

一般地，连续型随机变量的函数不一定是连续型随机变量. 我们在此主要讨论连续型随机变量的函数仍是连续型随机变量的情形. 方法是先求出随机变量函数的分布函数，再通过求导求出其概率密度函数.

若 X 的密度函数为 $f_X(x)$，则 $Y=g(X)$ 的分布函数为

$$F_Y(y)=P(Y\leqslant y)=P\big(g(X)\leqslant y\big)=\int_{g(x)\leqslant y}f_X(t)\mathrm{d}t$$

因此，

$$f_Y(y)=\frac{\mathrm{d}F_Y(y)}{\mathrm{d}y}$$

例3　已知随机变量 X 的概率密度为 $f_X(x)$，$Y=aX+b$，a,b 为常数，且 $a\neq0$，求 Y 的概率密度函数 $f_Y(y)$.

解　第一步：利用分布函数的定义求 $Y=aX+b$ 的分布函数；

$$F_Y(y)=P(Y\leqslant y)=P(aX+b\leqslant y)$$

当 $a>0$ 时，

$$F_Y(y)=P\Big(X\leqslant\frac{1}{a}(y-b)\Big)=F_X\Big(\frac{1}{a}(y-b)\Big)$$

当 $a<0$ 时，

$$F_Y(y) = P\left(X \geqslant \frac{1}{a}(y-b)\right) = 1 - F_X\left(\frac{1}{a}(y-b)\right)$$

第二步：对分布函数求导得到概率密度.

当 $a > 0$ 时，

$$f_Y(y) = \frac{1}{a} f_X\left(\frac{1}{a}(y-b)\right)$$

当 $a < 0$ 时，

$$f_Y(y) = -\frac{1}{a} f_X\left(\frac{1}{a}(y-b)\right)$$

因此

$$f_Y(y) = \frac{1}{|a|} f_X\left(\frac{1}{a}(y-b)\right)$$

定理 1 设 X 为连续型随机变量，其概率密度为 $f(x)$，$Y = g(X)$ 严格单调，反函数 $X = h(Y)$ 有连续导数，则 $Y = g(X)$ 是一个连续型随机变量，其概率密度为

$$f_Y(y) = \begin{cases} f_X(h(y))|h'(y)|, & \alpha < y < \beta \\ 0, & \text{其他} \end{cases} \tag{2-29}$$

其中，$\alpha = \min\{g(-\infty), g(+\infty)\}$，$\beta = \max\{g(-\infty), g(+\infty)\}$.

注：利用由定理 1 的公式直接写出 $Y = g(X)$ 的概率密度时，要注意三点：

(1) 首先要检验 $Y = g(X)$ 是否严格单调，如果不是严格单调，不能直接用公式；

(2) 在公式中，$h'(y)$ 是要取绝对值的，否则可能出现 $f_Y(y)$ 取值小于 0.

(3) 若 $f_X(x)$ 在有限区间 $[a, b]$ 以外取值为零，此时
$$\alpha = \min\{g(a), g(b)\}, \quad \beta = \max\{g(a), g(b)\}.$$

当定理的条件不满足，特别是 $g(x)$ 不是单调函数时，可通过先求 Y 的分布函数，再求导得 Y 的概率密度.

例 4 设 X 服从参数为 2 的指数分布，$Y = -3X + 2$，求 $f_Y(y)$.

解 根据定理 1 得

$$f_Y(y) = \frac{1}{|-3|} f_X\left(\frac{1}{-3}(y-2)\right) = \begin{cases} \dfrac{1}{3} \cdot 2e^{-2\left(-\frac{y-2}{3}\right)}, & -\dfrac{y-2}{3} > 0 \\ 0, & \text{其他} \end{cases}$$

$$= \begin{cases} \dfrac{2}{3} e^{-\frac{2}{3}(2-y)}, & y < 2 \\ 0, & \text{其他} \end{cases}$$

例 5 设随机变量 X 具有概率密度 $f(x)$，$-\infty < x < +\infty$，求 $Y = X^2$ 的概率密度.

解 由于 $y = g(x) = x^2$ 不是单调函数，不满足定理 1 的条件，故不能直接用公式 $(2-28)$ 求 Y 的概率密度. 我们先求 Y 的分布函数 $F_Y(y)$.

由于 $Y = X^2 \geqslant 0$，当 $y \leqslant 0$ 时，$F_Y(y) = 0$；

当 $y > 0$ 时，有

$$F_Y(y) = P(Y \leqslant y) = P(X^2 \leqslant y) = P(-\sqrt{y} \leqslant X \leqslant \sqrt{y}) = \int_{-\sqrt{y}}^{\sqrt{y}} f(x)\,\mathrm{d}x$$

于是得 $Y = X^2$ 的概率密度为

$$f_Y(y) = F_Y'(y) = \begin{cases} \dfrac{1}{2\sqrt{y}}\big[f(\sqrt{y}) + f(-\sqrt{y})\big], & y > 0 \\ 0, & y \leqslant 0 \end{cases}$$

2. 二维连续型随机变量函数的分布

下面我们要讨论的问题是，已知二维连续型随机变量(X,Y)的概率密度函数为$f(x,y)$，$Z = g(X,Y)$也为连续型随机变量，求$Z = g(X,Y)$的概率密度函数. 求Z的概率密度的方法与一维随机变量函数的情形类似，即先求Z的分布函数，再求它的概率密度.

设(X,Y)的概率密度为$f(x,y)$，记$Z = g(X,Y)$的分布函数为$F_Z(z)$，则

$$F_Z(z) = P(Z \leqslant z) = P(g(X,Y) \leqslant z) = \iint\limits_{g(x,y)\leqslant z} f(x,y)\,\mathrm{d}x\mathrm{d}y$$

Z的概率密度为

$$f_Z(z) = F_Z'(z)$$

下面讨论几个具体的函数的分布.

（1）和的分布：$Z = X + Y$

设二维随机变量(X,Y)的概率密度函数为$f(x,y)$，则随机变量$Z = X + Y$的分布函数为

$$\begin{aligned} F_Z(z) &= P(Z \leqslant z) = P(X + Y \leqslant z) \\ &= \iint\limits_{x+y\leqslant z} f(x,y)\,\mathrm{d}x\mathrm{d}y \\ &= \int_{-\infty}^{+\infty}\left(\int_{-\infty}^{z-y} f(x,y)\,\mathrm{d}x\right)\mathrm{d}y \end{aligned}$$

这里积分区域是直线$x + y = z$左下方的半平面（如图 2.8 所示）

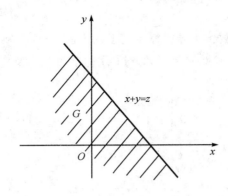

图 2.8

固定z和y，对积分$\displaystyle\int_{-\infty}^{z-y} f(x,y)\,\mathrm{d}x$作变量代换，令$x = u - y$，可得

$$\int_{-\infty}^{z-y} f(x,y)\,\mathrm{d}x = \int_{-\infty}^{z} f(u-y,y)\,\mathrm{d}u$$

再交换积分次序即可得

$$F_Z(z) = \int_{-\infty}^{+\infty} \int_{-\infty}^{z} f(u-y, y) \mathrm{d}u \mathrm{d}y = \int_{-\infty}^{z} \left[\int_{-\infty}^{+\infty} f(u-y, y) \mathrm{d}y \right] \mathrm{d}u$$

由概率密度的定义，可得 $Z = X + Y$ 的概率密度为

$$f_Z(z) = F'_Z(z) = \int_{-\infty}^{+\infty} f(z-y, y) \mathrm{d}y \qquad (2-30)$$

同理由

$$F_Z(z) = P(Z \leqslant z) = P(X+Y \leqslant z) = \iint_{x+y \leqslant z} f(x, y) \mathrm{d}x \mathrm{d}y = \int_{-\infty}^{+\infty} \mathrm{d}x \int_{-\infty}^{z-x} f(x, y) \mathrm{d}y$$

可以得到

$$f_Z(z) = \int_{-\infty}^{+\infty} f(x, z-x) \mathrm{d}x \qquad (2-31)$$

式(2-29)、式(2-30)是计算两个连续型随机变量和的概率密度的一般公式.

特别地，当 X，Y 相互独立时，$f(x, y) = f_X(x) f_Y(y)$，其中 $f_X(x)$ 和 $f_Y(y)$ 分别为 (X, Y) 关于 X 和 Y 的边缘概率密度，式(2-29)、式(2-30)可化为

$$f_Z(z) = \int_{-\infty}^{+\infty} f_X(z-y) f_Y(y) \mathrm{d}y \qquad (2-32)$$

$$f_Z(z) = \int_{-\infty}^{+\infty} f_X(x) f_Y(z-x) \mathrm{d}x \qquad (2-33)$$

这两个公式称为卷积公式，记作 $f_Z = f_X * f_Y$，即

$$f_Z(z) = f_X * f_Y = \int_{-\infty}^{+\infty} f_X(z-y) f_Y(y) \mathrm{d}y = \int_{-\infty}^{+\infty} f_X(x) f_Y(z-x) \mathrm{d}x$$

例 6 已知二维随机变量 (X, Y) 的概率密度函数为

$$f(x, y) = \begin{cases} 1, & 0 < x < 1, 0 < y < 1 \\ 0, & \text{其他} \end{cases}$$

$Z = X + Y$，求 $f_Z(z)$.

解 （利用先求分布函数再求导得概率密度的方法.）

本题中 $f(x, y)$ 的非零区域如题图 2.9 所示.

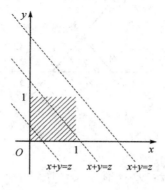

题图 2.9

由分布函数的定义有

$$F_Z(z) = P(X+Y \leqslant z) = \iint\limits_{x+y \leqslant z} f(x, y) \mathrm{d}x\mathrm{d}y$$

$$= \begin{cases} 0, & z < 0 \\ \int_0^z \mathrm{d}x \int_0^{z-x} 1\mathrm{d}y, & 0 \leqslant z < 1 \\ \int_0^{z-1} \mathrm{d}x \int_0^1 1\mathrm{d}y + \int_{z-1}^1 \mathrm{d}x \int_0^{z-x} 1\mathrm{d}y, & 1 \leqslant z < 2 \\ 1, & z \geqslant 2 \end{cases}$$

$$= \begin{cases} 0, & z < 0 \\ \dfrac{z^2}{2}, & 0 \leqslant z < 1 \\ 2z - \dfrac{z^2}{2} - 1, & 1 \leqslant z < 2 \\ 1, & z \geqslant 2 \end{cases}$$

故 $Z = X+Y$ 的概率密度函数为

$$f_Z(z) = F_X'(x) = \begin{cases} 0, & z < 0 \text{ 或 } z \geqslant 2 \\ z, & 0 \leqslant z < 1 \\ 2-z, & 1 \leqslant z < 2 \end{cases}$$

例 7 二维随机变量 (X, Y) 的概率密度函数为

$$f(x, y) = \begin{cases} 3x, & 0 < x < 1, 0 < y < x \\ 0, & \text{其他} \end{cases}$$

$Z = X+Y$，求 $f_Z(z)$.

解 （利用公式直接求解.）

由式(2-30)可得 $Z = X+Y$ 的概率密度为

$$f_Z(z) = \int_{-\infty}^{+\infty} f(x, z-x) \mathrm{d}x$$

仅当

$$\begin{cases} 0 < x < 1 \\ 0 < z-x < x \end{cases} \quad \text{即} \quad \begin{cases} 0 < x < 1 \\ x < z < 2x \end{cases}$$

时上述积分的被积函数才不会等于 0。因此被积函数 $f(x, z-x)$ 的非零区域如题图 2.10 所示。

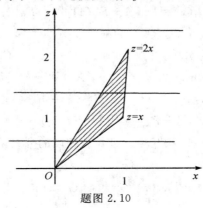

题图 2.10

因此

$$f_Z(z) = \begin{cases} \int_{\frac{z}{2}}^{z} 3x\,\mathrm{d}x & 0 \leqslant z < 1 \\ \int_{\frac{z}{2}}^{1} 3x\,\mathrm{d}x & 1 \leqslant z < 2 \\ 0, & \text{其他} \end{cases}$$

即有

$$f_Z(z) = \begin{cases} \dfrac{9}{8}z^2, & 0 \leqslant z < 1 \\ \dfrac{3}{2}\left(1 - \dfrac{z^2}{4}\right), & 1 \leqslant z < 2 \\ 0, & \text{其他} \end{cases}$$

(2) 极值分布：即极大（小）值的分布

设 X 和 Y 是两个相互独立的随机变量，其分布函数分别为 $F_X(x)$ 和 $F_Y(y)$，现求 $M = \max(X, Y)$ 和 $N = \min(X, Y)$ 的分布函数.

由于事件 $\{\max(X, Y) \leqslant z\}$ 等价于事件 $\{X \leqslant z, Y \leqslant z\}$，故有

$$\begin{aligned} F_M(u) = P(M \leqslant z) &= P(\max(X, Y) \leqslant z) \\ &= P(X \leqslant z, Y \leqslant z) = P(X \leqslant z)P(Y \leqslant z) \\ &= F_X(z)F_Y(z) \end{aligned} \tag{2-34}$$

对于 $N = \min(X, Y)$，因为事件 $(N > z)$ 等价于事件 $(X > z, Y > z)$，可得随机变量 N 的分布函数为

$$\begin{aligned} F_{\min}(z) = P(N \leqslant z) &= 1 - P(N > z) \\ &= 1 - P(\min(X, Y) > z) \\ &= 1 - P(X > z, Y > z) \\ &= 1 - P(X > z)P(Y > z) \\ &= 1 - [1 - P(X \leqslant z)][1 - P(Y \leqslant z)] \end{aligned}$$

即

$$F_{\min}(z) = 1 - [1 - F_X(z)][1 - F_Y(z)] \tag{2-35}$$

可以把上述结论推广到 n 个相互独立的随机变量的情形，设 $X_1, X_2, \cdots, X_n$ 是 n 个相互独立的随机变量，它们的分布函数分别为 $F_{X_i}(x_i)$，$(i = 1, 2, \cdots, n)$，则 $M = \max(X_1, X_2, \cdots, X_n)$ 和 $N = \min(X_1, X_2, \cdots, X_n)$ 的分布函数分别为

$$F_{\max}(z) = F_{X_1}(z)F_{X_2}(z)\cdots F_{X_n}(z) \tag{2-36}$$

$$F_{\min}(z) = 1 - [1 - F_{X_1}(z)][1 - F_{X_2}(z)]\cdots[1 - F_{X_n}(z)] \tag{2-37}$$

特别地，当 $X_1, X_2, \cdots, X_n$ 相互独立且具有相同的分布函数 $F(x)$ 时，有

$$F_{\max}(z) = [F(z)]^n \tag{2-38}$$

$$F_{\min}(z) = 1 - [1 - F(z)]^n \tag{2-39}$$

习题 2.5

1. 设随机变量 X 的分布律为

X	-2	-1	0	1
p_k	$\frac{1}{5}$	$\frac{2}{5}$	$\frac{1}{5}$	$\frac{1}{5}$

求 $Y=X^2$ 的分布律.

2. 设随机变量 (X,Y) 的联合分布律为

X　Y	1	3	4	5
0	0.03	0.14	0.15	0.14
1	0.03	0.09	0.06	0.08
2	0.07	0.10	0.05	0.06

求：(1) $M=\max(X,Y)$ 的分布律；

(2) $N=\min(X,Y)$ 的分布律；

(3) $W=X+Y$ 的分布律.

3. 设随机变量 X 服从 $(0,1)$ 上的均匀分布.

(1) 求 $Y=e^X$ 的概率密度；

(2) 求 $Y=-2\ln X$ 的概率密度.

4. 已知随机变量 X 的概率密度为

$$f_X(x)=\begin{cases} 1+x, & -1\leqslant x<0 \\ 1-x, & 0\leqslant x\leqslant 1 \\ 0, & \text{其他} \end{cases}$$

求随机变量 $Z=X^2+1$ 的分布函数.

5. 设 X 和 Y 是两个相互独立的随机变量，其概率密度分别为

$$f_X(x)=\begin{cases} 1, & 0\leqslant x\leqslant 1, \\ 0, & \text{其他}. \end{cases} \qquad f_Y(y)=\begin{cases} e^{-y}, & y>0 \\ 0, & \text{其他} \end{cases}$$

求随机变量 $Z=X+Y$ 的概率密度.

6. 设二维随机变量 (X,Y) 的概率密度为

$$f(x,y)=\begin{cases} 2-x-y, & 0<x<1, 0<y<1 \\ 0, & \text{其他} \end{cases}$$

求：(1) $P(X>2Y)$；

(2) $Z=X+Y$ 的概率密度 $f_Z(z)$.

7. 设随机变量 X,Y 独立同分布，X 的分布函数为 $F(x)$，则 $Z=\max\{X,Y\}$ 的分布函数为（　　）.

(A) $F^2(x)$ 　　　　　　　　　　(B) $F(x)F(y)$

(C) $1-[1-F(x)]^2$　　　　　　(D) $[1-F(x)][1-F(y)]$

8. 设二维随机变量(X,Y)在矩形 $0 \leqslant x \leqslant a$，$0 < y \leqslant b$ 上服从均匀分布，求 $Z = \dfrac{X}{Y}$ 的概率密度.

总习题二

一. 填空题

1. 设随机变量 X 与 Y 相互独立，且均服从区间$(0,3)$上的均匀分布，则 $P(\max(X,Y) \leqslant 1)$ _____ .

2. 若随机变量 X 在$(1,6)$上服从均匀分布，则方程 $t^2 + Xt + 1 = 0$ 有实根的概率是_____ .

3. 设二维随机变量(X,Y)的概率密度为

$$f(x,y) = \begin{cases} c(x+2y), & 0 \leqslant x \leqslant 2, 0 \leqslant y \leqslant x^2 \\ 0, & \text{其他} \end{cases}$$

则 $c=$ _____ .

二、选择题

1. 设随机变量 X_1，X_2 的分布律为

X_i	-1	0	1
P	$\dfrac{1}{4}$	$\dfrac{1}{2}$	$\dfrac{1}{4}$

且满足 $P(X_1 X_2 = 0) = 1$，则 $P(X_1 = X_2) =$ _____ .

(A) 0　　(B) $\dfrac{1}{4}$　　(C) $\dfrac{1}{2}$　　(D) 1

2. 设随机变量 X，Y 同分布，X 的概率密度为

$$f_X(x) = \begin{cases} \dfrac{4x^3}{81}, & 0 < x < 3 \\ 0, & \text{其他} \end{cases}$$

又事件 $A=(X>a>0)$ 和 $B=(Y>a>0)$ 相互独立，且 $P(A \cup B) = \dfrac{5}{9}$，则 $a=$ _____ .

(A) $3\sqrt[3]{3}$　　(B) 3　　(C) $\sqrt[4]{54}$　　(D) $3\sqrt[3]{2}$

3. 设随机变量 X，Y 相互独立，且都服从区间$(0,1)$上的均匀分布，则 $P(X^2+Y^2 \leqslant 1)$ = _____ .

(A) $\dfrac{1}{4}$　　(B) $\dfrac{1}{2}$　　(C) $\dfrac{\pi}{8}$　　(D) $\dfrac{\pi}{4}$

4. 设 $f_1(x)$ 为标准正态分布的概率密度，$f_2(x)$ 为$(-1,3)$上均匀分布的概率密度，若

$$f(x) = \begin{cases} af_1(x), & x \leqslant 0, \\ bf_2(x), & x > 0. \end{cases} \quad (a>0, b>0)$$

概率密度，则 a，b 应满足_____.

(A) $2a+3b=4$ (B) $3a+2b=4$ (C) $a+b=1$ (D) $a+b=2$

三、解答题

1. 确定常数 C，使数列 $p_k=C\dfrac{\lambda^k}{2^k\cdot k!}$，$(k=1，2，\cdots)$，$\lambda>0$，成为某一随机变量的分布律.

2. 设随机变量 $(X，Y)$ 的分布律见下表，试求 $X+Y$，$X-Y$，XY 的分布律.

X \ Y	-1	1	2
1	$\dfrac{1}{4}$	$\dfrac{1}{10}$	$\dfrac{3}{10}$
2	$\dfrac{3}{20}$	$\dfrac{3}{20}$	$\dfrac{1}{20}$

3. 设连续型随机变量 X 的概率密度为

$$f(x)=\begin{cases} \dfrac{A}{\sqrt{1-x^2}}，& |x|<1 \\ 0，& |x|\geqslant 1 \end{cases}$$

(1) 确定系数 A；

(2) 求随机变量 X 落在 $(-\dfrac{1}{2}，\dfrac{1}{2})$ 内的概率；

(3) 求随机变量 X 的分布函数.

4. 设二维随机变量 $(X，Y)$ 的概率密度为

$$f(x，y)=\begin{cases} A(x^2+y^2)，& x^2+y^2\leqslant 1 \\ 0，& x^2+y^2>1 \end{cases}$$

(1) 求常数 A；

(2) 求关于 X 的边缘概率密度；

(3) 问 X 与 Y 是否相互独立？

5. 二维随机变量 $(X，Y)$ 的概率密度为

$$f(x，y)=\begin{cases} c(6-x-y)，& 0<x<2，2<y<4 \\ 0，& 其他 \end{cases}$$

求：(1) 常数 k；(2) $P(X<1，Y<3)$；(3) $P(X+Y\leqslant 4)$.

6. 二维随机变量 $(X，Y)$ 的概率密度为

$$f(x，y)=\begin{cases} e^{-y}，& 0<x<y \\ 0，& 其他 \end{cases}$$

求边缘概率密度函数 $f_X(x)$，$f_Y(y)$.

7. 二维随机变量 $(X，Y)$ 的概率密度为

$$f(x，y)=\begin{cases} 1，& 0<x<1，0<y<2x \\ 0，& 其他 \end{cases}$$

试求：(1) 边缘概率密度函数 $f_X(x)$，$f_Y(y)$；

(2) 随机变量 $Z=2X-Y$ 的概率密度;

(3) $P(Y\leqslant\frac{1}{2}|X\leqslant\frac{1}{2})$.

8. 设随机变量 X, Y 相互独立, X 的概率分布为 $P(X=i)=\frac{1}{3}$ $(i=-1,0,1)$, Y 的概率密度为 $f_Y(y)=\begin{cases}1, & 0\leqslant y<1 \\ 0, & \text{其他}\end{cases}$, 记 $Z=X+Y$, 求:

(1) $P\left(Z\leqslant\frac{1}{2}|X=0\right)$; 　　　　(2) Z 的概率密度.

9. 设随机变量 (X,Y) 的概率密度为

$$f(x,y)=\begin{cases}x^2+\frac{1}{3}xy, & 0\leqslant x\leqslant 1, 0\leqslant y\leqslant 2 \\ 0, & \text{其他}\end{cases}$$

求: (1) (X,Y) 的分布函数;

(2) (X,Y) 的边缘概率密度;

(3) (X,Y) 的条件概率密度;

(4) 概率 $P(X+Y>1)$, $P(Y>X)$ 及 $P\left(Y<\frac{1}{2}\Big|X<\frac{1}{2}\right)$.

10. 设随机变量 (X,Y) 关于 X 的概率密度为

$$f_X(x)=\begin{cases}3x^2, & 0<x<1 \\ 0, & \text{其他}\end{cases}$$

在给定 $X=x(0<x<1)$ 的条件下, Y 的条件概率密度为

$$f(y|x)=\begin{cases}\dfrac{3y^2}{x^3}, & 0<y<x \\ 0, & \text{其他}\end{cases}$$

求: (1) (X,Y) 的概率密度;

(2) (X,Y) 关于 Y 的边缘概率密度;

(3) $P(X>2Y)$.

第三章　随机变量的数字特征

由前面章节对随机变量的概率分布的讨论可以看出,概率分布能完整地描述随机变量的统计特性. 然而,在一些实际问题中,求出随机变量的概率分布往往是比较困难的,而且很多情况下,并不需要知道随机变量的分布情况,而只需知道它的某些特征. 例如,考察一射手的水平,要看他的平均环数是否高,也要看他弹着点的范围变化是否小,即数据的波动是否小;又如,检验一批灯管的质量时,要注意灯管的平均寿命,也要关注灯管寿命与平均寿命之间的偏离程度,平均寿命较长,且偏离程度较小,灯管的质量就较好.

由上面例子看到,与随机变量有关的某些数值,虽不能完整地描述随机变量,但能清晰地描述随机变量在某些方面的重要特征,我们称之为随机变量的数字特征. 本章将介绍随机变量的几个常用数字特征:数学期望、方差、协方差、相关系数和矩.

第一节　随机变量的数学期望

一、离散型随机变量的数学期望

通俗地说,数学期望就是随机变量的平均值. 在给出数学期望的定义之前,我们先看一个例子.

例1　设某射手在同样的条件下,瞄准靶子相继射击 90 次(命中的环数是一个随机变量). 命中情况记录如下. 试求:该射手每次射击的平均命中靶数?

命中环数 k	0	1	2	3	4	5
命中次数 n_k	2	13	15	10	20	30
频率 $\dfrac{n_k}{n}$	$\dfrac{2}{90}$	$\dfrac{13}{90}$	$\dfrac{15}{90}$	$\dfrac{10}{90}$	$\dfrac{20}{90}$	$\dfrac{30}{90}$

解　可以这样考虑这个问题,该射手共射击 90 次,

$$命中的总环数 = 0 \times 2 + 1 \times 13 + 2 \times 15 + 3 \times 10 + 4 \times 20 + 5 \times 30$$

$$平均命中环数 = \frac{命中的总环数}{射击次数}$$

$$= \frac{0 \times 2 + 1 \times 13 + 2 \times 15 + 3 \times 10 + 4 \times 20 + 5 \times 30}{90}$$

$$= 0 \times \frac{2}{90} + 1 \times \frac{13}{90} + 2 \times \frac{15}{90} + 3 \times \frac{10}{90} + 4 \times \frac{20}{90} + 5 \times \frac{30}{90} = \sum_{k=0}^{5} k \cdot \frac{n_k}{n} = 3.37$$

这实际上是以频率为权重的加权平均. 我们知道,进行大量重复试验,事件发生的频率将稳定在概率附近. 这样,我们可以用概率 p_k 代替频率 $\dfrac{n_k}{n}$,并认为 $\sum_{k=0}^{5} k p_k$ 为随机变量 X

的平均值，这是以概率为权的加权平均值，且这个数值仅仅依赖随机变量 X 本身，这就是本章首先要介绍的重要概念——数学期望.

定义 1　设离散型随机变量 X 的分布律为

$$P(X=x_k)=p_k, k=1, 2, \cdots$$

若级数 $\sum_{k=1}^{\infty} x_k p_k$ 绝对收敛，则 X 的数学期望存在，称 $\sum_{k=1}^{\infty} x_k p_k$ 为 X 的数学期望，简称为期望或均值，记为 $E(X)$，即

$$E(X) = \sum_{k=1}^{\infty} x_k p_k \tag{3-1}$$

当 $\sum_{k=1}^{\infty} |x_k| p_k$ 发散时，则 X 的数学期望不存在.

例 2　设随机变量 X 取值为 $x_k=(-1)^k \dfrac{2^k}{k}$ 时，对应的概率为 $p_k=\dfrac{1}{2^k}$，$k=1, 2, \cdots$. 由于 $p_k \geqslant 0$，且 $\sum_{k=1}^{\infty} p_k = 1$，因此它是一个分布律. 而且

$$\sum_{k=1}^{\infty} x_k p_k = \sum_{k=1}^{\infty} (-1)^k \frac{1}{k} = -\ln 2$$

但是由于

$$\sum_{k=1}^{\infty} |x_k| p_k = \sum_{k=1}^{\infty} \frac{1}{k} = \infty$$

故 X 的期望不存在.

定义 1 中的绝对收敛条件是为了保证该级数的和不会因为级数中各项次序的变化而不同，即保证 $E(X)$ 的值不会因为求和次序的改变而改变. 实际上 $\sum_{k=1}^{\infty} x_k p_k$ 是随机变量 X 的取值以概率为权的加权平均，反映随机变量 X 取可能值的平均值，它不应随可能取值的排列次序的改变而改变.

例 3　以 X_1 表示甲射手的射击环数，以 X_2 表示乙射手的射击环数，X_1 和 X_2 的分布律为

X_1	8	9	10	X_2	8	9	10
P	0.3	0.1	0.6	P	0.2	0.5	0.3

试评判他们成绩的好坏.

解　为了评价两射手射击成绩的好坏，我们来求 X_1 和 X_2 的数学期望.

$$E(X_1) = \sum_{k=1}^{\infty} x_k p_k = 8 \times 0.3 + 9 \times 0.1 + 10 \times 0.6 = 9.3$$

意味着甲进行很多次的射击，所得分数的平均值就越接近于 9.3.

$$E(X_2) = \sum_{k=1}^{\infty} x_k p_k = 8 \times 0.2 + 9 \times 0.5 + 10 \times 0.3 = 9.1$$

意味着乙进行很多次的射击，所得分数的平均值就越接近于 9.1.

由于 $E(X_1) > E(X_2)$，因此甲的射击成绩比乙好.

下面计算一些重要的离散型分布的数学期望.

例 4　设随机变量 $X \sim B(n, p)$，则

$$E(X) = \sum_{k=0}^{n} k C_n^k p^k (1-p)^{n-k}$$

$$= np \sum_{k=1}^{n} \frac{(n-1)!}{(k-1)!(n-k)!} p^{k-1} (1-p)^{(n-1)-(k-1)}$$

$$= np \sum_{k=0}^{n-1} C_{n-1}^k p^k (1-p)^{(n-1)-k} = np$$

特别地，若 X 服从 $(0-1)$ 分布，即 $X \sim B(1, p)$，则 $E(X) = p$.

例 5　设随机变量 $X \sim P(\lambda)$，则 X 的分布律为

$$P(X=k) = \frac{\lambda^k e^{-\lambda}}{k!}, \quad (\lambda > 0 \text{ 为常数}, k = 0, 1, 2, \cdots)$$

其数字期望为

$$E(X) = \sum_{k=0}^{\infty} k P(X=k) = \sum_{k=0}^{\infty} k \frac{\lambda^k}{k!} e^{-\lambda}$$

$$= \lambda e^{-\lambda} \sum_{k=1}^{\infty} \frac{\lambda^{k-1}}{(k-1)!} = \lambda e^{-\lambda} e^{\lambda} = \lambda$$

若以积分代替和式，便得到连续型随机变量的数学期望.

二、连续型随机变量的数学期望

定义 2　设 X 为连续型随机变量，$f(x)$ 为其概率密度，若积分 $\int_{-\infty}^{+\infty} x f(x) \mathrm{d}x$ 绝对收敛，则称 $\int_{-\infty}^{+\infty} x f(x) \mathrm{d}x$ 为 X 的数学期望，简称为期望或均值，记为 $E(X)$. 即

$$E(X) = \int_{-\infty}^{+\infty} x f(x) \mathrm{d}x \tag{3-2}$$

当 $\int_{-\infty}^{+\infty} |x| f(x) \mathrm{d}x = +\infty$ 时，称 X 的数学期望不存在.

例 6　设随机变量 X 服从柯西分布，其概率密度为

$$f(x) = \frac{1}{\pi(1+x^2)}, \quad -\infty < x < +\infty$$

由于

$$\int_{-\infty}^{+\infty} |x| \frac{1}{\pi(1+x^2)} \mathrm{d}x = \frac{2}{\pi} \int_{0}^{+\infty} \frac{x}{1+x^2} \mathrm{d}x = \frac{1}{\pi} (1+x^2) \Big|_0^{+\infty}$$

$$= \lim_{x \to +\infty} \frac{1}{\pi} (1+x^2) = +\infty$$

所以柯西分布的数学期望不存在.

例 7　设随机变量 X 的概率密度函数为

$$f(x) = \begin{cases} x, & 0 \leqslant x < 1 \\ 2-x, & 1 \leqslant x < 2 \\ 0, & \text{其他} \end{cases}$$

求 $E(X)$.

解　由定义有

$$E(X) = \int_{-\infty}^{+\infty} xf(x)\mathrm{d}x = \int_0^1 x^2 \mathrm{d}x + \int_1^2 x(2-x)\mathrm{d}x = \frac{1}{3}x^3\Big|_0^1 + \left(x^2 - \frac{1}{3}x^3\right)\Big|_1^2 = 1.$$

下面计算一些重要的连续型分布的数学期望.

例 8　设随机变量 $X \sim U(a, b)$，由式 $(3-2)$ 有

$$E(X) = \int_{-\infty}^{+\infty} xf(x)\mathrm{d}x = \int_a^b \frac{x}{b-a}\mathrm{d}x = \frac{1}{b-a} \cdot \frac{b^2-a^2}{2} = \frac{a+b}{2}$$

X 在 (a, b) 上服从均匀分布，它的取值的平均值当然就是区间的中点之值.

例 9　设随机变量 X 服从参数为 λ 的指数分布，即 X 的概率密度为

$$f(x) = \begin{cases} \lambda\mathrm{e}^{-\lambda x}, & x \geqslant 0 \\ 0, & x < 0 \end{cases}$$

则由定义有

$$E(X) = \int_{-\infty}^{+\infty} xf(x)\mathrm{d}x = \int_0^{+\infty} x\lambda\mathrm{e}^{-\lambda x}\mathrm{d}x = -\int_0^{+\infty} x\mathrm{d}\mathrm{e}^{-\lambda x}$$

$$= -\left(x\mathrm{e}^{-\lambda x}\right)\big|_0^{+\infty} + \int_0^{+\infty} \mathrm{e}^{-\lambda x}\mathrm{d}x = \frac{1}{\lambda}$$

例 10　设随机变量的概率密度函数为

$$f(x) = \frac{1}{\sqrt{2\pi}\sigma}\mathrm{e}^{-\frac{(x-\mu)^2}{2\sigma^2}}, \quad -\infty < x < +\infty$$

其中 $-\infty < \mu < +\infty$，$\sigma > 0$，μ，σ 为常数，则称 X 服从参数为 μ，σ^2 的正态分布，记作 $X \sim N(\mu, \sigma^2)$，则随机变量 X 的数学期望为

$$E(X) = \int_{-\infty}^{+\infty} xf(x)\mathrm{d}x = \frac{1}{\sqrt{2\pi}\sigma}\int_{-\infty}^{+\infty} x\mathrm{e}^{-\frac{1}{2}\left(\frac{x-\mu}{\sigma}\right)^2}\mathrm{d}x$$

$$\xlongequal{t=\frac{x-\mu}{\sigma}} \frac{1}{\sqrt{2\pi}}\int_{-\infty}^{+\infty} (\sigma t + \mu)\mathrm{e}^{-\frac{t^2}{2}}\mathrm{d}t$$

$$= \frac{\sigma}{\sqrt{2\pi}}\int_{-\infty}^{+\infty} t\mathrm{e}^{-\frac{t^2}{2}}\mathrm{d}t + \frac{\mu}{\sqrt{2\pi}}\int_{-\infty}^{+\infty} \mathrm{e}^{-\frac{t^2}{2}}\mathrm{d}t$$

$$= \frac{\mu}{\sqrt{2\pi}}\sqrt{2\pi} = \mu$$

说明 $N(\mu, \sigma^2)$ 中的参数 μ 正是它的数学期望.

三、随机变量函数的数学期望

在有些情形下，我们需要计算随机变量函数的数学期望，这时可以通过下面的定理来计算.

定理 1　设 Y 是随机变量 X 的函数，$Y = g(X)$，其中 $y = g(x)$ 为连续函数.

(1) 若 X 为离散型随机变量，分布律为

$$p_k = P(X = x_k), \ k = 1, 2, \cdots$$

且级数 $\sum\limits_{k=1}^{\infty} g(x_k)p_k$ 绝对收敛，则

$$E(Y) = E[g(X)] = \sum_{k=1}^{\infty} g(x_k)p_k \tag{3-3}$$

(2) 若 X 为连续型随机变量,其概率密度为 $f(x)$,且积分 $\int_{-\infty}^{+\infty} g(x)f(x)\mathrm{d}x$ 绝对收敛,则

$$E(Y) = E[g(X)] = \int_{-\infty}^{+\infty} g(x)f(x)\mathrm{d}x \tag{3-4}$$

这个定理指出:当我们计算随机变量 X 的函数 $Y=g(X)$ 的数学期望时,不必求出 $Y=g(X)$ 的分布律或概率密度,而只要知道 X 的分布律或者概率密度就可以了.

例 11　已知随机变量 X 的分布律如下,求 $Y=(X-1)^2$ 的期望.

X	-1	0	1	2
P	0.2	0.3	0.1	0.4

解　由式(3-3)得

$$E(Y) = \sum_{k=1}^{\infty} g(x_k)p_k$$
$$= (-1-1)^2 \times 0.2 + (0-1)^2 \times 0.3 + (1-1)^2 \times 0.1 + (2-1)^2 \times 0.2 = 1.5$$

例 12　设随机变量 X 的概率密度函数为 $\varphi(x) = \dfrac{1}{\sqrt{2\pi}}\mathrm{e}^{-\frac{x^2}{2}}$,$-\infty < x < +\infty$,此时称 X 服从标准正态分布,记为 $X \sim N(0,1)$,求 $E(X^2)$.

解　由定理 1 得

$$E(X^2) = \int_{-\infty}^{+\infty} x^2 \frac{1}{\sqrt{2\pi}}\mathrm{e}^{-\frac{1}{2}x^2}\mathrm{d}x = -\frac{1}{\sqrt{2\pi}}\int_{-\infty}^{+\infty} x\mathrm{d}\mathrm{e}^{-\frac{1}{2}x^2}$$
$$= -x\frac{1}{\sqrt{2\pi}}\mathrm{e}^{-\frac{1}{2}x^2}\Big|_{-\infty}^{+\infty} + \frac{1}{\sqrt{2\pi}}\int_{-\infty}^{+\infty} \mathrm{e}^{-\frac{1}{2}x^2}\mathrm{d}x = 1$$

关于二维随机变量的函数的数学期望,有类似的定理.

定理 2　$Z=g(X,Y)$ 是二维随机变量 (X,Y) 的函数,其中 $z=g(x,y)$ 为二元连续函数.

(1) 若 (X,Y) 为二维离散型随机变量,设其分布律为

$$p_{ij} = P(X=x_i, Y=y_j), \quad i, j = 1, 2, \cdots$$

且级数 $\sum\limits_{i=1}^{\infty}\sum\limits_{j=1}^{\infty} g(x_j, y_j)p_{ij}$ 绝对收敛,则 $Z=g(X,Y)$ 的数学期望为

$$E(Z) = E[g(X,Y)] = \sum_{i=1}^{\infty}\sum_{j=1}^{\infty} g(x_i, y_j)p_{ij} \tag{3-6}$$

(2) 若 (X,Y) 为二维连续型随机变量,设其概率密度为

$$f(x,y), \quad \text{且} \int_{-\infty}^{+\infty}\int_{-\infty}^{+\infty} g(x,y)f(x,y)\mathrm{d}x\mathrm{d}y$$

绝对收敛,则 $Z=g(X,Y)$ 的数学期望为

$$E(Z) = E[g(X,Y)] = \int_{-\infty}^{+\infty}\int_{-\infty}^{+\infty} g(x,y)f(x,y)\mathrm{d}x\mathrm{d}y \tag{3-6}$$

例 13　设随机变量 (X,Y) 的概率密度为

$$f(x,y) = \begin{cases} \dfrac{1}{2x^3 y^2}, & \dfrac{1}{x} < y < x, \quad x > 1 \\ 0, & \text{其他} \end{cases}$$

求 $E(Y)$ 和 $E\left(\dfrac{1}{XY}\right)$.

解　由定理 2 得

$$E(Y)=\int_{-\infty}^{+\infty}\left[\int_{-\infty}^{+\infty}yf(x,y)\mathrm{d}x\right]\mathrm{d}y=\int_{1}^{+\infty}\left(\int_{\frac{1}{x}}^{x}y\cdot\frac{1}{2x^3y^2}\mathrm{d}y\right)\mathrm{d}x=\frac{3}{4}$$

$$E\left(\frac{1}{XY}\right)=\int_{-\infty}^{+\infty}\left[\int_{-\infty}^{+\infty}\frac{1}{xy}f(x,y)\mathrm{d}x\right]\mathrm{d}y=\int_{1}^{+\infty}\left(\int_{\frac{1}{x}}^{x}\frac{1}{xy}\cdot\frac{1}{2x^3y^2}\mathrm{d}y\right)\mathrm{d}x=\frac{3}{5}$$

例 14　设随机变量 (X,Y) 的概率密度为

$$f(x,y)=\begin{cases}12y^2, & 0\leqslant y\leqslant x\leqslant 1\\ 0, & \text{其他}\end{cases}$$

求 $E(XY)$.

解　由定理 2 得

$$E(XY)=\int_{-\infty}^{+\infty}\left[\int_{-\infty}^{+\infty}xy\,f(x,y)\mathrm{d}x\right]\mathrm{d}y=\int_{0}^{1}\left(\int_{0}^{x}xy\cdot 12y^2\mathrm{d}y\right)\mathrm{d}x=\frac{1}{2}$$

四、数学期望的性质

下面介绍数学期望的一些重要性质,假设下列随机变量的数学期望均存在,且 C 为常数.

性质 1　$E(C)=C$.

性质 2　$E(CX)=CE(X)$.

性质 3　$E(X+Y)=E(X)+E(Y)$　　　（性质 3 可以推广到有限个随机变量的情形）.

性质 4　若 X 与 Y 相互独立,则 $E(XY)=E(X)\cdot E(Y)$（性质 4 可以推广到任意有限多个相互独立的随机变量的情形）.

例 15　设随机变量 X 服从参数为 1 的指数分布,求 $E(X+\mathrm{e}^{-2X})$.

解　随机变量 X 服从参数为 1 的指数分布,故 X 的概率密度为

$$f(x)=\begin{cases}\mathrm{e}^{-x}, & x\geqslant 0\\ 0, & x<0\end{cases}$$

则 $E(X)=1$.

因而

$$E(X+\mathrm{e}^{-2X})=E(X)+E(\mathrm{e}^{-2X})$$

$$=1+\int_{-\infty}^{+\infty}\mathrm{e}^{-2x}f(x)\mathrm{d}x$$

$$=1+\int_{0}^{+\infty}\mathrm{e}^{-2x}\cdot\mathrm{e}^{-x}\mathrm{d}x=\frac{4}{3}$$

例 16　飞机场的一辆交通车,送 25 个乘客到目的地,经过 9 个站,假设每一位乘客等可能地在任一站下车,并且他们下车与否相互独立,又知交通车只有在有人下的时候才停车,求该交通车停车总次数的数学期望.

解　引入如下随机变量

$$X_i=\begin{cases}1, & \text{第 } i \text{ 车站有人下车,}\\ 0, & \text{第 } i \text{ 车站无人下车.}\end{cases}\quad(i=1,2,\cdots,9)$$

易知停车总次数 $X = \sum_{i=1}^{9} X_i$.

又

$$P(X_i=0)=(\frac{8}{9})^{25}, \quad P(X_i=1)=1-(\frac{8}{9})^{25}, E(X_i)=1-(\frac{8}{9})^{25}$$

因此

$$E(X) = \sum_{i=1}^{9} E(X_i) = 9[1-(\frac{8}{9})^{25}]$$

本题将 X 分解成多个随机变量之和，然后利用随机变量和的数学期望等于随机变量数学期望之和来计算 $E(X)$，这种处理方法在实际应用中具有普遍意义.

┌─────────┐
│ 习题 3.1 │
└─────────┘

1. 设随机变量 X 的分布函数为

$$F(x)=\begin{cases} 0, & x<-1 \\ 0.2, & -1 \leqslant x<0 \\ 0.8, & 0 \leqslant x<1 \\ 1, & 1 \leqslant x \end{cases}$$

则 $E(X)=$ _____ , $E(2X+5)=$ _____ , $E(X^2)=$ _____ .

2. 按照规定，某车站每天 8:00—9:00，9:00—10:00 都恰好有一辆客车到站，但是到站的时刻是随机的，且两者到站的时间是相互独立的，其规律见下表. 一乘客 8:20 到站，求他候车时间的数学期望.

到站时刻	8:00 9:00	8:30 9:30	8:50 9:50
概率	$\frac{1}{6}$	$\frac{3}{6}$	$\frac{2}{6}$

3. 某商店对某种家用电器的销售采用先使用后付款的方式，记家电使用寿命为 X（以年记），规定：当 $X \leqslant 1$ 时，一台付款 1500 元，当 $1<X \leqslant 2$ 时，一台付款 2000 元，当 $2<X \leqslant 3$ 时，一台付款 2500 元，当 $X>3$ 时，一台付款 3000 元. 设使用寿命服从指数分布，概率密度为

$$f(x)=\begin{cases} \frac{1}{10}e^{-\frac{1}{10}x}, & x \geqslant 0 \\ 0, & x<0 \end{cases}$$

试求该商店卖出一台电器时，收费 Y 的数学期望.

4. 设 (X,Y) 的分布律为

X＼Y	-1	0	2
-1	$\frac{1}{6}$	$\frac{1}{12}$	0
0	$\frac{1}{4}$	0	0
1	$\frac{1}{12}$	$\frac{1}{4}$	$\frac{1}{6}$

求 $E(X)$，$E(X+Y)$，$E(XY)$.

5. 设随机变量 X 的概率密度函数为

$$f(x)=\frac{1}{2}e^{-|x|}, \quad -\infty<x<\infty$$

求 $E(X)$，$E(X^2)$，$E\big(\min(|x|,1)\big)$.

6. 设随机变量 X 的概率密度函数为

$$f(x)=\begin{cases}ax^2+bx+c, & 0<x<1 \\ 0, & \text{其他}\end{cases}$$

已知 $E(X)=0.5$，$D(X)=0.15$，求常数 a，b，c.

7. 设随机变量 Y 服从参数为 1 的指数分布，随机变量

$$X_k=\begin{cases}0, & Y\leqslant k, \\ 1, & Y>k.\end{cases} \quad (k=1,2)$$

求：(1) (X_1,X_2) 的分布律；

(2) $E(X_1+X_2)$.

8. 设随机变量 (X,Y) 的概率密度为

$$f(x,y)=\begin{cases}\dfrac{1}{4}x(1+3y^2), & 0<x<2, 0<y<1, \\ 0, & \text{其他}\end{cases}$$

求 $E(X)$，$E(Y)$，$E\left(\dfrac{Y}{X}\right)$.

9. 设随机变量 X 与 Y 相互独立，且都服从参数为 1 的指数分布，记 $U=\max(X,Y)$，$V=\min(X,Y)$.

(1) 求 V 的概率密度函数；

(2) 求 $E(U+V)$.

10. 设随机变量 X 与 Y 相互独立，且 X 的概率分布为

$$P(X=0)=P(X=2)=\frac{1}{2}$$

Y 的概率密度 $f(y)=\begin{cases}2y, & 0<y<1 \\ 0, & \text{其他}\end{cases}$

(1) 求 $P\big(Y\leqslant E(Y)\big)$；　(2) 求 $Z=X+Y$ 的概率密度.

第二节　随机变量的方差

数学期望即均值给出了随机变量的平均大小. 我们除了关心数学期望（均值）外，还常关心随机变量的取值在均值周围的分散程度，为此需要引入另一个数字特征——方差. 方差给出了随机变量的取值在均值周围的分散程度，即随机变量的方差就是用来刻画随机变量的取值与均值的偏离程度这一数字特征的.

一、引例

假设有一批灯泡，其平均寿命为 $E(X)=1000$（小时）. 在这批灯泡中可能有一部分灯泡质量合格，其寿命在 950 到 1050 小时之间；也有可能其中有一部分是高质量灯泡，其寿命大约为 3000 小时；另一部分却是低质量灯泡，其寿命大约只有 700 小时. 要评定这批灯泡质量的好坏，需要进一步考察灯泡寿命 X 与其期望 $E(X)$ 之间的偏离程度，偏离小则质量好.

易知 $E[|X-E(X)|]$ 能反映 X 与 $E(X)$ 的偏离程度，但该式带有绝对值符号，运算不方便，通常采用 $E[X-E(X)]^2$ 来度量这种分散程度.

二、定义

定义 1 设 X 为随机变量，若 $E[X-E(X)]^2$ 存在，则称 $E[X-E(X)]^2$ 为 X 的方差，记为 $D(X)$ 或 $\mathrm{Var}(X)$. 即

$$D(X)=E[X-E(X)]^2 \tag{3-7}$$

方差的平方根 $\sqrt{D(X)}$ 称为随机变量 X 的标准差或均方差.

由定义可知，方差 $D(X)$ 是随机变量 X 的函数 $[X-E(X)]^2$ 的数学期望，反映了 X 取值的分散程度，若 X 取值比较集中，则 $D(X)$ 较小，反之较大.

对于离散型随机变量 X，设分布律为

$$p_k=P(X=x_k)，k=1,2,\cdots$$

则

$$D(X)=E\{[X-E(X)]^2\}=\sum_{k=1}^{\infty}[x_k-E(X)]^2 p_k \tag{3-8}$$

对于连续型随机变量 X，设概率密度为 $f(x)$，则

$$D(X)=E[X-E(X)]^2=\int_{-\infty}^{+\infty}[x-E(X)]^2 f(x)\mathrm{d}x \tag{3-9}$$

利用数学期望的性质可以得到

$$\begin{aligned} D(X)=E[X-E(X)]^2&=E\{X^2-2X\cdot E(X)+[E(X)]^2\} \\ &=E(X^2)-2E(X)\cdot E(X)+[E(X)]^2 \\ &=E(X^2)-[E(X)]^2 \end{aligned}$$

于是得到常用的计算方差的另一公式：

$$D(X)=E(X^2)-[E(X)]^2 \tag{3-10}$$

例 1 设随机变量 X 服从 $(0-1)$ 分布，求 $E(X)$，$D(X)$.

解 随机变量 X 的分布律为

X	0	1
P	$1-p$	p

$$E(X)=\sum_{k=1}^{\infty}x_k p_k=p，E(X^2)=p$$

$$D(X)=E(X^2)-[E(X)]^2=p(1-p)$$

例 2 设随机变量 X 服从参数为 $\lambda(\lambda>0)$ 的泊松分布，求 $D(X)$.

解　由上节例 5 知 $E(X)=\lambda$.

$$E(X^2) = \sum_{k=0}^{\infty} k^2 P(X=k) = \sum_{k=1}^{\infty} k^2 \frac{\lambda^k}{k!} e^{-\lambda} = \lambda e^{-\lambda} \sum_{k=1}^{\infty} k \frac{\lambda^{k-1}}{(k-1)!}$$

$$= \lambda e^{-\lambda} \sum_{i=0}^{\infty} \frac{(i+1)}{i!} \lambda^i = \lambda^2 e^{-\lambda} \sum_{i=1}^{\infty} \frac{\lambda^{i-1}}{(i-1)!} + \lambda e^{-\lambda} \sum_{i=0}^{\infty} \frac{\lambda^i}{i!}$$

$$= \lambda^2 + \lambda$$

从而有

$$D(X) = E(X^2) - [E(X)]^2 = \lambda^2 + \lambda - \lambda^2 = \lambda$$

由此我们知道，泊松分布的数学期望和方差相等，都等于 λ. 由于泊松分布只含有一个参数，知道了它的数学期望或方差就能完全确定它的分布.

例 3　设随机变量 X 在区间 (a,b) 上服从均匀分布，求 $D(X)$.

解　由上节例 8 知 $E(X)=\dfrac{b+a}{2}$. 又

$$E(X^2) = \int_{-\infty}^{+\infty} x^2 f(x) \mathrm{d}x = \int_a^b x^2 \frac{1}{b-a} \mathrm{d}x = \frac{b^3-a^3}{3(b-a)}$$

所以

$$D(X) = E(X^2) - [E(X)]^2 = \frac{(b-a)^2}{12}$$

这表明均匀分布的方差只与区间长度有关，而与区间位置无关.

例 4　设随机变量 X 服从参数为 λ 的指数分布，求 $D(X)$.

解　X 的概率密度为

$$f(x) = \begin{cases} \lambda e^{-\lambda x}, & x \geqslant 0 \\ 0, & x < 0 \end{cases}$$

由上节例 9 知 $E(X)=\dfrac{1}{\lambda}$. 又

$$E(X^2) = \int_{-\infty}^{+\infty} x^2 f(x) \mathrm{d}x = \int_0^{+\infty} x^2 \lambda e^{-\lambda x} \mathrm{d}x = -\int_0^{+\infty} x^2 \mathrm{d}e^{-\lambda x}$$

$$= -(x^2 e^{-\lambda x}) \Big|_0^{+\infty} + 2\int_0^{+\infty} x e^{-\lambda x} \mathrm{d}x$$

$$= \frac{2}{\lambda} \int_0^{+\infty} x \lambda e^{-\lambda x} \mathrm{d}x = \frac{2}{\lambda^2}$$

所以

$$D(X) = E(X^2) - [E(X)]^2 = \frac{2}{\lambda^2} - \frac{1}{\lambda^2} = \frac{1}{\lambda^2}$$

例 5　设随机变量 X 服从参数为 μ, σ^2 的正态分布，求 $D(X)$.

解　由上节例 10 知 $E(X)=\mu$.

$$D(X) = E[X-E(X)]^2 = \int_{-\infty}^{+\infty} (x-\mu)^2 f(x) \mathrm{d}x$$

$$= \frac{1}{\sqrt{2\pi}\sigma} \int_{-\infty}^{+\infty} (x-\mu)^2 e^{-\frac{(x-\mu)^2}{2\sigma^2}} \mathrm{d}x = \frac{\sigma^2}{\sqrt{2\pi}} \int_{-\infty}^{+\infty} t^2 e^{-\frac{t^2}{2}} \mathrm{d}t$$

$$= \frac{\sigma^2}{\sqrt{2\pi}} \left[-t e^{-\frac{t^2}{2}} \Big|_{-\infty}^{+\infty} + \int_{-\infty}^{+\infty} e^{-\frac{t^2}{2}} \mathrm{d}t \right] = \frac{\sigma^2}{\sqrt{2\pi}} \sqrt{2\pi} = \sigma^2$$

正态分布的两个参数 μ，σ^2 分别是它的期望和方差，说明正态分布由其期望和方差唯一确定.

三、方差的性质

下面给出方差的几个重要性质，假设下列随机变量的方差均存在.

性质 1 设 C 为常数，则 $D(C)=0$.

性质 2 设 C 为常数，X 为随机变量，则 $D(CX)=C^2D(X)$.

性质 3 设随机变量 X 与 Y 相互独立，则 $D(X+Y)=D(X)+D(Y)$.

证 由定义有

$$D(X+Y)=E[(X+Y)-E(X+Y)]^2=E\{[X-E(X)]+[Y-E(Y)]\}^2$$
$$=E[X-E(X)]^2+E[Y-E(Y)]^2+2E\{[X-E(X)][Y-E(Y)]\}$$

当随机变量 X 与 Y 相互独立时，由数学期望的性质 4 有

$$E\{[X-E(X)][Y-E(Y)]\}=E(XY)-E(X)\cdot E(Y)=0$$

于是

$$D(X+Y)=D(X)+D(Y)$$

这一性质可以推广到任意有限多个相互独立的随机变量之和的情况，即若随机变量 X_1，X_2，$\cdots$，X_n 相互独立，则

$$D(X_1+X_2+\cdots+X_n)=D(X_1)+D(X_2)+\cdots+D(X_n)$$

例 6 设 X 服从二项分布 $B(n,p)$，求 $D(X)$.

解 由二项分布的定义知道，随机变量 X 表示 n 重伯努利试验中事件 A 发生的次数，且每次试验中 A 发生的概率为 p. 现引入随机变量

$$X_i=\begin{cases}1, & A\ 在第\ i\ 次试验中发生 \\ 0, & A\ 在第\ i\ 次试验中不发生\end{cases} \quad (i=1,2,\cdots,n)$$

则随机变量 X_1，X_2，$\cdots$，X_n 相互独立，且 $X=\sum\limits_{i=1}^{n}X_i$. 而 X_i 的分布律为

$$P(X_i=0)=1-p=q,\ P(X_i=1)=p$$

易得

$$E(X_i)=p$$
$$D(X_i)=E(X_i^2)-[E(X_i)]^2=p-p^2=p(1-p)=pq$$

所以

$$D(X)=\sum_{i=1}^{n}D(X_i)=npq$$

注：本例如果直接利用方差的定义去计算，将比较繁琐.

例 7 设随机变量 X 的期望和方差都存在，且 $D(X)>0$，令

$$Y=\frac{X-E(X)}{\sqrt{D(X)}}$$

求 $E(X)$，$D(Y)$.

解 由期望、方差的性质易得 $E(X)=0$，$D(Y)=1$.

通常称 Y 为 X 的标准化随机变量.

例 8　设 X_1，X_2，$\cdots$，X_n 相互独立且同分布，

$$E(X_i) = \mu, \; D(X_i) = \sigma^2 \quad (i = 1, 2, \cdots, n)$$

令 $\overline{X} = \dfrac{1}{n} \sum\limits_{i=1}^{n} X_i$，$S^2 = \dfrac{1}{n-1} \sum\limits_{i=1}^{n} (X_i - \overline{X})^2$，求 $E(\overline{X})$，$E(S^2)$.

解　由期望、方差的性质有

$$E(\overline{X}) = E\left(\frac{1}{n} \sum_{i=1}^{n} X_i \right) = \frac{1}{n} \sum_{i=1}^{n} E(X_i) = \mu$$

$$D(\overline{X}) = D\left(\frac{1}{n} \sum_{i=1}^{n} X_i \right) = \frac{1}{n^2} \sum_{i=1}^{n} D(X_i) = \frac{1}{n} \sigma^2$$

$$E(S^2) = E\left[\frac{1}{n-1} \sum_{i=1}^{n} (X_i - \overline{X})^2 \right] = \frac{1}{n-1} E\left[\sum_{i=1}^{n} (X_i - \overline{X})^2 \right]$$

其中

$$
\begin{aligned}
\sum_{i=1}^{n} (X_i - \overline{X})^2 &= \sum_{i=1}^{n} \left[X_i^2 - 2X_i \overline{X} + \overline{X}^2 \right] \\
&= \sum_{i=1}^{n} X_i^2 - 2\overline{X} \sum_{i=1}^{n} X_i + n\overline{X}^2 \\
&= \sum_{i=1}^{n} X_i^2 - n\overline{X}^2
\end{aligned}
$$

所以

$$
\begin{aligned}
E(S^2) &= \frac{1}{n-1} E\left[\sum_{i=1}^{n} X_i^2 - n\overline{X}^2 \right] \\
&= \frac{1}{n-1} \left\{ \sum_{i=1}^{n} E(X_i^2) - nE(\overline{X}^2) \right\} \\
&= \frac{1}{n-1} \left[n(\sigma^2 + \mu^2) - n\left(\frac{\sigma^2}{n} + \mu^2 \right) \right] \\
&= \sigma^2
\end{aligned}
$$

三、矩

定义 2　设 X 为随机变量，C 为常数，k 为正整数，量 $E[(X-C)^k]$ 称为 X 关于 C 的 k 阶矩.

比较重要的矩有两种情形：

(1) 当 $C = 0$ 时，$E(X^k)$ 称为 X 的 k 阶原点矩，记为 μ_k.

(2) 当 $C = E(X)$ 时，$E\{[X - E(X)]^k\}$ 称为 X 的 k 阶中心矩，记为 υ_k.

四、切比雪夫不等式

定理 1（切比雪夫不等式）　设随机变量 X 的期望和方差都存在，则对任意常数 $\varepsilon > 0$，有

$$P\left(|X-E(X)| \geqslant \varepsilon\right) \leqslant \frac{D(X)}{\varepsilon^2} \tag{3-11}$$

或等价地有

$$P\left(|X-E(X)| < \varepsilon\right) \geqslant 1-\frac{D(X)}{\varepsilon^2} \tag{3-12}$$

证 我们在此只对连续型随机变量给出证明,离散型随机变量的证明类似. 设连续型随机变量 X 的概率密度为 $f(x)$,则

$$\begin{aligned}
P\left(|X-E(X)| \geqslant \varepsilon\right) &= \int_{|x-E(X)| \geqslant \varepsilon} f(x)\mathrm{d}x \\
&\leqslant \int_{|x-E(X)| \geqslant \varepsilon} \frac{[x-E(X)]^2}{\varepsilon^2} f(x)\mathrm{d}x \\
&\leqslant \frac{1}{\varepsilon^2}\int_{-\infty}^{+\infty} [x-E(X)]^2 f(x)\mathrm{d}x \\
&= \frac{D(X)}{\varepsilon^2}
\end{aligned}$$

切比雪夫不等式给出了在随机变量 X 的分布未知的情况下,对事件$(|X-E(X)| < \varepsilon)$的概率下限的估计. 虽然其估计精度不高,但它在理论研究中发挥了重要作用.

例 9 计算机在进行加法运算时,对每个加数取整(取最接近它的整数). 设所有的取整误差相互独立且都服从$(-0.5,0.5)$上的均匀分布. 用切比雪夫不等式估计 1800 个数相加时,误差总和的绝对值不小于 20 的概率.

解 用 X_i 表示第 i 个数的取整误差,X 表示 1800 个数相加的误差总和,$\varepsilon = 20$,则

$$X = X_1 + X_2 + \cdots + X_{1800} = \sum_{i=1}^{1800} X_i$$

由题意知

$X_i \sim U(-0.5, 0.5)$,$(i=1, 2, \cdots, 1800)$,且 $X_1, X_2, \cdots, X_{1800}$ 相互独立

由于

$$E(X_i)=0,\ D(X_i)=\frac{1}{12},\ i=1, 2, \cdots, 1800$$

因此

$$E(X)=E(X_1+X_2+\cdots+X_{1800})=E(X_1)+E(X_2)+\cdots+E(X_{1800})=1800\times 0=0$$

$$D(X)=D(X_1+X_2+\cdots+X_{1800})=D(X_1)+D(X_2)+\cdots+D(X_{1800})=1800\times\frac{1}{12}=150$$

由切比雪夫不等式有

$$P\left(|X| \geqslant 20\right)=P\left(|X-E(X)| \geqslant 20\right) \leqslant \frac{D(X)}{20^2}=\frac{150}{400}=0.375$$

习题 3.2

1. 设随机变量 X 的概率密度为

$$f(x) = \begin{cases} 1 - |1-x|, & 0 < x < 2 \\ 0, & \text{其他} \end{cases}$$

求 $E(X)$，$D(X)$.

2. 设随机变量 X 的概率密度为 $f(x) = \frac{1}{2}e^{-|x|}$（$-\infty < x < +\infty$），求 $D(X)$.

3. 设两个相互独立的随机变量 X, Y 的分布律分别为

X	9	10	11
p	0.3	0.5	0.2

Y	-2	0	1	2
p	0.3	0.1	0.4	0.2

求 $D(X-Y)$.

4. 设二维随机变量 (X, Y) 的概率密度为 $f(x, y) = \begin{cases} k, & 0 \leqslant x \leqslant 1, 0 \leqslant y \leqslant x, \\ 0, & \text{其他}. \end{cases}$

试求常数 k，并验证 $E(XY) \neq E(X)E(Y)$.

5. 设连续型随机变量 X_1，X_2 相互独立且方差均存在，X_1 与 X_2 的概率密度分别为 $f_1(x)$，$f_2(x)$，随机变量 Y_1 的概率密度为 $f_{Y_1}(x) = \frac{1}{2}[f_1(y) + f_2(y)]$，随机变量 $Y_2 = \frac{1}{2}(X_1 + X_2)$，则_____.

(A) $E(Y_1) > E(Y_2)$，$D(Y_1) > D(Y_2)$　　　　(B) $E(Y_1) = E(Y_2)$，$D(Y_1) = D(Y_2)$

(C) $E(Y_1) = E(Y_2)$，$D(Y_1) < D(Y_2)$　　　　(D) $E(Y_1) = E(Y_2)$，$D(Y_1) > D(Y_2)$

第三节　协方差与相关系数

对于二维随机变量，除了讨论随机变量的数学期望和方差以外，还需讨论描述两随机变量之间相互关系的数字特征：协方差和相关系数.

一、协方差

对于一个二维随机变量 (X, Y)，$E(X)$，$E(Y)$，$D(X)$ 和 $D(Y)$ 仅反映 X 和 Y 各自的平均取值及各自取值相对于平均值的偏离程度，没有反映出 X 与 Y 之间的相互关系. 而 X 与 Y 的联合分布可以全面地描述统计规律，其中包含了 X 与 Y 之间相互关系的信息. 我们希望有一个数字特征，能够一定程度上反映这种关系.

在上一节我们看到，若 X 和 Y 相互独立，且 $E\{[X-E(X)][Y-E(Y)]\}$ 存在，则有
$$E\{[X-E(X)][Y-E(Y)]\} = 0$$
即 X 与 Y 相互独立时，$E\{[X-E(X)][Y-E(Y)]\} = 0$ 成立. 反之不然，当 X 与 Y 不满足 $E\{[X-E(X)][Y-E(Y)]\} = 0$ 时，X 与 Y 不一定是相互独立的，即它们之间可能是存在着一定关系的. 这说明 $E\{[X-E(X)][Y-E(Y)]\}$ 的数值能在一定程度上反映 X 和 Y 之间的相互联系，由此我们引出如下定义.

定义 1　设 (X, Y) 为二维随机变量，若 $E\{[X-E(X)][Y-E(Y)]\}$ 存在，则称之为随机变量 X 与 Y 的协方差，记为 $\text{Cov}(X, Y)$，即

$$\mathrm{Cov}(X, Y) = E\{[X-E(X)][Y-E(Y)]\} \tag{3-13}$$

$\mathrm{Cov}(X, Y)$ 是描述 X 与 Y 之间的相互关系的一个数学特征，容易得到

$$\mathrm{Cov}(X, X) = D(X), \ \mathrm{Cov}(Y, Y) = D(Y)$$

$$D(X \pm Y) = D(X) + D(Y) \pm 2\mathrm{Cov}(X, Y)$$

由期望的性质可得协方差的实用计算公式：

$$\mathrm{Cov}(X, Y) = E(XY) - E(X) \cdot E(Y) \tag{3-14}$$

协方差具有下列性质：

性质 1 $\mathrm{Cov}(X, Y) = \mathrm{Cov}(Y, X)$.

性质 2 $\mathrm{Cov}(aX, bY) = ab\mathrm{Cov}(X, Y)$（$a, b$ 为常数）.

性质 3 $\mathrm{Cov}(X_1 + X_2, Y) = \mathrm{Cov}(X_1, Y) + \mathrm{Cov}(X_2, Y)$.

性质 4 若 X 与 Y 相互独立，则 $\mathrm{Cov}(X, Y) = 0$.

例 1 已知随机变量 X 与 Y 的联合分布律为

X \ Y	-1	0	1
0	$\frac{1}{4}$	0	$\frac{1}{4}$
1	0	$\frac{1}{2}$	0

求 $\mathrm{Cov}(X, Y)$ 和 $D(X+Y)$.

解
$$E(X) = 0 \times \left(\frac{1}{4} + 0 + \frac{1}{4}\right) + 1 \times \left(0 + \frac{1}{2} + 0\right) = \frac{1}{2}$$

$$E(Y) = -1 \times \frac{1}{4} + 0 \times \frac{1}{2} + 1 \times \frac{1}{4} = 0$$

$$E(XY) = 0 \times \left(\frac{1}{4} + 0 + \frac{1}{4}\right) + (-1) \times 0 + 0 \times \frac{1}{2} + 1 \times 0 = 0$$

所以

$$\mathrm{Cov}(X, Y) = E(XY) - E(X) \cdot E(Y) = 0$$

又

$$E(X^2) = 0^2 \times \left(\frac{1}{4} + 0 + \frac{1}{4}\right) + 1^2 \times \left(0 + \frac{1}{2} + 0\right) = \frac{1}{2}$$

$$E(Y^2) = (-1)^2 \times \frac{1}{4} + 0^2 \times \frac{1}{2} + 1^2 \times \frac{1}{4} = \frac{1}{2}$$

得

$$D(X) = E(X^2) - [E(X)]^2 = \frac{1}{4}$$

$$D(Y) = E(Y^2) - [E(Y)]^2 = \frac{1}{2}$$

故

$$D(X+Y) = D(X) + D(Y) + 2\mathrm{Cov}(X, Y) = \frac{1}{4} + \frac{1}{2} + 2 \cdot 0 = \frac{3}{4}$$

二、相关系数

协方差虽然一定程度上反映了 X 与 Y 之间的相互联系，但它与 X 及 Y 本身的数值大小和度量单位有关. 为了更准确地刻画 X 和 Y 的相关程度，需要进行无量纲处理，引入相关系数的定义.

定义 2　设 (X, Y) 为二维随机变量，称

$$\rho_{XY} = \frac{\text{Cov}(X, Y)}{\sqrt{D(X)}\sqrt{D(Y)}} \tag{3-15}$$

为随机变量 X 与 Y 的相关系数.

事实上，对随机变量 X 与 Y 引入标准化随机变量，记为 X^*，Y^*.

令 $X^* = \dfrac{X - E(X)}{\sqrt{D(X)}}$，$Y^* = \dfrac{Y - E(Y)}{\sqrt{D(Y)}}$，则

$$E(X^*) = 0, \ D(X^*) = 1, \ E(Y^*) = 0, \ D(Y^*) = 1$$

得到

$$\rho_{XY} = \frac{\text{Cov}(X, Y)}{\sqrt{D(X)}\sqrt{D(Y)}} = \text{Cov}(X^*, Y^*) = E(X^* Y^*)$$

相关系数有如下重要性质：

性质 1　$|\rho_{XY}| \leqslant 1$.

性质 2　$|\rho_{XY}| = 1$ 的充要条件是存在常数 $a \neq 0$，b 使 $P(Y = aX + b) = 1$.

证　(1) $D(X^* \pm Y^*) = D(X^*) + D(Y^*) \pm 2\text{Cov}(X^*, Y^*)$

$$= 2 \pm 2\rho_{XY} \geqslant 0$$

因此

$$|\rho_{XY}| \leqslant 1$$

(2)　① 已知 $P(Y = aX + b) = 1$，则 $\text{Cov}(X, Y) = aD(X)$，从而有

$$\rho_{XY} = \frac{\text{Cov}(X, Y)}{\sqrt{D(X)}\sqrt{D(Y)}} = \frac{aD(X)}{\sqrt{D(X)}\sqrt{a^2 D(X)}} = \frac{a}{|a|}$$

因此

$$|\rho_{XY}| = 1$$

② 已知 $|\rho_{XY}| = 1$，不妨设 $\rho_{XY} = 1$，容易得

$$D(X^* - Y^*) = 2 - 2\rho_{XY} = 0$$

因此

$$P(X^* - Y^* = c) = 1 \quad (c \text{ 为常数})$$

即有常数 a，b，使

$$P(Y = aX + b) = 1$$

由相关系数的性质可知：

(1) 当 $|\rho_{XY}| = 1$ 时，X 与 Y 之间以概率 1 存在着线性关系；

(2) 当 $|\rho_{XY}| < 1$ 时，这种线性关系随 $|\rho_{XY}|$ 的值的减小而减弱，当 $|\rho_{XY}|$ 减小到极端

$\rho_{XY}=0$ 时，X 与 Y 之间不存在线性关系.

于是，相关系数 ρ_{XY} 是一个可以用来表征 X 与 Y 之间线性相关紧密程度的量，确切地讲，应该叫做线性相关系数，是一个无量纲的指标.

定义 3　当随机变量 X 与 Y 的相关系数 $\rho_{XY}=0$ 时，称 X 与 Y 不相关.

定理 1　对随机变量 X 与 Y，下列命题等价：

(1) X 与 Y 不相关；

(2) $\mathrm{Cov}(X,Y)=0$；

(3) $E(XY)=E(X)E(Y)$；

(4) $D(X+Y)=D(X)+D(Y)$.

注意：由性质知道，当 X 与 Y 相互独立时，必有 $\rho_{XY}=0$，即 X 与 Y 不相关（线性关系不存在）. 但是，当 X 与 Y 不相关时，只能说明它们之间不存在线性关系，但可能存在别的关系，从而不一定是相互独立的.

例 2　设 X 的分布律为

X	-1	0	1
P	$\dfrac{1}{3}$	$\dfrac{1}{3}$	$\dfrac{1}{3}$

令 $Y=X^2$，则 Y 的分布律为

Y	0	1
P	$\dfrac{1}{3}$	$\dfrac{2}{3}$

下面讨论 X 与 Y 的相关性和独立性.

证　通过计算可得

$$\mathrm{Cov}(X,Y)=E\{[X-E(X)][Y-E(Y)]\}=0$$

从而 $\rho_{XY}=0$，即 X 与 Y 不相关.

但是，由于 $P(X=-1)=\dfrac{1}{3}$，$P(Y=1)=\dfrac{2}{3}$，$P(X=-1,Y=1)=\dfrac{1}{3}\neq P(X=-1)P(Y=1)$，故 X 与 Y 不相互独立.

例 3　已知 (X,Y) 的联合概率密度为 $f(x,y)=\begin{cases}8xy, & 0\leqslant y\leqslant x，0\leqslant x\leqslant 1,\\ 0, & \text{其他}.\end{cases}$

试求 ρ_{XY} 和 $D(5X-3Y+4)$.

解　先求边缘概率密度.

$$f_X(x)=\int_{-\infty}^{+\infty}f(x,y)\mathrm{d}y=\begin{cases}\int_0^x 8xy\mathrm{d}y, & 0\leqslant x\leqslant 1\\ 0, & \text{其他}\end{cases}=\begin{cases}4x^3, & 0\leqslant x\leqslant 1\\ 0, & \text{其他}\end{cases}$$

$$f_Y(y)=\int_{-\infty}^{+\infty}f(x,y)\mathrm{d}x=\begin{cases}\int_y^1 8xy\mathrm{d}x, & 0\leqslant y\leqslant 1\\ 0, & \text{其他}\end{cases}=\begin{cases}4y(1-y^2), & 0\leqslant y\leqslant 1\\ 0, & \text{其他}\end{cases}$$

于是

$$E(X) = \int_{-\infty}^{+\infty} x f_X(x) \mathrm{d}x = \int_0^1 x \cdot 4x^3 \mathrm{d}x = \frac{4}{5}$$

$$E(Y) = \int_{-\infty}^{+\infty} y f_Y(x) \mathrm{d}y = \int_0^1 y \cdot 4y(1-y^2) \mathrm{d}y = \frac{8}{15}$$

$$E(X^2) = \int_{-\infty}^{+\infty} x^2 f_X(x) \mathrm{d}x = \int_0^1 x^2 \cdot 4x^3 \mathrm{d}x = \frac{2}{3}$$

$$E(Y^2) = \int_{-\infty}^{+\infty} y^2 f_Y(y) \mathrm{d}y = \int_0^1 y^2 \cdot 4y(1-y^2) \mathrm{d}y = \frac{1}{3}$$

因此

$$D(X) = E(X^2) - [E(X)]^2 = \frac{2}{75}$$

$$D(Y) = E(Y^2) - [E(Y)]^2 = \frac{11}{225}$$

又

$$E(XY) = \int_{-\infty}^{+\infty} \int_{-\infty}^{+\infty} xy f(x, y) \mathrm{d}x \mathrm{d}y = \int_0^1 \int_0^x xy \cdot 8xy \, \mathrm{d}y \mathrm{d}x = \frac{4}{9}$$

所以

$$\mathrm{Cov}(X, Y) = E(XY) - E(X) \cdot E(Y) = \frac{4}{225}$$

$$\rho_{XY} = \frac{\mathrm{Cov}(X, Y)}{\sqrt{D(X)}\sqrt{D(Y)}} = \frac{2\sqrt{66}}{33}$$

$$D(5X - 3Y + 4) = D(5X - 3Y) = D(5X) + D(3Y) - 2\mathrm{Cov}(5X, 3Y)$$

$$= 25D(X) + 9D(Y) - 30\mathrm{Cov}(X, Y) = \frac{43}{75}$$

┌─────────────┐
│ 习题 3.3 │
└─────────────┘

1. 设二维随机变量 (X, Y) 的联合概率密度为

$$f(x, y) = \begin{cases} 1, & |y| < x, \, 0 < x < 1 \\ 0, & 其他 \end{cases}$$

求 $E(X)$, $E(Y)$, $\mathrm{Cov}(X, Y)$.

2. 设离散型随机变量 (X, Y) 的分布律为

X \ Y	-1	0	1
-1	$\frac{1}{8}$	$\frac{1}{8}$	$\frac{1}{8}$
0	$\frac{1}{8}$	0	$\frac{1}{8}$
1	$\frac{1}{8}$	$\frac{1}{8}$	$\frac{1}{8}$

试证 X 与 Y 不相关,但不相互独立.

3. 设二维随机变量 (X, Y) 服从区域 $D=\{(x, y) \mid 0<x<1, x<y<1\}$ 上的均匀分布,试求相关系数 ρ_{XY},并讨论 X 与 Y 的相关性和独立性.

4. 已知 (X, Y) 的联合概率密度为 $f(x, y)=\begin{cases} 2-x-y, & 0 \leqslant x \leqslant 1, 0 \leqslant y \leqslant 1 \\ 0, & \text{其他} \end{cases}$

(1) 试求 $E(X)$,$E(Y)$,$D(X)$,$D(Y)$,$D(X+Y)$;

(2) 讨论 X 与 Y 的相关性和独立性.

5. 设随机变量 X 与 Y 的概率分布分别为

X	0	1
P	$\frac{1}{3}$	$\frac{2}{3}$

Y	-1	0	1
P	$\frac{1}{3}$	$\frac{1}{3}$	$\frac{1}{3}$

且 $P(X^2=Y^2)=1$.

(1) 求二维随机变量 (X, Y) 的分布律;

(2) 求 $Z=XY$ 的分布律;

(3) 求随机变量 X 与 Y 的相关系数 ρ_{XY}.

第四节　正　态　分　布

正态分布是概率论中一种重要的分布. 一方面,它是自然界中最常见的一种分布,例如,测量的误差,弹着点的分布,学生的考试成绩,产品的品质指标(长度、硬度等),人的身高、体重,灯管的寿命,等等,都服从或者近似服从正态分布. 一般说来,若影响某一数量指标的随机因素很多,这些因素相互独立,每个因素所起的作用又不太大,则这个指标可认为是服从或近似服从正态分布的. 这一点可以用中心极限定理来证明(见第四章);另一方面,正态分布具有许多良好的性质,许多分布可以用正态分布来近似替代,还有一些分布可以用正态分布导出. 因此,无论是在理论研究还是实际应用中,正态分布都是十分重要的.

一、一维正态分布

定义 1　如果随机变量 X 的概率密度函数为

$$f(x)=\frac{1}{\sqrt{2\pi}\sigma}\mathrm{e}^{-\frac{(x-\mu)^2}{2\sigma^2}}, \quad -\infty<x+\infty \tag{3-16}$$

其中 $-\infty<\mu<+\infty$,$\sigma>0$,μ,σ 为常数,则称 X 服从参数为 μ,σ^2 的正态分布(或高斯分布),记为 $X \sim N(\mu, \sigma^2)$. 它的分布函数为

$$F(x)=\frac{1}{\sqrt{2\pi}\sigma}\int_{-\infty}^{x}\mathrm{e}^{-\frac{(t-\mu)^2}{2\sigma^2}}\mathrm{d}t, \quad -\infty<x<+\infty \tag{3-17}$$

正态分布的概率密度函数 $f(x)$ 的图形见图 3.1,它具有如下特性:

(1) 曲线 $y=f(x)$ 关于 $x=\mu$ 对称,即 $f(\mu+x)=f(\mu-x)$;当 $x=\mu$ 时,$f(x)$ 达到最大值 $f_{\max}(x)=f(\mu)=\frac{1}{\sqrt{2\pi}\sigma}$.

（2）曲线 $y=f(x)$ 图形均在 x 轴上方，且以 x 轴为渐近线，$\lim\limits_{x\to\infty}f(x)=0$.

（3）在 $x=\mu\pm\sigma$ 时，曲线 $y=f(x)$ 在对应的点处有拐点，区间 $(\mu+\sigma,\ +\infty)$ 及 $(-\infty,\ \mu-\sigma)$ 上对应的图形为凹弧，区间 $(\mu-\sigma,\ \mu+\sigma)$ 上对应的图形为凸弧.

（4）当 σ 固定，μ 变化时，$f(x)$ 的图形沿 x 轴平行移动，但不改变其形状. 当 μ 固定，σ 变化时，$f(x)$ 的图形随之变化，且当 σ 越小时，图形越"陡峭"，分布越集中在 $x=\mu$ 附近；当 σ 越大时，图形越"平坦"，分布越分散. 故 $f(x)$ 的图形的位置由 μ 确定，称 μ 为位置参数；形状由 σ 确定，称 σ 为形状参数.

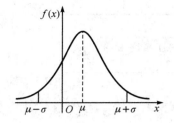 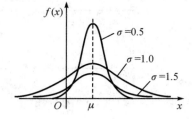

图 3.1　正态分布的概率密度函数图

特别地，当 $\mu=0$，$\sigma=1$ 时，称 X 服从标准正态分布，记为 $X\sim N(0,1)$，其概率密度函数 $\varphi(x)$ 和分布函数 $\Phi(x)$ 分别记为

$$\varphi(x)=\frac{1}{\sqrt{2\pi}}e^{-\frac{x^2}{2}},\ -\infty<x<+\infty \tag{3-18}$$

$$\Phi(x)=\frac{1}{\sqrt{2\pi}}\int_{-\infty}^{x}e^{-\frac{t^2}{2}}dt,\ -\infty<x<+\infty \tag{3-19}$$

标准正态分布的图形如图 3.2 所示：

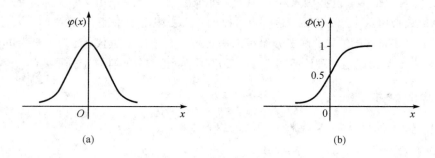

(a) 　　　　　　　　　　　　　 (b)

图 3.2　标准正态分布的概率密度函数图(a)和分布函数图(b)

易见：

$$\varphi(-x)=\varphi(x),\ -\infty<x<+\infty$$

$$\Phi(0)=0.5;\ \Phi(+\infty)=1$$

$$\Phi(-x)=1-\Phi(x),\ -\infty<x<+\infty$$

所以只需对 $x\geqslant0$ 给出标准正态分布函数 $\Phi(x)=\dfrac{1}{\sqrt{2\pi}}\int_{-\infty}^{x}e^{\frac{u^2}{2}}du$ 的数值表就够了，对 $x<0$ 的函数值可以由对称性得到. 即关于 $\Phi(x)$ 的计算：

(1) $x \geqslant 0$ 时，查标准正态分布函数表；

(2) $x < 0$ 时，用 $\Phi(x) = 1 - \Phi(-x)$ 计算.

对一般的正态分布 $N(\mu, \sigma^2)$，由于概率密度函数不可积，即其分布函数不能用初等函数表达，所以这类概率计算通常先经过代换转化为标准正态分布，再查标准正态分布函数表来解决.

定理 1 设随机变量 $X \sim N(\mu, \sigma^2)$，则 $Y = \dfrac{X - \mu}{\sigma} \sim N(0, 1)$.

证 事实上，Y 的分布函数为

$$P(Y \leqslant x) = P\left(\frac{X - \mu}{\sigma} \leqslant x\right) = P(X \leqslant \mu + \sigma x)$$

$$= \frac{1}{\sqrt{2\pi}\sigma} \int_{-\infty}^{\mu + \sigma x} e^{-\frac{(t-\mu)^2}{2\sigma^2}} dt = \frac{1}{\sqrt{2\pi}} \int_{-\infty}^{x} e^{-\frac{u^2}{2}} du = \Phi(x)$$

即 $Y = \dfrac{X - \mu}{\sigma} \sim N(0, 1)$

所以，若 $X \sim N(\mu, \sigma^2)$，其分布函数为

$$F(x) = P(X \leqslant x) = P\left(\frac{X - \mu}{\sigma} \leqslant \frac{x - \mu}{\sigma}\right) = \Phi\left(\frac{x - \mu}{\sigma}\right)$$

从而对任意的 $x_1 < x_2$，有

$$F(x_2) - F(x_1) = P(x_1 < X \leqslant x_2) = P\left(\frac{x_1 - \mu}{\sigma} < \frac{X - \mu}{\sigma} \leqslant \frac{x_2 - \mu}{\sigma}\right)$$

$$= \Phi\left(\frac{x_2 - \mu}{\sigma}\right) - \Phi\left(\frac{x_1 - \mu}{\sigma}\right)$$

例 1 设随机变量 $X \sim N(2, 9)$，试求

(1) $P(1 \leqslant X < 5)$；(2) $P(|X - 2| > 6)$.

解 (1) $P(1 \leqslant X < 5) = F(5) - F(1) = \Phi(1) + \Phi\left(\dfrac{1}{3}\right) - 1$

$$= 0.84134 + 0.62930 - 1 = 0.47064$$

(2) $P(|X - 2| > 6) = 1 - P(|X - 2| \leqslant 6)$

$$= 1 - \left[\Phi\left(\frac{8 - 2}{3}\right) - \Phi\left(\frac{-4 - 2}{3}\right)\right]$$

$$= 1 - [\Phi(2) - \Phi(-2)] = 2 \times [1 - \Phi(2)]$$

$$= 2 \times (1 - 0.97725) = 0.0455$$

例 2 设 $X \sim N(\mu, \sigma^2)$，则

$$P(|X - \mu| < \sigma) = 2\Phi(1) - 1 = 0.6826$$

$$P(|X - \mu| < 2\sigma) = 2\Phi(2) - 1 = 0.9544$$

$$P(|X - \mu| < 3\sigma) = 2\Phi(3) - 1 = 0.9974$$

这说明 X 取值于区间 $(\mu - 3\sigma, \mu + 3\sigma)$ 中的概率为 0.9974. 我们知道，尽管正态变量的取值范围是 $(-\infty, +\infty)$，但它的值落在 $(\mu - 3\sigma, \mu + 3\sigma)$ 内几乎是肯定的事. 这就是人们所谈的"3σ 准则". 一般地有 $P(|X - \mu| < k\sigma) = 2\Phi(k) - 1$，与 μ 和 σ 均无关！

定理 2 设随机变量 $X \sim N(\mu, \sigma^2)$，则 $Y = aX + b \sim N(a\mu + b, (a\sigma)^2)$，其中 $a \neq 0$.

证　记 X 的概率密度为 $f_X(x)$，分布函数为 $F_X(x)$；记 Y 的概率密度为 $f_Y(y)$，分布函数为 $F_Y(y)$，则有

$$F_Y(y)=P(Y\leqslant y)=P(aX+b\leqslant y)$$

当 $a>0$ 时，有

$$F_Y(y)=P\left(X\leqslant\frac{y-b}{a}\right)=F_X\left(\frac{y-b}{a}\right)$$

$$f_Y(y)=F_Y'(y)=\frac{1}{a}F_X'\left(\frac{y-b}{a}\right)=\frac{1}{a}f_X\left(\frac{y-b}{a}\right)$$

当 $a<0$ 时，有

$$F_Y(y)=P\left(X\geqslant\frac{y-b}{a}\right)=1-F_X\left(\frac{y-b}{a}\right)$$

$$f_Y(y)=F_Y'(y)=-\frac{1}{a}F_X'\left(\frac{y-b}{a}\right)=-\frac{1}{a}f_X\left(\frac{y-b}{a}\right)$$

综合以上结果有

$$f_Y(y)=\frac{1}{|a|}f_X\left(\frac{y-b}{a}\right)=\frac{1}{\sqrt{2\pi}|a|\sigma}e^{-\frac{[y-(a\mu+b)]^2}{2(a\sigma)^2}}$$

从而

$$Y=aX+b\sim N(a\mu+b,(a\sigma)^2)$$

下面引入标准正态分布的"上 α 分位点"这一记号.

定义 2　设随机变量 $X\sim N(0,1)$，概率密度函数为 $\varphi(x)$，对给定的 $\alpha(0<\alpha<1)$，称满足条件

$$P(X>z_\alpha)=\int_{z_\alpha}^{+\infty}\varphi(x)\mathrm{d}x=\alpha$$

的数 z_α 为标准正态分布 $N(0,1)$ 的"上 α 分位数（或上 α 分位点）"，如图 3.3 所示.

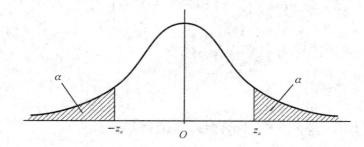

图 3.3　标准正态分布的"上 α 分位数"

z_α 的值可以通过标准正态分布表（附表 3）来求得. 例如当 $\alpha=0.05$ 时，$z_{0.05}=1.645$.

二、二维正态分布

定义 3　设二维随机变量 (X,Y) 的概率密度函数为

$$f(x,y)=\frac{1}{2\pi\sigma_1\sigma_2\sqrt{1-\rho^2}}\exp\left\{-\frac{1}{2(1-\rho^2)}\left[\frac{(x-\mu_1)^2}{\sigma_1^2}-2\rho\frac{(x-\mu_1)(y-\mu_2)}{\sigma_1\sigma_2}+\frac{(y-\mu_2)^2}{\sigma_2^2}\right]\right\}$$

$$(-\infty<x<+\infty,-\infty<y<+\infty)$$

其中，μ_1，μ_2，σ_1，σ_2，ρ 为常数，$-\infty<\mu_1<+\infty$，$-\infty<\mu_2<+\infty$，$\sigma_1>0$，$\sigma_2>0$，$|\rho|<1$. 则称(X, Y)服从参数为 μ_1，μ_2，σ_1^2，σ_2^2，ρ 的二维正态分布，记为

$$(X, Y)\sim N(\mu_1, \mu_2, \sigma_1^2, \sigma_2^2, \rho)$$

二维正态分布的概率密度 $f(x, y)$在三维空间的图形见图 3.4.

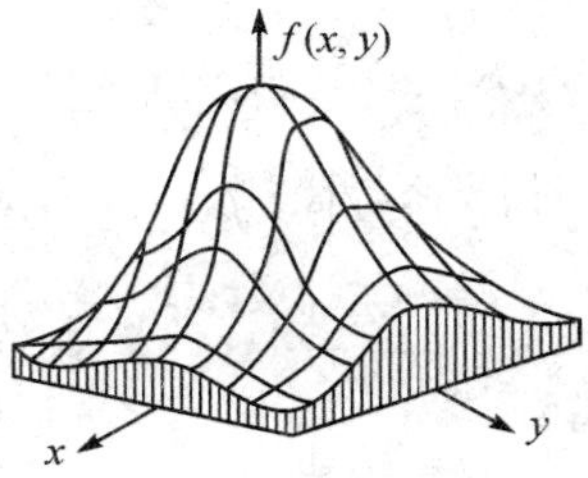

图 3.4　二维正态分布的概率密度

下面求二维正态随机变量的边缘分布.

设$(X, Y)\sim N(\mu_1, \mu_2, \sigma_1^2, \sigma_2^2, \rho)$，则其概率密度函数为

$$f(x, y)=\frac{1}{2\pi\sigma_1\sigma_2\sqrt{1-\rho^2}}\exp\left\{-\frac{1}{2(1-\rho^2)}\left[\frac{(x-\mu_1)^2}{\sigma_1^2}-2\rho\frac{(x-\mu_1)(y-\mu_2)}{\sigma_1\sigma_2}+\frac{(y-\mu_2)^2}{\sigma_2^2}\right]\right\}$$

令$\frac{x-\mu_1}{\sigma_1}=u$，$\frac{y-\mu_2}{\sigma_2}=v$，则上式化为

$$f(x, y)=\frac{1}{2\pi\sigma_1\sigma_2\sqrt{1-\rho^2}}\exp\left\{-\frac{1}{2(1-\rho^2)}(u^2-2\rho uv+v^2)\right\}$$

又 $\sigma_2>0$，且 $dy=\sigma_2 dv$，从而

$$\begin{aligned}
f_X(x)&=\int_{-\infty}^{+\infty}f(x, y)dy\\
&=\int_{-\infty}^{+\infty}\frac{1}{2\pi\sigma_1\sigma_2\sqrt{1-\rho^2}}\exp\left\{-\frac{1}{2(1-\rho)^2}(u^2-2\rho uv+v^2)\right\}\sigma_2 dv\\
&=\frac{1}{\sqrt{2\pi}\sigma_1}e^{-\frac{u^2}{2}}\int_{-\infty}^{+\infty}\frac{1}{\sqrt{2\pi}\sqrt{1-\rho^2}}\exp\left\{-\frac{\rho^2u^2-2\rho uv+v^2}{2(1-\rho^2)}\right\}dv\\
&=\frac{1}{\sqrt{2\pi}\sigma_1}e^{-\frac{u^2}{2}}\int_{-\infty}^{+\infty}\frac{1}{\sqrt{2\pi}\sqrt{1-\rho^2}}\exp\left\{-\frac{(v-\rho u^2)}{2(1-\rho^2)}\right\}dv\\
&=\frac{1}{\sqrt{2\pi}\sigma_1}e^{-\frac{u^2}{2}}\frac{1}{\sqrt{\pi}}\int_{-\infty}^{+\infty}e^{-\left(\frac{v-\rho u}{\sqrt{2(1-\rho^2)}}\right)^2}d\left(\frac{v-\rho u}{\sqrt{2(1-\rho^2)}}\right)\\
&=\frac{1}{\sqrt{2\pi}\sigma_1}e^{-\frac{u^2}{2}}=\frac{1}{\sqrt{2\pi}\sigma_1}e^{-\frac{(x-\mu_1)^2}{2\sigma_1^2}}, -\infty<x<+\infty
\end{aligned}$$

$f_X(x)$是正态分布 $N(\mu_1, \sigma_1^2)$的概率密度，即 $X\sim N(\mu_1, \sigma_1^2)$，同理可证

$$f_Y(y)=\frac{1}{\sqrt{2\pi}\sigma_2}e^{-\frac{(y-\mu_2)^2}{2\sigma_2^2}}, -\infty<x<+\infty$$

即若$(X, Y)\sim N(\mu_1, \mu_2, \sigma_1^2, \sigma_2^2, \rho)$，则 $X\sim N(\mu_1, \sigma_1^2)$，$Y\sim N(\mu_2, \sigma_2^2)$. 因此，二维正态分布的边缘分布仍为正态分布，且与参数 ρ 无关. 若 $\rho_1\neq\rho_2$，则两个正态分布$(X, Y)\sim N(\mu_1, \mu_2, \sigma_1^2, \sigma_2^2, \rho_1)$和$(X, Y)\sim N(\mu_1, \mu_2, \sigma_1^2, \sigma_2^2, \rho_2)$是不同的，但它们有完全相同的两个边缘分布. 这一事实也说明，边缘分布不能唯一确定它们的联合分布. 还需要说明，边缘分布都是正态分布的二维随机变量未必服从二维正态分布.

例 3　设二维随机变量(X, Y)的概率密度函数为

$$f(x, y) = \frac{1}{2\pi} e^{-\frac{x^2+y^2}{2}} (1+\sin x \sin y), \quad -\infty < x < +\infty, \quad -\infty < y < +\infty$$

显然 (X, Y) 不服从二维正态分布，但是

$$f_X(x) = \int_{-\infty}^{+\infty} f(x, y) \mathrm{d}y = \int_{-\infty}^{+\infty} \frac{1}{2\pi} e^{-\frac{x^2+y^2}{2}} (1+\sin x \sin y) \mathrm{d}y$$

$$= \frac{1}{2\pi} e^{-\frac{x^2}{2}} \left[\int_{-\infty}^{+\infty} e^{-\frac{y^2}{2}} \mathrm{d}y + \sin x \int_{-\infty}^{+\infty} e^{-\frac{y^2}{2}} \cdot \sin y \mathrm{d}y \right]$$

$$= \frac{1}{2\pi} e^{-\frac{x^2}{2}} \cdot \sqrt{2\pi} = \frac{1}{\sqrt{2\pi}} e^{-\frac{x^2}{2}}$$

即 $X \sim N(0, 1)$，由对称性可知 $Y \sim N(0, 1)$.

例 4　设 $(X, Y) \sim N(\mu_1, \mu_2, \sigma_1^2, \sigma_2^2, \rho)$，证明随机变量 X 和 Y 相互独立的充要条件是参数 $\rho = 0$.

证　因为 $(X, Y) \sim N(\mu_1, \mu_2, \sigma_1^2, \sigma_2^2, \rho)$，$(X, Y)$ 的概率密度为

$$f(x, y) = \frac{1}{2\pi\sigma_1\sigma_2\sqrt{1-\rho^2}} \exp\left\{ \frac{-1}{2(1-\rho^2)} \left[\frac{(x-\mu_1)^2}{\sigma_1^2} - \right.\right.$$

$$\left.\left. 2\rho\frac{(x-\mu_1)(y-\mu_2)}{\sigma_1\sigma_2} + \frac{(y-\mu_2)^2}{\sigma_2^2} \right] \right\}$$

由上述内容知，(X, Y) 关于 X 和 Y 的边缘概率密度 $f_X(x)$ 和 $f_Y(y)$ 的乘积为

$$f_X(x)f_Y(y) = \frac{1}{2\pi\sigma_1\sigma_2} \exp\left\{ -\frac{1}{2} \left[\frac{(x-\mu_1)^2}{\sigma_1^2} + \frac{(y-\mu_2)^2}{\sigma_2^2} \right] \right\}$$

因此，若参数 $\rho = 0$，则对一切 x, y 均有 $f(x, y) = f_X(x)f_Y(y)$，X 和 Y 相互独立.

反之，若 X 和 Y 相互独立，则对一切 x, y 应有 $f(x, y) = f_X(x)f_Y(y)$ 成立. 特别令 $x = \mu_1$，$y = \mu_2$ 也应成立，故有

$$\frac{1}{2\pi\sigma_1\sigma_2\sqrt{1-\rho^2}} = \frac{1}{2\pi\sigma_1\sigma_2}$$

即 $\dfrac{1}{\sqrt{1-\rho^2}} = 1$，从而得 $\rho = 0$.

对于二维正态分布 $N(\mu_1, \mu_2, \sigma_1^2, \sigma_2^2, \rho)$，可以求得 X 与 Y 的相关系数就是第五个参数 ρ. 这个结果的推导比较复杂，我们略去. 前面我们指出不相关与独立性两概念之间的差异性，即在一般情形，独立必导致不相关，但不相关推不出独立. 不过，二维正态随机变量是个例外，可说明如下 (定理 3).

定理 3　如果随机变量 $(X, Y) \sim N(\mu_1, \mu_2, \sigma_1^2, \sigma_2^2, \rho)$，则 X 和 Y 相互独立的充要条件是 X 与 Y 不相关.

正态随机变量有如下的重要性质：两个或多个相互独立的正态随机变量的线性组合仍是正态变量.

定理 4　设 $X_1, X_2, \cdots, X_n$ 相互独立，且 $X_i \sim N(\mu_i, \sigma_i^2)$，$i = 1, 2, \cdots, n$，则对于任意不全为零的常数 $c_1, c_2, \cdots, c_n$，有

$$Z = \sum_{i=1}^{n} c_i X_i \sim N\left(\sum_{i=1}^{n} c_i\mu_i, \sum_{i=1}^{n} c_i^2\sigma_i^2 \right)$$

例 5 设 X_1，X_2，$\cdots$，X_9 相互独立且都服从 $N(2,4)$；Y_1，Y_2，Y_3，Y_4 相互独立且都服从 $N(1,1)$，设 $\overline{X}$，$\overline{Y}$ 相互独立，求 $P(\overline{X} \geqslant \overline{Y})$.

解 由定理 4 知：$\overline{X} \sim N\left(2, \dfrac{4}{9}\right)$，$\overline{Y} \sim N\left(1, \dfrac{1}{4}\right)$，又 $\overline{X}$，$\overline{Y}$ 相互独立，有

$$\overline{X} - \overline{Y} \sim N\left(1, \frac{25}{36}\right)$$

于是可得

$$P(\overline{X} \geqslant \overline{Y}) = P(\overline{X} - \overline{Y} \geqslant 0) = P\left(\frac{\overline{X} - \overline{Y} - 1}{\sqrt{25/36}} \geqslant \frac{-1}{\sqrt{25/36}}\right)$$

$$= 1 - \Phi\left(\frac{-1}{\sqrt{25/36}}\right) = \Phi(1.2) = 0.8894$$

习题 3.4

1. 设随机变量 $X \sim N(2,4)$，求 $P(1 < X \leqslant 6.2)$.

2. 已知 $X \sim N(2, \sigma^2)$，且 $P(2 < X \leqslant 4) = 0.3$，求 $P(X < 0)$.

3. 设随机变量 $X \sim N(0,4)$，$Y \sim N(0,9)$，且 X 与 Y 相互独立，则随机变量 $Z = X - 2Y \sim$ _____.

4. 设随机变量 X 服从正态分布 $N(\mu_1, \sigma_1^2)$，随机变量 Y 服从正态分布 $N(\mu_2, \sigma_2^2)$，$P(|X - \mu_1| < 1) > P(|Y - \mu_2| < 1)$，则必有_____.

(A) $\sigma_1 < \sigma_2$ (B) $\sigma_1 > \sigma_2$ (C) $\mu_1 < \mu_2$ (D) $\mu_1 > \mu_2$

5. 设从甲地到乙地有两条路可走. 第一条路程较短，但交通比较拥挤，所需时间（单位：分钟）服从正态分布 $N(50, 10^2)$. 第二条路程较长，但意外阻塞较少，所需时间服从正态分布 $N(60, 4^2)$. 现有 70 分钟可用，问应选择走哪一条路？若仅有 65 分钟可用，又该如何选择？

6. 设测量的误差 $X \sim N(7.5, 100)$（单位:m），问要进行多少次独立测量，才能使至少有一次误差的绝对值不超过 10 m 的概率大于 0.9？

7. 某公司在某次招工考试中，准备招工 300 名（其中 280 名正式工，20 名临时工），而报考的人数是 1657 名，考试满分为 400 分. 考试后不久，通过当地新闻媒体得到如下信息：考试总评成绩是 166 分，360 分以上的高分考生 31 名. 某考生 A 的成绩是 256 分，问他能否被录取？如被录取能否是正式工？

8. 设 $f_1(x)$ 为标准正态分布的概率密度函数，$f_2(x)$ 为 $[-1, 3]$ 上均匀分布的概率密度函数，若

$$f(x) = \begin{cases} af_1(x), & x \leqslant 0, \\ bf_2(x), & x > 0. \end{cases} \quad (a > 0, b > 0)$$

为概率密度函数，则 a，b 应满足什么条件？

9. 设二维随机变量 $(X, Y) \sim N(1, 0, 1, 1, 0)$，则 $P(XY - Y < 0) =$ _____.

10. 设二维随机变量 $(X, Y) \sim N(\mu, \mu, \sigma^2, \sigma^2, 0)$，则 $E(XY^2) =$ _____.

11. 设随机变量 X 的分布函数为 $F(x)=0.5\Phi(x)+0.5\Phi\left(\dfrac{x-4}{2}\right)$，其中 $\Phi(x)$ 为标准正态分布函数，则 $E(X)=$ _____.

总习题三

一、填空题

1. 已知随机变量 X 的概率密度为

$$\varphi(x)=\frac{1}{\sqrt{\pi}}\mathrm{e}^{-x^2+2x-1}, \quad (-\infty<x<+\infty)$$

则 $E(X)=$ ____, $D(X)=$ ____.

2. 设随机变量 X 的分布律为 $P(X=k)=\dfrac{c}{k!}$, $k=0, 1, 2, \cdots$, 则 $E(X^2)=$ _____.

3. 设随机变量 X 的概率密度为

$$f(x)=\begin{cases} kx^\alpha, & 0<x<1, \\ 0, & \text{其他.} \end{cases} \quad (k, \alpha>0)$$

又 $E(X)=\dfrac{3}{4}$, 则 $k=$ _____, $\alpha=$ _____.

二、选择题

1. 设随机变量 X 与 Y 不相关，且 $E(X)=2$, $E(Y)=1$, $D(x)=3$, 则 $E[X(X+Y-2)]=$ _____.

(A) -3 　　　　(B) 3 　　　　(C) -5 　　　　(D) 5

2. 设随机变量 X 与 Y 相互独立，且 $E(X)$, $E(Y)$ 存在，记 $U=\max\{X, Y\}$, $V=\min\{X, Y\}$, 则 $E(UV)=$ _____.

(A) $E(U)\cdot E(V)$ 　　　　　　　　(B) $E(X)\cdot E(Y)$

(C) $E(U)\cdot E(Y)$ 　　　　　　　　(D) $E(X)\cdot E(V)$

3. 将长度为 1 的木棒随机截成两段，则两段长度的相关系数为 _____.

(A) 1 　　　　(B) $\dfrac{1}{2}$ 　　　　(C) $-\dfrac{1}{2}$ 　　　　(D) -1

4. 设随机变量 X 服从正态分布 $N(0, 1)$，对给定 $\alpha(0<\alpha<1)$ 的数 z_α, 满足 $P(X>z_\alpha)=\alpha$, 若 $P(|X|<x)=\alpha$, 则 x 等于 _____.

(A) $z_{\frac{\alpha}{2}}$ 　　　　(B) $z_{1-\frac{\alpha}{2}}$ 　　　　(C) $z_{\frac{1-\alpha}{2}}$ 　　　　(D) $z_{1-\alpha}$

三、解答题

1. 设随机变量 X 的分布律为

X	0	2	6
P	$\dfrac{3}{12}$	$\dfrac{4}{12}$	$\dfrac{5}{12}$

求 $E(X)$, $E[\ln(X+2)]$.

2. 设二维随机变量 (X, Y) 的分布律为

X／Y	1	2	3	4	5
1	$\frac{1}{12}$	$\frac{1}{24}$	0	$\frac{1}{24}$	$\frac{1}{30}$
2	$\frac{1}{24}$	$\frac{1}{24}$	$\frac{1}{24}$	$\frac{1}{24}$	$\frac{1}{30}$
3	$\frac{1}{12}$	$\frac{1}{24}$	$\frac{1}{24}$	0	$\frac{1}{30}$
4	$\frac{1}{12}$	0	$\frac{1}{24}$	$\frac{1}{24}$	$\frac{1}{30}$
5	$\frac{1}{24}$	$\frac{1}{24}$	$\frac{1}{24}$	$\frac{1}{24}$	$\frac{1}{30}$

求 $E(X)$，$D(X)$，$E(Y)$，$D(Y)$，ρ_{XY}.

3. 设随机变量 X 的分布函数为

$$F(x)=\begin{cases} 0, & x<0 \\ x^3, & 0\leqslant x\leqslant 1 \\ 1, & x>1 \end{cases}$$

求 $E(X)$.

4. 设随机变量 X 的概率密度为

$$f(x)=\begin{cases} \dfrac{1}{2}\cos\dfrac{x}{2}, & 0\leqslant x\leqslant \pi \\ 0, & \text{其他} \end{cases}$$

对 X 独立重复观察 4 次，用 Y 表示观察值大于 $\frac{\pi}{3}$ 的次数，试求 $E(Y^2)$.

5. 设随机变量 X 的概率密度为

$$f(x)=\begin{cases} a+bx^2, & 0<x<1 \\ 0, & \text{其他} \end{cases}$$

已知 $E(X)=\dfrac{3}{5}$，求 $D(X)$.

6. 设随机变量 X 与 Y 的联合分布律为下图：

X／Y	0	1	2
0	$\frac{1}{4}$	0	$\frac{1}{4}$
1	0	$\frac{1}{3}$	0
2	$\frac{1}{12}$	0	$\frac{1}{12}$

(1) 求 $P(X=2Y)$；(2) $\text{Cov}(X-Y, Y)$.

7. 设 (X, Y) 的概率密度为

$$f(x, y) = \begin{cases} 12y^2, & 0 \leqslant y \leqslant x \leqslant 1 \\ 0, & \text{其他} \end{cases}$$

求：(1) $E(X)$, $E(Y)$；(2) $E(XY)$；(3) $E(X^2 + Y^2)$.

8. 二维随机变量 (X, Y) 的概率密度

$$f(x, y) = \begin{cases} \dfrac{1}{\pi}, & x^2 + y^2 \leqslant 1 \\ 0, & \text{其他} \end{cases}, \text{试问：}$$

(1) X 与 Y 是否相互独立？(2) X 与 Y 是否相关？

9. 从学校乘汽车到火车站的途中有 3 个交通站岗，假设在各交通岗遇到红灯的事件是相互独立的，且概率均为 $\dfrac{2}{5}$，设 X 为途中遇到红灯的次数，求随机变量 X 的分布律、分布函数和数学期望.

10. 一台设备由三大部件构成，在设备运转中各部件需要调整的概率分别为 0.10, 0.20 和 0.30，假设各部件的状态相互独立，以 X 表示需要调整部件数，试求 $E(X)$ 和 $D(X)$.

11. 设随机变量 X 的概率密度为

$$f(x) = \frac{1}{2} e^{-|x|}, \quad (-\infty < x < \infty)$$

(1) 求 X 与 $|X|$ 的协方差，判断 X 与 $|X|$ 是否相关？

(2) 判断 X 与 $|X|$ 是否独立，并说明你的理由.

12. 将 n 个球(标号为 $1, 2, \cdots, n$)随机地放进 n 个盒子(标号为 $1, 2, \cdots, n$)中去，一个盒子装一个球. 将一个球装入与球同号的盒子中，称为一个配对，记 X 为总的配对数，求 $E(X)$.

13. 标号为 $1, 2, 3, 4$ 的四个袋子中均有 3 个白球，2 个黑球，先从 $1, 2, 3$ 号袋中任取一球放入 4 号袋，记 4 号袋中的白球数为 X，求 $E(X)$.

14. 已知随机变量 X 与 Y 分别服从正态分布 $N(1, 3^2)$ 和 $N(0, 4^2)$，且 X, Y 的相关系数 $\rho_{XY} = -\dfrac{1}{2}$，设 $Z = \dfrac{X}{3} + \dfrac{Y}{2}$.

(1) 求 Z 的数学期望及方差；(2) 求 X, Z 的相关系数 ρ_{XZ}.

第四章　大数定律与中心极限定理

概率论的基本任务是研究随机现象的统计规律性. 引进随机变量之后, 我们集中研究了随机变量取值的统计规律性. 在一个具体问题中, 这种统计规律性往往需要通过大量的重复观测来揭示, 对大量的重复观测作数学处理的常用方法是研究极限. 极限定理既是概率论的理论基础, 又是数理统计的基石. 极限定理的内容主要有两类:大数定律和中心极限定理, 大数定律揭示了随机变量序列的算术平均值具有稳定性;中心极限定理是描述随机变量的和的极限分布为正态分布的一类定理.

第一节　大　数　定　律

在第一章中, 曾经提到频率的稳定性. 设随机事件 A 的概率 $P(A)=p$, 在 n 重伯努利试验中事件 A 发生的频率为 $f_n(A)$. 当 n 很大时, $f_n(A)$ 将与 p 非常接近. 自然地, 可以用极限概念来描述这种稳定性. 但这里并不能简单地使用高等数学中数列的极限, 因为 $f_n(A)$ 本质上是一个随机变量, 它随着试验次数 n 的不同, 可能取不同的值. 这就需要对随机变量序列引进新的收敛性定义.

定义 1　设 $X_1, X_2, \cdots, X_n, \cdots$ 是一个随机变量序列. 如果存在一个常数 a, 使得对任意 $\varepsilon > 0$ 总有

$$\lim_{n \to \infty} P(|X_n - a| < \varepsilon) = 1$$

那么, 称随机变量序列 $X_1, X_2, \cdots, X_n, \cdots$ 依概率收敛于 a, 记作 $X_n \xrightarrow{P} a$.

依概率收敛性的直观意义是, 当 n 足够大时, 随机变量 X_n 几乎总是取接近于常数 a 的值. 利用对立事件的概率计算公式, 依概率收敛也可以等价地表示成

$$\lim_{n \to \infty} P(|X_n - a| \geqslant \varepsilon) = 0$$

有了依概率收敛的定义, 我们就可以介绍大数定律. 先来看切比雪夫大数定律:

定理 1（切比雪夫大数定律）　设 $X_1, X_2, \cdots, X_n, \cdots$ 是两两相互独立的随机变量序列, 方差均存在. 如果存在常数 c, 使得 $D(X_i) \leqslant c$, $i = 1, 2, \cdots$, 那么

$$\frac{1}{n} \sum_{i=1}^{n} X_i \xrightarrow{P} \frac{1}{n} \sum_{i=1}^{n} E(X_i)$$

证　由数学期望的性质有

$$E\left(\frac{1}{n} \sum_{i=1}^{n} X_i\right) = \frac{1}{n} \sum_{i=1}^{n} E(X_i)$$

因为 $X_1, X_2, \cdots, X_n, \cdots$ 两两相互独立, 所以

$$D\left(\frac{1}{n} \sum_{i=1}^{n} X_i\right) = \frac{1}{n^2} \sum_{i=1}^{n} D(X_i) \leqslant \frac{1}{n^2} \sum_{i=1}^{n} c = \frac{c}{n}$$

由切比雪夫不等式可得，对任意的 $\varepsilon > 0$，有

$$P\left(\left|\frac{1}{n}\sum_{i=1}^{n}X_i - \frac{1}{n}\sum_{i=1}^{n}E(X_i)\right| < \varepsilon\right) \geqslant 1 - \frac{1}{\varepsilon^2}D\left(\frac{1}{n}\sum_{i=1}^{n}X_i\right) \geqslant 1 - \frac{c}{n\varepsilon^2}$$

令 $n \to \infty$，有

$$\lim_{n\to\infty}P\left(\left|\frac{1}{n}\sum_{i=1}^{n}X_i - \frac{1}{n}\sum_{i=1}^{n}E(X_i)\right| < \varepsilon\right) = 1$$

在定理 1 中，如果 $E(X_i) = \mu$，$i = 1, 2, \cdots$ 那么，切比雪夫大数定律可以表达成

$$\frac{1}{n}\sum_{i=1}^{n}X_i \xrightarrow{P} \mu$$

定理 1 中要求随机变量 $X_1, X_2, \cdots, X_n, \cdots$ 的方差存在，但在这些随机变量服从相同分布的场合，并不需要这一条件. 在独立同分布情形下的大数定律（即辛钦大数定律）中，辛钦证明了即使随机变量 X_i 的方差不存在，结论依然成立. 我们不作证明，提供以下定理.

定理 2 （辛钦大数定律）设 $X_1, X_2, \cdots, X_n, \cdots$ 是相互独立同分布的随机变量序列，且 X_i 的数学期望存在，$E(X_i) = \mu$，$i = 1, 2, \cdots$，那么

$$\frac{1}{n}\sum_{i=1}^{n}X_i \xrightarrow{P} \mu$$

上述大数定律的直观含义是，如果我们对一个随机变量重复独立地观测 n 次（例如对某个物体的未知重量作 n 次测量），得到 n 个观测值 $x_1, x_2, \cdots, x_n$，那么，只要 n 足够大，$\frac{1}{n}\sum_{i=1}^{n}X_i$ 与这个随机变量的期望相差无几.

前面解释的频率稳定性可以用下列大数定律来表达.

定理 3（伯努利大数定律） 假设 n_A 是 n 重伯努利试验中事件 A 发生的次数，在每次试验中事件 A 发生的概率为 $p(0 < p < 1)$，那么 $\frac{n_A}{n} \xrightarrow{P} p$.

证 令

$$X_i = \begin{cases} 1, & \text{若 } A \text{ 在第 } i \text{ 次试验中发生}, \\ 0, & \text{若 } A \text{ 在第 } i \text{ 次试验中不发生}, \end{cases} \quad i = 1, 2, \cdots$$

则 $X_1, X_2, \cdots, X_n, \cdots$ 是相互独立的同服从于 $B(1, p)$ 分布的随机变量，

$$E(X_i) = p, D(X_i) = p(1-p), \quad i = 1, 2, \cdots$$

且

$$n_A = X_1 + X_2 + \cdots + X_n = \sum_{i=1}^{n}X_i$$

故由定理 1 有

$$\lim_{n\to\infty}P\left(\left|\frac{n_A}{n} - p\right| < \varepsilon\right) = \lim_{n\to\infty}P\left(\left|\frac{1}{n}\sum_{i=1}^{n}X_i - p\right| < \varepsilon\right) = 1$$

伯努利大数定律是伯努利 1713 年公布的研究结果. 他以严格的数学形式表达了频率的稳定性，即当 n 充分大时，事件发生的频率与概率有较大偏差的可能性能任意的小. 这是概率论中用事件发生的频率来作为事件的概率的近似值的理论基础.

┌─────────────┐
│ 习题 **4. 1** │
└─────────────┘

1. 设 X_1，X_2，$\cdots$，X_n，$\cdots$是独立同分布的随机变量序列，且假设 $E(X) = 2$，$D(X) = 6$，证明：

$$\frac{X_1^2 + X_2 X_3 + X_4^2 + X_5 X_6 + \cdots + X_{3n-1}^2 + X_{3n-1} X_{3n}}{n} \to a，n \to \infty$$

并确定常数 a 的值.

2. 设 X_1，X_2，$\cdots$，X_n，$\cdots$是独立同分布的随机变量序列，其共同分布为

$$P\left(X_n = \frac{2^k}{k^2}\right) = \frac{1}{2^k}，k = 1，2，\cdots$$

证明：$\{X_n\}$ 服从大数定律.

3. 设 X_1，X_2，$\cdots$，X_n，$\cdots$是独立同分布的随机变量序列，其概率密度函数为 $f(x)$，试问序列$\{X_n\}$是否一定满足切比雪夫大数定律？

4. 设 X_1，X_2，$\cdots$，X_n，$\cdots$是独立同分布的随机变量序列，其分布律为 $P(X_i = 2^{i-2\ln i}) = 2^{-i}$，$i = 1，2，\cdots$，证明：序列$\{X_n\}$服从辛钦大数定律.

第二节　中心极限定理

在客观实际中有许多随机变量，它们是由大量的相互独立的随机因素的综合影响所形成的，而其中每一个个别因素在总的影响中所起的作用都是微小的. 这种随机变量往往近似地服从正态分布. 这种现象就是中心极限定理的客观背景. 本节只介绍两个常用的中心极限定理.

定理 1（独立同分布的中心极限定理）　设 X_1，X_2，$\cdots$，X_n，$\cdots$是一个独立同分布的随机变量序列，且 $E(X_i) = \mu$，$D(X_i) = \sigma^2 > 0$，$i = 1，2，\cdots$那么

$$\lim_{n \to \infty} P\left(\frac{\frac{1}{n}\sum_{i=1}^{n} X_i - \mu}{\sigma/\sqrt{n}} \leqslant x\right) = \lim_{n \to \infty} P\left(\frac{\sum_{i=1}^{n} X_i - n\mu}{\sqrt{n}\sigma} \leqslant x\right) = \frac{1}{\sqrt{2\pi}} \int_{-\infty}^{x} e^{-\frac{t^2}{2}} dt = \Phi(x)$$

定理 1 也称为林德贝格-列维（Linderberg-Levy）中心极限定理，它表明，当 n 充分大时，n 个具有期望和方差的独立同分布的随机变量之和近似服从正态分布. 因此，定理 1 告诉我们，不论 X_1，X_2，$\cdots$，X_n 服从什么分布，当 n 充分大时，总可以近似地认为

$$\frac{\frac{1}{n}\sum_{i=1}^{n} X_i - \mu}{\sigma/\sqrt{n}} \overset{\text{近似}}{\sim} N(0，1)$$

或者有等价的结论：

$$\frac{\sum\limits_{i=1}^{n} X_i - n\mu}{\sqrt{n}\sigma} \underset{\sim}{\text{近似}} N(0, 1)$$

例1　某商店出售某种贵重商品. 根据经验, 该商品每周销售量服从参数为 $\lambda=1$ 的泊松分布. 假定各周的销售量是相互独立的. 计算该商店一年内(52周)售出的该商品件数在52件到70件之间的概率.

解　以 X_i 记第 i 周的销售量, $i=1, 2, \cdots, 52$, 则

$$E(X_i)=1, D(X_i)=1$$

由中心极限定理

$$\frac{\sum\limits_{i=1}^{n} X_i - n\mu}{\sqrt{n}\sigma} = \frac{\sum\limits_{i=1}^{52} X_i - 52}{\sqrt{52}} \underset{\sim}{\text{近似}} N(0, 1)$$

则

$$P(52 \leqslant \sum\limits_{i=1}^{52} X_i \leqslant 70) = P\left(\frac{52-52}{\sqrt{52}} \leqslant \frac{\sum\limits_{i=1}^{52} X_i - 52}{\sqrt{52}} \leqslant \frac{70-52}{\sqrt{52}} \right)$$

$$= P\left(0 \leqslant \frac{\sum\limits_{i=1}^{52} X_i - 52}{\sqrt{52}} \leqslant 2.50 \right) \approx \Phi(2.50) - \Phi(0) = 0.4938$$

例2　根据以往经验某种元件的寿命服从均值为100小时的指数分布, 现随机地取100个, 设它们的寿命是相互独立的. 求这100个元件的平均寿命大于120小时的概率.

解　以 X_i 记第 i 个元件的寿命, $i=1, 2, \cdots, 100$, 则

$$E(X_i) = 100, D(X_i) = 100^2$$

由中心极限定理

$$\frac{\frac{1}{n}\sum\limits_{i=1}^{n} X_i - \mu}{\sigma/\sqrt{n}} = \frac{\frac{1}{100}\sum\limits_{i=1}^{100} X_i - 100}{100/\sqrt{100}} \underset{\sim}{\text{近似}} N(0, 1)$$

则

$$P\left(\frac{1}{100}\sum\limits_{i=1}^{100} X_i > 120 \right) = P\left(\frac{\frac{1}{100}\sum\limits_{i=1}^{100} X_i - 100}{10} > \frac{120-100}{10} \right)$$

$$= P\left(\frac{\frac{1}{100}\sum\limits_{i=1}^{100} X_i - 100}{10} > 2 \right)$$

$$\approx 1 - \Phi(2) - 1 - 0.9772 = 0.0228$$

定理2　(棣莫佛–拉普拉斯定理)设 n_A 为 n 重贝努利试验中事件 A 出现的次数,

$p(0<p<1)$ 为事件 A 在每次试验中发生的概率，则对任意 x，有

$$\lim_{n\to\infty}P\left(\frac{n_A-np}{\sqrt{np(1-p)}}\leqslant x\right)=\int_{-\infty}^{x}\frac{1}{\sqrt{2\pi}}e^{-\frac{t^2}{2}}dt=\Phi(x)$$

证　令

$$X_k=\begin{cases}1,\text{若 }A\text{ 在第 }k\text{ 次试验中发生,}\\0,\text{若 }A\text{ 在第 }k\text{ 次试验中不发生,}\end{cases}\quad k=1,2,\cdots$$

则 $X_1,X_2,\cdots,X_n,\cdots$ 是相互独立而且服从于 $B(1,p)$ 分布的随机变量，

$$E(X_k)=p,\ D(X_k)=p(1-p),\ k=1,2,\cdots$$

且

$$n_A=\sum_{k=1}^{n}X_k$$

由定理 1 知，对任意 x，有

$$\lim_{n\to\infty}P\left(\frac{n_A-np}{\sqrt{np(1-p)}}\leqslant x\right)=\lim_{n\to\infty}P\left(\frac{\sum\limits_{k=1}^{n}X_k-np}{\sqrt{np(1-p)}}\leqslant x\right)=\int_{-\infty}^{x}\frac{1}{\sqrt{2\pi}}e^{-\frac{t^2}{2}}dt$$

定理 2 说明二项分布的极限分布是正态分布. 因此，当 n 充分大时，可利用正态分布来近似计算二项分布的概率. 棣莫佛-拉普拉斯中心极限定理可以写成如下的形式

$$P(k_1\leqslant n_A\leqslant k_2)=P\left(\frac{k_1-np}{\sqrt{np(1-p)}}\leqslant\frac{n_A-np}{\sqrt{np(1-p)}}\leqslant\frac{k_2-np}{\sqrt{np(1-p)}}\right)$$

$$\approx\int_{\frac{k_1-np}{\sqrt{np(1-p)}}}^{\frac{k_2-np}{\sqrt{np(1-p)}}}\frac{1}{\sqrt{2\pi}}e^{-\frac{t^2}{2}}dt$$

$$=\Phi\left(\frac{k_2-np}{\sqrt{np(1-p)}}\right)-\Phi\left(\frac{k_1-np}{\sqrt{np(1-p)}}\right)$$

其中，$\Phi(x)$ 是标准正态分布函数.

例 3　某计算网络有 120 个终端，每个终端有 10% 的时间在使用. 若各个终端使用与否相互独立，试问有 20 个或更多终端在使用的概率为多大.

解　以 X 记 120 个终端中在使用的终端个数，则 $X\sim B(120,0.1)$，

$$E(X)=12,\ D(X)=10.8$$

由中心极限定理

$$\frac{X-12}{\sqrt{10.8}}\underset{\sim}{\text{近似}}N(0,1)$$

则

$$P(X\geqslant20)=1-P\left(\frac{X-12}{\sqrt{10.8}}<\frac{20-12}{\sqrt{10.8}}\right)\approx1-\Phi(2.43)=0.0075$$

习题 4.2

1. 已知某厂生产的晶体管的寿命服从均值 100 小时的指数分布. 现在从该厂生产的产品中随机地抽取 64 只. 试求这 64 只晶体管的寿命总和超过 7000 小时的概率. 假定这些晶体管的寿命是相互独立的.

2. 为了测定一台机床的重量，把它分解成若干部件来称量. 假定每个部件的称量误差（单位：千克）服从区间 $(-2, 2)$ 上的均匀分布. 试问：最多可以把这台机床分解成多少个部件，才能以不低于 99% 的概率保证总重量误差的绝对值不超过 10 千克.

3. 已知男孩的出生率为 51.5%. 试求刚出生的 10 000 个婴儿中男孩个数多于女孩的概率.

4. 报童沿街向行人兜售报纸. 设每位行人买报的概率为 0.2. 且他们买报与否是相互独立的. 试求：报童在向 100 位行人兜售之后，卖掉 15～30 份报纸的概率.

5. 某厂有 200 台车床，每台车床的开工率仅为 0.1. 设每台车床开工与否是相互独立的，假定每台车床开工时需要 50 千瓦电力. 试问：供电局至少应该提供该厂多少电力，才能以不低于 99.9% 的概率保证该厂不会因供电不足而影响生产.

总习题四

一、选择题

1. 设 $X_1, X_2, \cdots, X_n, \cdots$ 为独立同分布的随机变量序列，且均服从参数为 $\lambda\ (\lambda > 1)$ 的指数分布，记 $\Phi(x)$ 为标准正态分布函数，则有_____.

(A) $\lim\limits_{n \to \infty} P\left\{ \dfrac{\sum\limits_{i=1}^{n} X_i - n\lambda}{\lambda \sqrt{n}} \leqslant x \right\} = \Phi(x)$ (B) $\lim\limits_{n \to \infty} P\left\{ \dfrac{\sum\limits_{i=1}^{n} X_i - n\lambda}{\sqrt{n\lambda}} \leqslant x \right\} = \Phi(x)$

(C) $\lim\limits_{n \to \infty} P\left\{ \dfrac{\lambda \sum\limits_{i=1}^{n} X_i - n}{\sqrt{n}} \leqslant x \right\} = \Phi(x)$ (D) $\lim\limits_{n \to \infty} P\left\{ \dfrac{\sum\limits_{i=1}^{n} X_i - \lambda}{\lambda \sqrt{n}} \leqslant x \right\} = \Phi(x)$

2. 设随机变量 $X_1, X_2, \cdots, X_n$ 相互独立，$S_n = X_1 + X_2 + \cdots + X_n$，根据林德贝格-列维中心极限定理，当 n 充分大时，S_n 近似服从正态分布，只要 $X_1, X_2, \cdots, X_n$ _____.

(A) 有相同的数学期望 (B) 有相同的方差

(C) 服从同一指数分布 (D) 服从同一离散分布

二、解答题

1. 某彩电公司每月生产 20 万台背投彩电，次品率为 0.0005. 检验时每台次品未被查出的概率为 0.01. 试用中心极限定理，求检验后出厂的彩电中次品数超过 3 台的概率.

2. 学校食堂出售盒饭，共有 4 元、4.5 元、5 元三种价格. 出售哪一种盒饭是随机的，售出三种价格盒饭的概率分别为 0.3，0.2，0.5. 已知某天共售出 200 盒，试用中心极限定理，求这天收入在 910 元至 930 元之间的概率.

3. 抽样检查产品质量时，如果发现次品多于 10 个，则拒绝接受这批产品，设某批产品次品率为 10%，问至少应抽取多少个产品检查才能保证拒绝接受该产品的概率达到 0.9？

4. 某校共有 4900 个学生，已知每天晚上每个学生到阅览室去学习的概率为 0.1，问阅览室要准备多少个座位，才能以 99％ 的概率保证每个去阅览室的学生都有座位？

第五章　数理统计的基本概念

　　前面四章的内容属于概率论的范畴. 我们已经知道, 随机现象是通过随机变量来描述的, 而要完全把握一个随机变量就必须知道它的概率分布(分布律、概率密度函数或分布函数), 进而可以得到它的数字特征(数学期望、方差等). 那么, 怎样才能知道一个随机变量的概率分布呢? 在实际应用中, 这是一个非常重要的问题, 也是数理统计理论着力解决的核心问题.

　　例如, 要衡量一批灯泡的质量, 若规定使用寿命不超过 1000 小时者为次品, 那么确定这批灯泡的次品率的问题可归结为确定灯泡寿命 X 这个随机变量的分布函数 $F(x)$. 若已求得 $F(x)$, 则 $P(X \leqslant 1000) = F(1000)$ 就是所求的次品率. 若未知 $F(x)$, 就必须对每只灯泡的使用寿命进行测量, 但这是不允许的, 因为寿命试验是破坏性的, 一旦我们获得试验的所有结果, 这批灯泡也就报废了. 通常我们只能从整批灯泡中选取部分灯泡做寿命试验并记录其结果, 然后根据这组数据来推断整批灯泡的寿命情况, 以解决所提出的问题.

　　再如一批袋装食盐共 10 万袋, 要了解它的重量情况, 虽然逐一称重不会造成损坏, 但是称重需耗费大量的人力、物力和时间. 所以, 也只能选取一部分进行称重, 然后分析所得的结果, 以了解整批袋装食盐的重量情况.

　　由上可知, 解决这类问题的基本思想是从所研究对象的全体中抽取一小部分来进行观察和研究, 从而对整体进行推断, 也就是从局部来推断整体. 由于局部是整体的一部分, 所以局部的特性在某种程度上应能反映整体的特征, 但又不能完全准确无误地反映整体的特性. 因此一方面就存在着如何从整体中抽出一小部分、抽多少、怎样抽的问题, 这就涉及抽样方法与试验设计的问题; 另一方面还要研究如何合理地分析抽查的结果, 并作出科学的推断, 这就涉及数据处理问题, 即所谓的统计推断问题. 对上述两类随机数学方面的问题的研究构成了数理统计的基本内容.

　　数理统计和概率论一样, 都是研究大量随机现象统计规律性的, 但它们的研究方法不尽相同. 一般认为, 数理统计是以概率论为理论基础, 研究如何有效地收集、整理和分析受到随机性影响的数据, 并对所考察的问题作出推断或预测, 直至为采取决策和行动提供依据和建议.

　　数理统计研究的内容随着生产和科学技术的不断发展而逐步扩大, 新的理论与方法也在不断涌现. 在本书中我们仅仅介绍数理统计的一些基础内容, 着重讨论与统计推断有关的理论与方法, 主要包括抽样分布、参数估计、假设检验等.

　　本章介绍总体、样本、经验分布函数及统计量等基本概念, 并着重介绍抽样分布及后面几章经常要用到的几个重要定理.

第一节 总 体 与 样 本

一、总体与个体

数理统计中把研究对象的全体称为总体(或母体),而把构成总体的每个成员称为个体. 例如,在研究某批灯泡的平均寿命时,该批灯泡的全体就组成了总体,而其中每个灯泡就是个体;又如在研究某大学学生的身高和体重情况时,该大学的全体学生构成了总体,而其中每个学生就是个体. 事实上,每个学生有许多特征,如性别、年龄、民族、籍贯等,而在该研究中,我们关心的只是学生的身高和体重,对其他特征不予考虑.

在统计问题的研究中,我们关心的不是每个个体的种种具体特征,而是它的某一项或某几项数量指标 X(可以是向量)和该数量指标的分布状况. 在上述例子中,X 表示灯泡的寿命或大学生的身高和体重. 这样一来,若抛开实际背景,总体就是一批数据,这批数据的数据量有大有小,有的数据出现次数多,有的数据出现次数少,因此用一个概率分布来描述和归纳总体是合理的. 从这个意义上看,可以把总体看作一个分布,而其数量指标就是服从这个分布的随机变量. 由于我们关心的正是这个数量指标,因此以后提到总体总是指具有一定概率分布的随机变量,用 X 表示. 所谓总体的分布也就是指随机变量 X 的分布.

总体作为一个随机变量有一维与多维、离散型与连续型之分. 从集合角度来看,只含有限个个体的总体,称为有限总体,否则称为无限总体. 为了计算和讨论的方便,当所含个体数量很大时,有限总体也可以看成是无限总体. 本章将以无限总体作为主要研究对象.

二、抽样与样本

在实际问题中,人们事先并不知道总体服从的分布. 为了推断总体的分布,需要按一定的规则,从总体中抽取若干个个体进行观测或试验,这个过程称为抽样. 为了保证抽取的部分能够较好地反映总体的特性,从理论上讲,抽取方法必须满足两个基本要求:

(1)随机性. 即总体中每个个体被抽到的机会是均等的(等可能性).

(2)独立性. 即每次抽取的结果既不影响其他各次的抽取结果,也不受其他各次抽取结果的影响.

这种随机、独立的抽取方式称为简单随机抽样,简称为随机抽样或抽样. 对总体采用有放回抽样就是简单随机抽样;对有限总体进行不放回抽样,就不是简单随机抽样. 当个体的总数 N 比要得到的样本的容量 n 大得多(一般 $\frac{N}{n} \geqslant 10$)时,可以将不放回抽样近似地当作有放回抽样来处理. 下面所述的抽样如无特别说明均指简单随机抽样.

对总体 X 进行 n 次抽样观测,我们就得到总体 X 的 n 个观测值 $x_1, x_2, \cdots, x_n$,其中 x_i 为第 i 次抽样观测的结果. 由于抽样的随机性和独立性,如果再抽取 n 次,则会得到另外一组观测值. 反复进行这一操作,将会得到许多组不同观测值. 可见,就某一次抽样而言,观测值 $x_1, x_2, \cdots, x_n$ 是一组确定的实数,同时它又随着每一次抽样观测发生变化. 因而从数学上可以将 n 次抽样与 n 个随机变量 $X_1, X_2, \cdots, X_n$ 对应起来,称 $X_1, X_2, \cdots, X_n$

为来自总体 X 的**样本**. n 次抽样所得结果称为随机变量 X_1，X_2，$\cdots$，X_n 的观测值，称为**样本值**. 观测次数 n 称为**样本容量**.

抽样的随机性和独立性意味着样本中的分量 X_1，X_2，$\cdots$，X_n 是相互独立的随机变量，而且与总体 X 同分布. 若总体 X 的分布函数为 $F(x)$，则样本 X_1，X_2，$\cdots$，X_n 的联合分布函数为 $F^*(x_1, x_2, \cdots, x_n) = \prod\limits_{i=1}^{n} F(x_i)$；若总体 X 具有概率密度 $f(x)$，则样本 X_1，X_2，$\cdots$，X_n 的联合概率密度为 $f^*(x_1, x_2, \cdots, x_n) = \prod\limits_{i=1}^{n} f(x_i)$；若总体 X 为离散型随机变量，则样本 X_1，X_2，$\cdots$，X_n 的联合分布律为 $P(X_1 = x_1, X_2 = x_2, \cdots, X_n = x_n) = \prod\limits_{i=1}^{n} P(X_i = x_i)$.

例 1　设 X_1，X_2，$\cdots$，X_n 为来自总体 $N(\mu, \sigma^2)$ 的一个样本，则 X_1，X_2，$\cdots$，X_n 的联合概率密度函数为

$$f^*(x_1, x_2, \cdots, x_n) = \frac{1}{(\sqrt{2\pi}\sigma)^n} \exp\left[-\frac{1}{2\sigma^2} \sum_{i=1}^{n} (x_i - \mu)^2\right]$$

例 2　设某种电灯泡的寿命 X 服从指数分布，其概率密度为

$$f(x) = \begin{cases} \lambda e^{-\lambda x}, & x \geqslant 0 \\ 0, & x < 0 \end{cases}$$

则来自这一总体的简单随机样本 X_1，X_2，$\cdots$，X_n 的联合概率密度函数为

$$f^*(x_1, x_2, \cdots, x_n) = \begin{cases} \lambda^n e^{-\lambda \sum\limits_{i=1}^{n} x_i}, & x_i \geqslant 0 (i = 1, 2, \cdots, n) \\ 0, & \text{其他} \end{cases}$$

例 3　考察某厂的产品质量，将产品分为合格品与不合格品两类，并以"0"表示合格品，以"1"表示不合格品，则总体 X 服从 $(0-1)$ 分布：

$$P(X = x) = p^x (1-p)^{1-x}, \quad (x = 0, 1)$$

其中 p 为不合格品率，则来自这一总体的简单随机样本 X_1，X_2，$\cdots$，X_n 的联合分布律为

$$P(X_1 = x_1, X_2 = x_2, \cdots, X_n = x_n) = \prod_{i=1}^{n} P(X_i = x_i) = p^{\sum\limits_{i=1}^{n} x_i} (1-p)^{n - \sum\limits_{i=1}^{n} x_i}$$

$$(x_i = 0, 1; \ i = 1, 2, \cdots, n)$$

三、经验分布函数

若总体的分布(也称理论分布)已知，则样本的联合分布可以确定，实际问题中总体的分布往往是未知的. 数理统计就是要考虑如何由样本来推断总体的分布. 为此引入经验分布的概念.

定义 1　设总体 X 的样本观测值为 x_1，x_2，$\cdots$，x_n，将这些值按从小到大的顺序排列为 $x_{(1)} \leqslant x_{(2)} \leqslant \cdots \leqslant x_{(n)}$，作函数

$$F_n(x) = \begin{cases} 0, & x < x_{(1)} \\ \dfrac{k}{n}, & x_{(k)} \leqslant x < x_{k+1}, \ k = 1, 2, \cdots, n-1 \\ 1, & x_{(n)} \leqslant x \end{cases}$$

称 $F_n(x)$ 为总体 X 的经验分布函数(也称样本分布函数).

经验分布函数 $F_n(x)$ 依赖于样本观测值,对每一个固定的 x,$F_n(x)$ 是该组观测值中随机事件 $(X \leqslant x)$ 发生的频率.

$F_n(x)$ 的图形呈跳跃上升的阶梯形,如图 5.1 所示.它具有以下性质:

(1) $0 \leqslant F_n(x) \leqslant 1$,$\lim\limits_{x \to -\infty} F_n(x) = 0$,$\lim\limits_{x \to +\infty} F_n(x) = 1$;

(2) $F_n(x)$ 是单调不减函数;

(3) $F_n(x)$ 右连续.

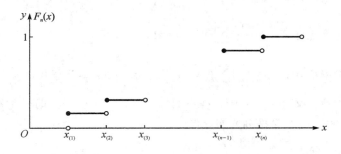

图 5.1 经验分布函数

由大数定律可知,事件发生的频率依概率收敛于这个事件发生的概率.那么,当 n 足够大时,事件 $(X \leqslant x)$ 发生的频率是否接近事件 $(X \leqslant x)$ 发生的概率呢?换句话,当 n 足够大时,是否可以用总体 X 的经验分布函数 $F_n(x)$ 估计总体的分布函数 $F(x)$ 呢?格列汶科(Glivenko)于 1933 年从理论上严格证明了以下的结论:

定理 1 设总体 X 的理论分布函数为 $F(x)$,经验分布函数为 $F_n(x)$,则

$$P\left\{ \lim_{n \to \infty} \sup_{-\infty < x < \infty} |F_n(x) - F(x)| = 0 \right\} = 1$$

该定理表明,当样本容量 n 足够大时,对一切实数 x,总体 X 的经验分布函数 $F_n(x)$ 与它的理论分布函数 $F(x)$ 之间差异的最大值也会足够小.即 n 相当大时,$F_n(x)$ 是 $F(x)$ 的很好近似,而 $F_n(x)$ 可由样本观测值得到.这就是数理统计中用样本估计来推断总体的重要理论根据.

四、统计量

样本是进行统计分析和统计推断的依据,但是样本往往是一堆"杂乱无章"的原始数据,不经过一定的整理、加工和提炼,很难从样本中直接获得有用的信息.数表和图是一类加工形式,可以帮助人们获得对总体的初步认识.如果要从样本中获得对总体各种参数的认识,最常用的加工方法是构造样本的某个函数,即统计量.

定义 2 设 $X_1, X_2, \cdots, X_n$ 为取自总体 X 的样本,$g(X_1, X_2, \cdots, X_n)$ 是 $X_1, X_2, \cdots, X_n$ 的函数,如果 g 中不包含任何未知参数,则称 $g(X_1, X_2, \cdots, X_n)$ 为统计量.设 $x_1, x_2, \cdots, x_n$ 是样本的观测值,则称 $g(x_1, x_2, \cdots, x_n)$ 是统计量 $g(X_1, X_2, \cdots, X_n)$ 的观测值.

按照这一定义,若 X_1, X_2, X_3 为取自正态总体 $N(\mu, \sigma^2)$ 的样本,其中,μ 已知而 σ^2 未知,则 $X_1 + \mu$,$\dfrac{1}{3}(X_1 + X_2 + X_3)$,$\min(X_1, X_2, X_3)$ 都是统计量,但 $\dfrac{X_1 - \mu}{\sigma}$,$\dfrac{1}{\sigma^2}(X_1 + X_2 + X_3)$ 都不是统计量.

下面给出几个在数理统计中常用的统计量. 设 X_1, X_2, $\cdots$, X_n 是来自总体 X 的样本，定义如下统计量：

(1) **样本均值**（或一阶原点矩）：$\overline{X} = \dfrac{1}{n} \sum\limits_{i=1}^{n} X_i$；

(2) **样本方差**：$S^2 = \dfrac{1}{n-1} \sum\limits_{i=1}^{n} (X_i - \overline{X})^2 = \dfrac{1}{n-1} \left(\sum\limits_{i=1}^{n} X_i^2 - n\overline{X}^2 \right)$；

样本标准差（或均方差）：$S = \sqrt{S^2} = \sqrt{\dfrac{1}{n-1} \sum\limits_{i=1}^{n} (X_i - \overline{X})^2}$；

(3) **样本 k 阶原点矩**：$A_k = \dfrac{1}{n} \sum\limits_{i=1}^{n} X_i^k$，$k = 1, 2, \cdots$；

(4) **样本 k 阶中心矩**：$B_k = \dfrac{1}{n} \sum\limits_{i=1}^{n} (X_i - \overline{X})^k$，$k = 1, 2, \cdots$；

(5) **顺序统计量**：设 x_1, x_2, $\cdots$, x_n 为样本 X_1, X_2, $\cdots$, X_n 的一个观测值，将各个分量 x_i 按由小到大的递增次序排列起来，得到

$$x_{(1)} \leqslant x_{(2)} \leqslant \cdots \leqslant x_{(n)}$$

定义 $X_{(k)}$ 取值为 $x_{(k)}$. 由此得到的 $X_{(1)}$, $X_{(2)}$, $\cdots$, $X_{(n)}$ 称为 X_1, X_2, $\cdots$, X_n 的顺序统计量. 其中，$X_{(1)} = \min(X_1, \cdots, X_n)$ 称为**最小顺序统计量**，$X_{(n)} = \max(X_1, \cdots, X_n)$ 称为**最大顺序统计量**.

将样本 X_1, X_n, $\cdots$, X_n 的观测值 x_1, x_2, $\cdots$, x_n 代入上述统计量，得到统计量的观测值，它们仍分别称为样本均值、样本方差、样本 k 阶原点矩及样本 k 阶中心矩等，记号分别改用小写字母，即

$$\overline{x} = \dfrac{1}{n} \sum\limits_{i=1}^{n} x_i; \quad s^2 = \dfrac{1}{n-1} \sum\limits_{i=1}^{n} (x_i - \overline{x})^2 = \dfrac{1}{n-1} \left(\sum\limits_{i=1}^{n} x_i^2 - n\overline{x}^2 \right);$$

$$a_k = \dfrac{1}{n} \sum\limits_{i=1}^{n} x_i^k, \ k = 1, 2, \cdots; \ b_k = \dfrac{1}{n} \sum\limits_{i=1}^{n} (x_i - \overline{x})^k, \ k = 1, 2, \cdots$$

例 4 从一批钢管中随机抽取 8 根，测得其长度（单位：cm）分别为

$$240, \ 243, \ 185, \ 230, \ 228, \ 196, \ 246, \ 200$$

求样本均值、样本方差及样本二阶原点矩.

解 样本均值为

$$\overline{x} = \dfrac{1}{8} \sum\limits_{i=1}^{8} x_i = \dfrac{1}{8} (240 + 243 + 185 + 230 + 228 + 196 + 246 + 200) = 221$$

样本方差为

$$s^2 = \dfrac{1}{8-1} \sum\limits_{i=1}^{8} (x_i - 221)^2 = \dfrac{1}{7} (19^2 + 22^2 + 36^2 + 9^2 + 7^2 + 25^2 + 25^2 + 21^2) = 566$$

样本二阶原点矩为

$$a_2 = \dfrac{1}{8} \sum\limits_{i=1}^{8} x_i^2 = \dfrac{1}{8} (240^2 + 243^2 + 185^2 + 230^2 + 228^2 + 196^2 + 246^2 + 200^2)$$

$$= 49336.25$$

> **习题 5.1**

1. 设总体服从泊松分布 $P(\lambda)$，$X_1, X_2, \cdots, X_n$ 为来自总体的样本，$\overline{X}, S^2$ 分别为样本均值与样本方差.

(1) 确定样本的联合分布律；

(2) 求 $E(\overline{X})$，$D(\overline{X})$，$E(S^2)$.

2. 设总体 X 具有分布函数 $F(x)$ 及概率密度函数 $f(x)$，$X_1, X_2, \cdots, X_n$ 为来自该总体的样本，求最小顺序统计量 $X_{(1)} = \min(X_1, \cdots, X_n)$ 及最大顺序统计量 $X_{(n)} = \max(X_1, \cdots, X_n)$ 的概率密度函数.

3. 设 $1, 2, 3, 1, 3$ 是来自总体 X 的容量为 5 的样本值，试由这批数据构造经验分布函数并作图.

4. 设 $x_1, x_2, \cdots, x_n$ 是来自总体 X 的一组样本观察值，$\overline{x}$ 为样本均值. 证明：

(1) $\sum\limits_{i=1}^{n} (x_i - \overline{x}) = 0$；

(2) 对任意常数 c，在形如 $\sum\limits_{i=1}^{n} (x_i - c)^2$ 的函数中，$\sum\limits_{i=1}^{n} (x_i - \overline{x})$ 最小.

第二节　抽　样　分　布

由概率知识可知，n 维随机变量 $(X_1, X_2, \cdots, X_n)$ 的函数 $g(X_1, X_2, \cdots, X_n)$ 是一个一维随机变量，统计量本质上是一维随机变量，这个一维随机变量往往包含了总体的重要信息. 理论上，只要知道了总体的分布就可以求出统计量的分布. 但在一般情况下，求统计量的精确分布相当困难. 统计推断就是希望通过统计量来推断总体的分布特征（分布类型、分布参数和数字特征等），并对推断的准确性与可信程度进行评价，这就必须知道统计量的分布，因此求统计量的分布是数理统计的关键问题. 统计量的分布又称为抽样分布.

数理统计中，许多统计推断基于正态总体的假设，以服从标准正态分布的随机变量为基石，可以构造出在理论和实际中应用广泛的三个著名统计量，由于这三个统计量不仅具有明确背景，而且其密度函数有明确的表达式，所以被称为数理统计中的"三大抽样分布".

一、χ^2 分布

定义 1　设随机变量 $X_1, X_2, \cdots, X_n$ 相互独立且均服从标准正态分布 $N(0,1)$，则称随机变量

$$\chi^2 = X_1^2 + X_2^2 + \cdots + X_n^2$$

服从自由度为 n 的 χ^2 分布，记为 $\chi^2 \sim \chi^2(n)$.

χ^2 分布中的自由度可以理解为平方和中独立随机变量的个数. $\chi^2(n)$ 分布的概率密度为

$$f(x) = \begin{cases} \dfrac{1}{2^{\frac{n}{2}} \Gamma(\frac{n}{2})} x^{\frac{n}{2}-1} e^{-\frac{x}{2}}, & x > 0 \\ 0, & x \leqslant 0 \end{cases}$$

χ^2 分布的概率密度图像随 n 取不同数值而不同，见图 5.2.

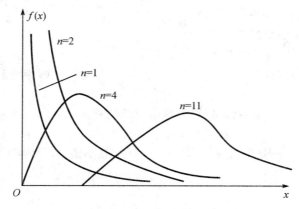

图 5.2　χ^2 分布的概率密度曲线

χ^2 分布密度函数中的 $\Gamma(x)$ 为伽玛（Gamma）函数，是含参数的广义积分

$$\Gamma(x) = \int_0^{+\infty} t^{x-1} e^{-t} dt, \ x > 0$$

一般求 Γ 函数值需查 Γ 函数表. 对自然数 n，有

$$\Gamma(n+1) = n!, \ \Gamma\left(n + \frac{1}{2}\right) = \frac{(2n-1)!!}{2^n} \sqrt{\pi}, \ \Gamma\left(\frac{1}{2}\right) = \sqrt{\pi}$$

χ^2 分布具有如下性质：

(1) 若 $\chi^2 \sim \chi^2(n)$，则 $E(\chi^2) = n$，$D(\chi^2) = 2n$.

证　$X_i \sim N(0, 1)$，则 $E(X_i) = 0$，$D(X_i) = E(X_i^2) = 1$. 根据期望的性质，易得

$$E(\chi^2) = E\left(\sum_{i=1}^n X_i^2\right) = \sum_{i=1}^n E(X_i^2) = \sum_{i=1}^n D(X_i) = n$$

又 $D(X_i^2) = E(X_i^4) - [E(X_i^2)]^2 = \dfrac{1}{\sqrt{2\pi}} \int_{-\infty}^{+\infty} x^4 e^{-\frac{x^2}{2}} dx - 1 = 2$，根据方差的性质，可得

$$D(\chi^2) = D\left(\sum_{i=1}^n X_i^2\right) = \sum_{i=1}^n D(X_i^2) = 2n$$

(2) 设 $\chi_1^2 \sim \chi^2(n_1)$，$\chi_2^2 \sim \chi^2(n_2)$，且 χ_1^2 和 χ_2^2 相互独立，则

$$\chi_1^2 + \chi_2^2 \sim \chi^2(n_1 + n_2)$$

这个性质称为 χ^2 分布的可加性. 进一步可以证明 n 个相互独立的服从 χ^2 分布的随机变量之和仍服从 χ^2 分布，其自由度等于 n 个 χ^2 分布的自由度之和.

(3) 设 $X \sim \chi^2(n)$，由林德贝格-列维中心极限定理可知，对任意 x，有

$$\lim_{n \to \infty} P\left(\frac{X - n}{\sqrt{2n}} \leqslant x\right) = \frac{1}{\sqrt{2\pi}} \int_{-\infty}^x e^{-\frac{t^2}{2}} dt$$

该定理说明 χ^2 分布的极限分布为正态分布.

在涉及 χ^2 分布的概率计算中常涉及"分位数"的概念. 与标准正态分布的"上 α 分位数 (或分位点)" z_α 定义类似, 有

定义 2 设 $\chi^2 \sim \chi^2(n)$, 分布密度为 $f(x)$, 对给定的 $\alpha(0<\alpha<1)$, 称满足条件

$$P(\chi^2 > \chi_\alpha^2(n)) = \int_{\chi_\alpha^2(n)}^{+\infty} f(x)\mathrm{d}x = \alpha$$

的数 $\chi_\alpha^2(n)$ 为 $\chi^2(n)$ 分布的上 α 分位数(或分位点). 如图 5.3 所示.

对于不同的 α, n, $\chi^2(n)$ 分布的上 α 分位数, 其值已制成表, 可以查用(见附表 4). 例如当 $\alpha=0.1$, $n=25$ 时, 查表可得 $\chi_{0.1}^2(25)=34.382$.

在附表 4 中, 当 $n>45$ 时, 查不到上 α 分位数 $\chi_\alpha^2(n)$ 的数值. 此时, 可以利用 $\chi_\alpha^2(n) \approx n+\sqrt{2n}z_\alpha$ 进行近似计算, 其中 z_α 的值可以通过标准正态分布表(见附表 3)获得.

例如, 求 $\chi_{0.05}^2(120)$ 的数值, 由 $\alpha=0.05$, 查附表 3, 得 $z_{0.05}=1.645$, 利用上式得

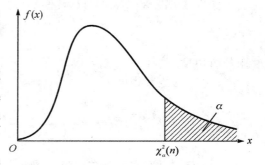

图 5.3 $\chi^2(n)$ 分布的上 α 分位数

$$\chi_{0.05}^2(120) \approx 120+\sqrt{2\times120}\times1.645=145.5.$$

例 1 设 X_1, X_2, $\cdots$, X_{16} 为来自总体 $X\sim N(0,0.04)$ 的一个样本, 试求 $P(\sum\limits_{i=1}^{16}X_i^2>1.28)$.

解 由 $X\sim N(0,0.04)$, 则 $\dfrac{X_i}{0.2}\sim N(0,1)$, $i=1,2,\cdots,16$, 且相互独立. 从而

$$\sum_{i=1}^{16}\left(\frac{X_i}{0.2}\right)^2 \sim \chi^2(16)$$

于是

$$P\left(\sum_{i=1}^{16}X_i^2>1.28\right)=P\left(\sum_{i=1}^{16}\left(\frac{X_i}{0.2}\right)^2>\frac{1.28}{0.04}\right)=P(\chi^2(16)>32)$$

根据 χ^2 分布的上 α 分位数定义, 查附表 4 可知 $\chi_{0.01}^2(16)=32$, 故

$$P\left(\sum_{i=1}^{16}X_i^2>1.28\right)=P(\chi^2(16)>\chi_{0.01}^2(16))=0.01$$

例 2 设 X_1, X_2, X_3, X_4 为来自正态总体 $N(0,4)$ 的简单随机样本, $X=a(X_1-2X_2)^2+b(3X_3+4X_4)^2$, 问当 a, b 为何值时, 统计量 X 服从 χ^2 分布? 自由度为多少?

解 由题可知 $X_i\sim N(0,4)$, $i=1,2,3,4$ 且相互独立, 利用正态分布的性质可得

$$X_1-2X_2\sim N(0,20), \quad 3X_3+4X_4\sim N(0,100), \text{ 且相互独立}$$

从而

$$\left(\frac{X_1-2X_2}{\sqrt{20}}\right)^2+\left(\frac{3X_3+4X_4}{10}\right)^2\sim\chi^2(2)$$

即

$$\frac{1}{20}(X_1-2X_2)^2+\frac{1}{100}(3X_3+4X_4)^2\sim\chi^2(2)$$

欲使统计量 $X=a(X_1-2X_2)^2+b(3X_3+4X_4)^2$ 服从 χ^2 分布, 比较可得 $a=\frac{1}{20}$, $b=\frac{1}{100}$, 且自由度为 2.

二、t 分布

定义 3　设 $X\sim N(0,1)$, $Y\sim\chi^2(n)$, 且 X 与 Y 相互独立, 则称随机变量

$$T=\frac{X}{\sqrt{Y/n}}$$

服从自由度为 n 的 t 分布, 记为 $T\sim t(n)$.

t 分布的概率密度为

$$f(t)=\frac{\Gamma\left(\dfrac{n+1}{2}\right)}{\sqrt{n\pi}\,\Gamma\left(\dfrac{n}{2}\right)}\left(1+\frac{t^2}{n}\right)^{-\frac{n+1}{2}},\quad-\infty<t<+\infty$$

t 分布的概率密度函数图形见图 5.4, 它随 n 取不同数值而不同. 由于 $f(t)$ 是偶函数, 所以 t 分布密度曲线关于纵轴对称. 当 n 较小时, t 分布与 $N(0,1)$ 分布之间有较大的差异; 当 n 较大时, 其图形类似于标准正态分布密度的图形见, 图 3.2(左), 只是波峰比标准正态分布的低一些.

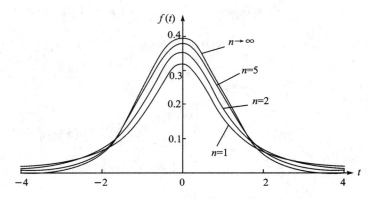

图 5.4　t 分布的概率密度函数曲线

事实上, 可以证明: 若 $T\sim t(n)$, 概率密度函数为 $f(t)$, 则

$$\lim_{n\to\infty}f(t)=\frac{1}{\sqrt{2\pi}}e^{-\frac{t^2}{2}}$$

t 分布是统计学上的一类重要分布. 它是由英国统计学家哥塞特(Gosset)发现的. 1908 年, 哥塞特以笔名 "Student"("学生")在生物统计杂志《生物计量学》(*Biometrics*)上发表论文, 提出了这一分布, 因而 t 分布又称为 "学生氏分布". t 分布的发现打破了正态分布一统天下的局面, 开创了小样本统计推断的新纪元, 在统计学史上具有划时代意义.

定义 4　设 $T=t(n)$, 概率密度为 $f(t)$, 对给定的 $\alpha(0<\alpha<1)$, 称满足条件

$$P(T > t_\alpha(n)) = \int_{t_\alpha(n)}^{+\infty} f(t)\mathrm{d}t = \alpha$$

的数 $t_\alpha(n)$ 为 $t(n)$ 分布的上 α 分位数（或分位点），如图 5.5 所示.

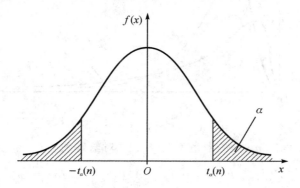

图 5.5　$t(n)$ 分布的上 α 分位数

当 $n \leqslant 45$ 时，t 分布的上 α（$0 < \alpha < 0.5$）分位数可由附表 5 查得. 例如 $t_{0.05}(10) = 1.8125$.

当 $0.5 < \alpha < 1$ 时，由 t 分布密度函数图形的对称性，易知

$$t_{1-\alpha}(n) = -t_\alpha(n)$$

例如，$t_{0.95}(10) = -t_{0.05}(10) = -1.8125$.

对 $n > 45$，有近似公式 $t_\alpha(n) \approx z_\alpha$，其中 z_α 为标准正态分布的上 α 分位数.

例 3　设随机变量 X 与 Y 相互独立，且 $X \sim N(5, 20)$，$Y \sim \chi^2(5)$，试求 $P(X - 5 > 4.03\sqrt{Y})$.

解　由题可知 $\dfrac{X-5}{\sqrt{20}} \sim N(0, 1)$，且与 Y 相互独立，由定义 3 有 $\dfrac{X-5/\sqrt{20}}{\sqrt{Y/5}} \sim t(5)$.

故有 $P(X - 5 > 4.03\sqrt{Y}) = P\left[\dfrac{(X-5)/\sqrt{20}}{\sqrt{Y/5}} > \dfrac{4.03}{2}\right] = P(t(5) > 2.015) = 0.05$.

三、F 分布

定义 5　设 $X \sim \chi^2(n_1)$，$Y \sim \chi^2(n_2)$，且 X 与 Y 相互独立，则称随机变量

$$F = \frac{X/n_1}{Y/n_2}$$

服从自由度为 (n_1, n_2) 的 F 分布，记为 $F \sim F(n_1, n_2)$，其中 n_1 称为第一自由度，n_2 称为第二自由度.

$F(n_1, n_2)$ 分布的概率密度函数为

$$f(x) = \begin{cases} \dfrac{\Gamma\left(\dfrac{n_1+n_2}{2}\right)}{\Gamma\left(\dfrac{n_1}{2}\right)\Gamma\left(\dfrac{n_2}{2}\right)} \left(\dfrac{n_1}{n_2}\right)^{\frac{n_1}{2}} x^{\frac{n_1}{2}-1} \left(1 + \dfrac{n_1}{n_2}x\right)^{-\frac{n_1+n_2}{2}}, & x > 0 \\ 0, & x \leqslant 0 \end{cases}$$

F 分布的概率密度函数图形见图 5.6，它随 n_1，n_2 取不同数值而不同.

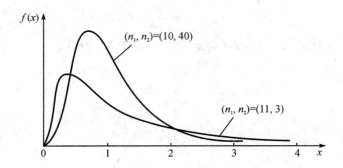

图 5.6　F 分布的概率密度曲线

定义 6　设 $F \sim F(n_1, n_2)$，概率密度为 $f(z)$，对给定的 $\alpha(0 < \alpha < 1)$，称满足条件

$$P(F > F_\alpha(n_1, n_2)) = \int_{F_\alpha(n_1, n_2)}^{+\infty} f(z)\mathrm{d}z = \alpha$$

的数 $F_\alpha(n_1, n_2)$ 为 $F(n_1, n_2)$ 分布的上 α 分位数（或分位点），如图 5.7 所示.

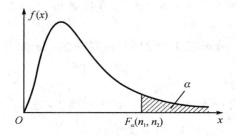

图 5.7　F 分布的上 α 分位数

对于 $\alpha(0 < \alpha < 0.5)$，F 分布的上 α 分位数 $F_\alpha(n_1, n_2)$ 可查附表 6 得到. 例如 $F_{0.05}(5, 10) = 3.33$.

如果 $0.5 < \alpha < 1$，则需要用到 F 分布的上 α 分位数的如下性质：

$$F_{1-\alpha}(n_1, n_2) = \frac{1}{F_\alpha(n_2, n_1)}$$

事实上，设 $X \sim F(n_1, n_2)$，由 F 分布的构造可知 $\dfrac{1}{X} \sim F(n_2, n_1)$. 按定义

$$1 - \alpha = P(X > F_{1-\alpha}(n_1, n_2)) = P\left(\frac{1}{X} < \frac{1}{F_{1-\alpha}(n_1, n_2)}\right)$$

$$= 1 - P\left(\frac{1}{X} \geqslant \frac{1}{F_{1-\alpha}(n_1, n_2)}\right) = 1 - P\left(\frac{1}{X} > \frac{1}{F_{1-\alpha}(n_1, n_2)}\right)$$

于是

$$P\left(\frac{1}{X} > \frac{1}{F_{1-\alpha}(n_1, n_2)}\right) = \alpha,$$

其中 $\dfrac{1}{X} \sim F(n_2, n_1)$，所以

$$P\left(\frac{1}{X} > F_\alpha(n_2, n_1)\right) = \alpha$$

比较上述两式得

$$\frac{1}{F_{1-\alpha}(n_1, n_2)} = F_\alpha(n_2, n_1)$$

即

$$F_{1-\alpha}(n_1, n_2) = \frac{1}{F_\alpha(n_2, n_1)}$$

例如

$$F_{0.95}(10, 5) = \frac{1}{F_{0.05}(5, 10)} = \frac{1}{3.33} \approx 0.3$$

例 4　设总体 X 服从正态分布 $N(0, 4)$，$X_1, X_2, \cdots, X_{15}$ 是来自总体的简单随机样本，试确定统计量 $Y = \dfrac{X_1^2 + X_2^2 + \cdots + X_{10}^2}{2(X_{11}^2 + X_{12}^2 + \cdots + X_{15}^2)}$ 所服从的分布.

解　由 $X_i \sim N(0, 4)$ 得到 $\dfrac{X_i}{2} \sim N(0, 1)$. 于是由 $X_1, X_2, \cdots, X_{10}$ 相互独立可知

$$\left(\frac{X_1}{2}\right)^2 + \left(\frac{X_2}{2}\right)^2 + \cdots + \left(\frac{X_{10}}{2}\right)^2 \sim \chi^2(10)$$

同理可得 $\left(\dfrac{X_{11}}{2}\right)^2 + \left(\dfrac{X_{12}}{2}\right)^2 + \cdots + \left(\dfrac{X_{15}}{2}\right)^2 \sim \chi^2(5)$，且这两个 χ^2 分布相互独立.

于是

$$Y = \frac{X_1^2 + X_2^2 + \cdots + X_{10}^2}{2(X_{11}^2 + X_{12}^2 + \cdots + X_{15}^2)} = \frac{\left[\left(\frac{X_1}{2}\right)^2 + \left(\frac{X_2}{2}\right)^2 + \cdots + \left(\frac{X_{10}}{2}\right)^2\right]\Big/10}{\left[\left(\frac{X_{11}}{2}\right)^2 + \left(\frac{X_{12}}{2}\right)^2 + \cdots + \left(\frac{X_{15}}{2}\right)^2\right]\Big/5} \sim F(10, 5)$$

四、正态总体的样本均值与样本方差的分布

定理 1　设 $X_1, X_2, \cdots, X_n$ 是取自正态总体 $X \sim N(\mu, \sigma^2)$ 的一个样本，记

$$\overline{X} = \frac{1}{n}\sum_{i=1}^n X_i, \quad S^2 = \frac{1}{n-1}\sum_{i=1}^n (X_i - \overline{X})^2$$

则有如下结论：

(1) $\overline{X} \sim N(\mu, \dfrac{1}{n}\sigma^2)$；

(2) $\overline{X}$ 与 S^2 独立；

(3) $\dfrac{(n-1)S^2}{\sigma^2} \sim \chi^2(n-1)$.

利用正态分布的性质易得结论(1)，结论(2)、(3) 的证明较复杂，这里略去.

例 5　从总体 $N(3.4, 6^2)$ 中抽取容量为 n 的样本，$\overline{X}$ 为样本均值.

(1) 当 $n=36$ 时，求概率 $P(1.8 < \overline{X} < 5)$；

(2) 如果要求 $P(1.4 < \overline{X} < 5.4) \geqslant 0.95$，问样本容量 n 至少应取多少？

解　(1) 当 $n=36$ 时由题意可知 $\overline{X} \sim N(3.4, 1)$，从而 $(\overline{X}-3.4) \sim N(0, 1)$.

$$P(1.8 < \overline{X} < 5) = P(-1.6 \leqslant \overline{X} - 3.4 \leqslant 1.6)$$

$$= \Phi(1.6) - \Phi(-1.6) = 2\Phi(1.6) - 1 = 0.8904$$

(2) 由于 $\overline{X} \sim N(3.4, \frac{6^2}{n})$，因而 $\frac{\overline{X}-3.4}{6/\sqrt{n}} \sim N(0, 1)$，则

$$P(1.4 < \overline{X} < 5.4) = P\left(\frac{1.4-3.4}{6/\sqrt{n}} < \frac{\overline{X}-3.4}{6/\sqrt{n}} < \frac{5.4-3.4}{6/\sqrt{n}}\right)$$

$$= \Phi\left(\frac{\sqrt{n}}{3}\right) - \Phi\left(-\frac{\sqrt{n}}{3}\right) = 2\Phi\left(\frac{\sqrt{n}}{3}\right) - 1 \geqslant 0.95$$

即 $\Phi\left(\frac{\sqrt{n}}{3}\right) \geqslant 0.975$，查附表 3 可得 $\frac{\sqrt{n}}{3} \geqslant 1.96$，即 $n \geqslant (1.96 \times 3)^2 = 34.5744$，所以 n 至少应取 35.

例 6 设总体 X 服从正态分布 $N(\mu, 16)$，其中 μ 未知，$X_1, X_2, \cdots, X_9$ 是来自总体的样本，$\overline{X}$ 为样本均值.

(1) 求概率 $P(|\overline{X}-\mu| \leqslant 3)$；

(2) 记 $Y = \sum_{i=1}^{9} (X_i - \overline{X})^2$，求概率 $P(Y \leqslant 248)$.

解 (1) 由题意可知 $\overline{X} \sim N\left(\mu, \frac{16}{9}\right)$，从而 $\frac{\overline{X}-\mu}{4/3} = \frac{3}{4}(\overline{X}-\mu) \sim N(0, 1)$.

$$P(|\overline{X}-\mu| \leqslant 3) = P\left(\left|\frac{\overline{X}-\mu}{\frac{4}{3}}\right| \leqslant \frac{9}{4}\right) = P\left(-2.25 \leqslant \frac{3}{4}(\overline{X}-\mu) \leqslant 2.25\right)$$

$$= 2\Phi(2.25) - 1 = 0.9756$$

(2) 由于 $\frac{(n-1)S^2}{\sigma^2} = \frac{1}{\sigma^2} \sum_{i=1}^{9} (X_i - \overline{X})^2 = \frac{Y}{16} \sim \chi^2(8)$，所以

$$P(Y \leqslant 248) = 1 - P(Y > 248) = 1 - P\left(\frac{Y}{16} > \frac{248}{16}\right)$$

$$= 1 - P\left(\chi^2(8) > 15.5\right) = 1 - 0.05 = 0.95$$

下面的几个推论给出了与正态总体密切相关的常用统计量的分布.

推论 1 设 $X_1, X_2, \cdots, X_n$ 是来自正态总体 $N(\mu, \sigma^2)$ 的样本，则

$$T = \frac{(\overline{X}-\mu)\sqrt{n}}{S} \sim t(n-1)$$

证 因为 $\overline{X} \sim N(\mu, \frac{1}{n}\sigma^2)$，所以

$$\frac{\overline{X}-\mu}{\sigma/\sqrt{n}} \sim N(0, 1)$$

又

$$\frac{(n-1)S^2}{\sigma^2} \sim \chi^2(n-1)$$

且 $\overline{X}$ 与 S^2 相互独立，所以

$$T = \frac{\dfrac{\overline{X}-\mu}{\sigma/\sqrt{n}}}{\sqrt{\dfrac{(n-1)S^2}{\sigma^2(n-1)}}} = \frac{(\overline{X}-\mu)\sqrt{n}}{S} \sim t(n-1) \tag{5-1}$$

推论 2　设 X_1，X_2，$\cdots$，X_m 为来自正态总体 $N(\mu_1，\sigma^2)$ 的一个样本，而 Y_1，Y_2，$\cdots$，Y_n 是来自 $N(\mu_2，\sigma^2)$ 的一个样本，并且它们相互独立，记

$$\overline{X}=\frac{1}{m}\sum_{i=1}^{m}X_i，\quad S_1^2=\frac{1}{m-1}\sum_{i=1}^{m}(X_i-\overline{X})^2$$

$$\overline{Y}=\frac{1}{n}\sum_{i=1}^{n}Y_i，\quad S_2^2=\frac{1}{n-1}\sum_{i=1}^{n}(Y_i-\overline{Y})^2$$

则

$$\frac{\overline{X}-\overline{Y}-(\mu_1-\mu_2)}{S_w\sqrt{\dfrac{1}{m}+\dfrac{1}{n}}}\sim t(m+n-2)$$

其中

$$S_w^2=\frac{(m-1)S_1^2+(n-1)S_2^2}{m+n-2}，\quad S_w=\sqrt{S_w^2} \tag{5-2}$$

证　易知

$$\overline{X}-\overline{Y}\sim N(\mu_1-\mu_2，\frac{\sigma^2}{m}+\frac{\sigma^2}{n})$$

即有

$$U=\frac{\overline{X}-\overline{Y}-(\mu_1-\mu_2)}{\sigma\sqrt{\dfrac{1}{m}+\dfrac{1}{n}}}\sim N(0，1)$$

由给定的条件知

$$\frac{(m-1)S_1^2}{\sigma^2}\sim\chi^2(m-1)，\quad\frac{(n-1)S_2^2}{\sigma^2}\sim\chi^2(n-1)$$

并且它们相互独立.

由 χ^2 分布的可加性知

$$V=\frac{(m-1)S_1^2}{\sigma^2}+\frac{(n-1)S_2^2}{\sigma^2}\sim\chi^2(m+n-2)$$

所以

$$T=\frac{U}{\sqrt{\dfrac{V}{m+n-2}}}=\frac{\overline{X}-\overline{Y}-(\mu_1-\mu_2)}{\sqrt{\dfrac{1}{m}+\dfrac{1}{n}}\sqrt{\dfrac{(m-1)S_1^2+(n-1)S_2^2}{m+n-2}}}=\frac{\overline{X}-\overline{Y}-(\mu_1-\mu_2)}{S_w\sqrt{\dfrac{1}{m}+\dfrac{1}{n}}}\sim t(m+n-2)$$

推论 3　设 X_1，X_2，$\cdots$，X_m 为来自正态总体 $N(\mu_1，\sigma_1^2)$ 的一个样本，而 Y_1，Y_2，$\cdots$，Y_n 为来自正态总体 $N(\mu_2，\sigma_2^2)$ 的样本，并且它们相互独立，则

$$F=\frac{S_1^2\sigma_2^2}{S_2^2\sigma_1^2}\sim F(m-1,n-1) \tag{5-3}$$

证　由定理 1 的结论 3 易知 $\dfrac{(m-1)S_1^2}{\sigma_1^2}\sim\chi^2(m-1)$，$\dfrac{(n-1)S_2^2}{\sigma_2^2}\sim\chi^2(n-1)$，并且它们相互独立，所以由 F 分布的定义 5 得

$$F = \frac{S_1^2 \sigma_2^2}{S_2^2 \sigma_1^2} = \frac{\dfrac{(m-1)S_1^2}{\sigma_1^2} \Big/ (m-1)}{\dfrac{(n-1)S_2^2}{\sigma_2^2} \Big/ (n-1)} \sim F(m-1,\ n-1)$$

注：推论 2 要求两个正态总体的方差相等，推论 3 并不要求这点．推论 1～3 是正态总体非常重要的性质，也是展开后续内容的关键．

习题 5.2

1. 设总体 $X \sim N(0,\ 1)$，X_1，X_2，$\cdots$，X_6 是来自该总体的一个样本，又设 $Y = (X_1 + X_2 + X_3)^2 + (X_4 + X_5 + X_6)^2$．试确定常数 c，使得 cY 服从 χ^2 分布．

2. 设总体 $X \sim \chi^2(n)$，样本为 X_1，X_2，$\cdots$，X_n，求样本均值 $\overline{X}$ 的数学期望和方差．

3. 设 X_1，X_2，$\cdots$，X_{10} 为总体 $N(0,\ 0.3^2)$ 的样本，求 $P\left[\sum\limits_{i=1}^{10} X_i^2 > 1.44 \right]$．

4. 设 X_1，X_2，$\cdots$，X_5 为取正态总体 $N(0,\ 1)$ 的一个样本，试求常数 c，使得统计量 $c\dfrac{X_1 - X_2}{\sqrt{X_3^2 + X_4^2 + X_5^2}}$ 服从 t 分布．

5. 设 X_1，X_2，$\cdots$，X_n，X_{n+1}，$\cdots$，X_{n+m} 是取自总体 $N(0,\ \sigma^2)$ 的容量为 $n+m$ 的样本，求统计量 $\dfrac{\sqrt{m} \sum\limits_{i=1}^{n} X_i}{\sqrt{n} \sqrt{\sum\limits_{i=n+1}^{n+m} X_i^2}}$ 的分布．

6. 设 X_1，X_2，$\cdots$，X_n 为来自总体 $X \sim N(\mu,\ \sigma^2)$ 的样本，$\overline{X}$ 及 S^2 分别为其样本均值及样本方差，又设 X_{n+1} 也来自总体 $N(\mu,\ \sigma^2)$，且与 X_1，X_2，$\cdots$，X_n 相互独立，试求统计量

$$Y = \frac{X_{n+1} - \overline{X}}{S} \sqrt{\frac{n-1}{n+1}}$$

的分布．

7. 设总体 $X \sim N(0,\ \sigma^2)$，样本为 X_1，X_2，试求 $\left(\dfrac{X_1 - X_2}{X_1 + X_2} \right)^2$ 的分布．

8. 若 $X \sim t(n)$，求 $\dfrac{1}{X^2}$ 的分布．

9. 证明 $[t_{\frac{\alpha}{2}}(n)]^2 = F_\alpha(1,\ n)$．

10. 在总体 $N(52,\ 6.3^2)$ 中随机抽取容量为 36 的样本，求样本均值 $\overline{X}$ 落在 50.8 到 53.8 之间的概率．

11. 从总体 $X \sim N(62,\ 100)$ 中抽取容量为 n 的样本，为使样本均值 $\overline{X}$ 大于 60 的概率不小于 0.95，问：样本容量 n 至少应取多大？

12. 从总体 $N(\mu,\ \sigma^2)$ 中抽取容量为 6 的样本，μ，σ^2 均为未知，样本方差为 S^2，求 $P\left(\dfrac{S^2}{\sigma^2} \leqslant 3.35 \right)$．

总 习 题 五

一、填空题

1. 在总体 $X \sim N(5, 16)$ 中随机抽取一个容量为 $\overline{X}$ 的样本，则样本均值 $\overline{X}$ 落在 4 与 6 之间的概率为 _____，

2. 设随机变量 $F \sim F(n_1, n_2)$，则 $\dfrac{1}{F} \sim$ _____.

3. 设 $X_1, X_2, \cdots, X_n$ 是来自总体 $X \sim N(\mu, \sigma^2)$ 的样本，则有

$$\frac{1}{\sigma^2} \sum_{i=1}^{n} (X_i - \overline{X})^2 \sim \underline{\hspace{2cm}}, \quad \frac{1}{\sigma^2} \sum_{i=1}^{n} (X_i - \mu)^2 \sim \underline{\hspace{2cm}},$$

$$E\left(\sum_{i=1}^{n} (X_i - \overline{X})^2 \right) \underline{\hspace{2cm}}, \quad D\left(\sum_{i=1}^{n} (X_i - \mu)^2 \right) = \underline{\hspace{2cm}}.$$

4. 若 $F \sim F(10, 5)$，则 $P\left(F < \dfrac{1}{F_{0.95}(5, 10)} \right) = \underline{\hspace{1.5cm}}$.

5. 设随机变量 $X \sim N(\mu, 2^2)$，$Y \sim \chi^2(n)$，且 X 与 Y 相互独立，$T = \dfrac{X - \mu}{2} \dfrac{\sqrt{n}}{\sqrt{Y}}$，则 T 服从自由度为 _____ 的 _____ 分布.

二、选择题

1. 设总体 $X \sim N(\mu, \sigma^2)$，其中 μ 已知，而 σ^2 未知，X_1, X_2, X_3 是来自该总体的样本，则下列表达式中不是统计量的是 _____.

(A) $X_1 + X_2 + X_3$ 　　(B) $\max\{X_1, X_2, X_3\}$ 　　(C) $\sum_{i=1}^{3} \dfrac{X_i^2}{\sigma^2}$ 　　(D) $X_1 + 2\mu$

2. 设 $X_1, X_2, \cdots, X_n (n \geq 2)$ 为来自总体 $N(0, 1)$ 的简单随机样本，$\overline{X}$ 表示样本均值，S^2 为样本方差，则 _____.

(A) $n\overline{X} \sim N(0, 1)$ 　　　　　　　(B) $nS^2 \sim \chi^2(n)$

(C) $\dfrac{(n-1)\overline{X}}{S} \sim t(n-1)$ 　　　　(D) $\dfrac{(n-1)X_1^2}{\sum\limits_{i=2}^{n} X_i^2} \sim F(1, n-1)$

3. 设 $X_1, X_2, \cdots, X_n$ 是来自总体 $X \sim N(\mu, \sigma^2)$ 的样本，$\overline{X}$ 表示样本均值，$S_1^2 = \dfrac{1}{n-1} \sum\limits_{i=1}^{n} (X_i - \overline{X})^2$，$S_2^2 = \dfrac{1}{n} \sum\limits_{i=1}^{n} (X_i - \overline{X})^2$，$S_3^2 = \dfrac{1}{n-1} \sum\limits_{i=1}^{n} (X_i - \mu)^2$，$S_4^2 = \dfrac{1}{n} \sum\limits_{i=1}^{n} (X_i - \mu)^2$，服从自由度为 $n-1$ 的 t 分布的随机变量是 _____.

(A) $\dfrac{\overline{X} - \mu}{S_1 / \sqrt{n-1}}$ 　　(B) $\dfrac{\overline{X} - \mu}{S_2 / \sqrt{n-1}}$ 　　(C) $\dfrac{\overline{X} - \mu}{S_3 / \sqrt{n}}$ 　　(D) $\dfrac{\overline{X} - \mu}{S_4 / \sqrt{n}}$

4. 设 $X_1, X_2, \cdots, X_n (n \geq 2)$ 是来自总体 $N(\mu, 1)$ 的样本，记 $\overline{X} = \dfrac{1}{n} \sum\limits_{i=1}^{n} X_i$，则下列结论中不正确的是 _____.

(A) $\sum\limits_{i=1}^{n}(X_i-\mu)^2$ 服从 χ^2 分布　　　　(B) $2(X_n-X_1)^2$ 服从 χ^2 分布

(C) $\sum\limits_{i=1}^{n}(X_i-\overline{X})^2$ 服从 χ^2 分布　　　　(D) $n(\overline{X}-\mu)^2$ 服从 χ^2 分布

5. 设随机变量 $X\sim t(n)$，$Y\sim F(1,n)$，给定 $\alpha(0<\alpha<0.5)$，常数 c 满足 $P(X>c)=\alpha$，则 $P(Y>c^2)$ ＿＿＿＿．

(A) α　　　　　　(B) $1-\alpha$　　　　(C) 2α　　　　(D) $1-2\alpha$

三、计算题

1. 从某批产品中随机抽取 5 件产品，测得其直径（单位：cm）分别为

$$13.70,\quad 13.15,\quad 13.08,\quad 13.11,\quad 13.11$$

求样本观测值的均值、样本方差及样本二阶中心矩．

2. 设 X_1，X_2，$\cdots$，X_n 是来自总体 X 的样本，$\overline{X}$ 表示样本均值，S^2 为样本方差，在下列情况下分别求 $E(\overline{X})$，$D(\overline{X})$ 和 $E(S^2)$：

(1) $X\sim B(1,p)$；　　　　　(2) $X\sim E(\lambda)$；　　　　　(3) $X\sim U(0,2\theta)$．

3. 设总体 $X\sim N(0,1)$，X_1，X_2，$\cdots$，X_5 是来自总体 X 的样本．令

$$Y=a(X_1+X_2+X_3)^2+b(X_4+X_5)^2$$

试求常数 a，b，使得随机变量 Y 服从 χ^2 分布．

4. 从正态总体 $N(4.2,5^2)$ 中抽取容量为 n 的样本，若要求其样本均值位于区间 $(2.2,6.2)$ 内的概率不小于 0.95，试求最小的样本容量 n．

5. 设总体 $X\sim N(150,400)$，$Y\sim N(125,625)$，且 X，Y 相互独立，现从这两个总体中分别抽取容量为 5 的样本，样本均值分别为 $\overline{X}$，$\overline{Y}$，求 $P(\overline{X}-\overline{Y}\leqslant 0)$．

6. 设总体 $X\sim N(\mu,4^2)$，X_1，X_2，$\cdots$，X_{10} 为来自总体 X 的一个容量为 10 的简单随机样本，S^2 为样本方差，且 $P(S^2>a)=0.1$．求 a 的值．

四、证明题

设 X_1，X_2，$\cdots$，X_9 为来自总体 X 的简单随机样本，$Y_1=\dfrac{1}{6}(X_1+X_2+\cdots+X_6)$，

$$Y_2=\frac{1}{3}(X_7+X_8+X_9),\quad S^2=\frac{1}{2}\sum_{i=7}^{9}(X_i-Y_2)^3,\quad Z=\frac{\sqrt{2}(Y_1-Y_2)}{S}.$$

证明统计量 Z 服从自由度为 2 的 t 分布．

第六章 参 数 估 计

数理统计的核心内容是统计推断(statistical inference). 所谓统计推断就是利用问题的基本假定及包含在样本中的信息对总体中我们关心的问题进行推断. 由部分推断总体,由于样本信息的有限性和样本的随机性,所作出的推断不可能绝对正确,总会带有一定程度的不确定性,而这种不确定性又可以用概率的大小来衡量. 统计推断的基本问题可以分为两大类:一类是参数估计(parameter estimation)问题;另一类是假设检验(hypothesis testing)问题. 本章介绍参数估计,假设检验将在第七章介绍.

在处理实际问题时,常常根据专业的或经验的知识判断出所研究总体的分布类型,分布中会含有一个或多个未知参数. 根据样本来估计总体分布中的一个或多个未知参数的问题,即为参数估计. 例如,已知电话局在单位时间间隔内收到呼唤的次数 X 服从泊松分布 $P(\lambda)$,但参数 λ 未知,需要估计 λ 的值;又如,已知某次考试的卷面成绩服从正态分布 $N(\mu, \sigma^2)$,但参数 μ, σ^2 未知,需要估计 μ, σ^2. 这些例子均属于参数估计问题.

另一类参数估计问题是,在总体的分布类型未知的条件下,对总体的某些数字特征,如数学期望、方差等进行估计. 由于数字特征和分布参数之间通常有一定的联系,通常这类问题也称为参数估计问题.

通常,总体中的未知参数(也称待估参数)记为 θ(θ 可以为向量),θ 的取值范围称为参数空间,记为 Θ. 参数 θ 未知,但参数空间 Θ 却是已知的. 下面介绍利用样本对各类总体的未知参数作出估计的形式.

参数估计的形式有两种:点估计和区间估计.

点估计就是依据样本将未知参数估计为某个值,这在数轴上表现为某个点. 具体地说,设总体 X 的分布函数 $F(x;\theta)$ 或概率密度函数 $f(x;\theta)$ 的形式已知,$\theta \in \Theta$ 是待估参数. X_1, X_2, $\cdots$, X_n 是 X 的样本,$x_1, x_2, \cdots, x_n$ 是相应的样本观测值. 点估计问题就是要构造一个适当的统计量 $\hat{\theta} = g(X_1, X_2, \cdots, X_n)$,用它的观测值 $g(x_1, x_2, \cdots, x_n)$ 来估计未知参数 θ. 由此,我们称 $g(X_1, X_2, \cdots, X_n)$ 为 θ 的**估计量**,称 $g(x_1, x_2, \cdots, x_n)$ 为 θ 的**估计值**. 为方便起见,估计量和估计值统称为**估计**,并都简记为 $\hat{\theta}$.

这里应当注意:估计量是随机变量,而估计值是一个具体的数值. 由于估计量是样本的函数,因此对于不同的样本值,θ 的估计值往往是不同的.

区间估计就是依据样本来估计未知参数所在的某一范围,这在数轴上往往表现为一个区间. 具体地说,针对未知参数 θ,构造两个统计量 $\hat{\theta}_1(X_1, X_2, \cdots, X_n)$ 和 $\hat{\theta}_2(X_1, X_2, \cdots, X_n)$,使得随机区间 $(\hat{\theta}_1, \hat{\theta}_2)$ 以一定的概率包含未知参数 θ,当把样本观测值 $x_1, x_2, \cdots, x_n$ 分别代入 $\hat{\theta}_1, \hat{\theta}_2$ 后,就得到了确定的区间,在一定的可信程度上,给出未知参数的某个取值范围,这种方法就是区间估计.

第一节　点　估　计

参数点估计有许多方法，本节介绍两种常用的估计方法——矩估计法和最大似然估计法.

一、矩估计法

矩是反映随机变量特征的最广泛的数字特征，而总体分布中的参数往往是一些原点矩或者是一些原点矩的函数. 例如，泊松分布 $P(\lambda)$ 中的参数 λ 就是数学期望（期望），即一阶原点矩；正态分布 $N(\mu, \sigma^2)$ 中的参数 μ 就是一阶原点矩，而参数 $\sigma^2 = E(X^2) - [E(X)]^2$，即为一、二阶原点矩的函数.

样本取自总体，由大数定律知：当总体的 k 阶矩存在时，样本的 k 阶矩依概率收敛于总体的 k 阶矩. 由此，英国统计学家 K. 皮尔逊提出了替换原理——可以用样本矩去替换总体矩（矩可以是原点矩也可以是中心矩），也可以用样本矩的函数去替换相应总体矩的函数. 用替换原理得到总体分布的未知参数估计量的方法称为**矩估计法**，也称数字特征法.

例 1　设总体 $X \sim N(\mu, \sigma^2)$，μ, σ^2 未知，样本为 $X_1, X_2, \cdots, X_n$，试求参数 μ, σ^2 的矩估计量.

解　由

$$\begin{cases} m_1 = E(X) = \mu \\ m_2 = E(X^2) = D(X) + [E(X)]^2 = \sigma^2 + \mu^2 \end{cases}$$

解得

$$\begin{cases} \mu = m_1 \\ \sigma^2 = m_2 - m_1^2 \end{cases}$$

用样本一阶原点矩 $A_1 = \dfrac{1}{n} \sum\limits_{i=1}^{n} X_i = \overline{X}$，样本二阶原点矩 $A_2 = \dfrac{1}{n} \sum\limits_{i=1}^{n} X_i^2$ 分别替换上式中的 m_1, m_2，从而得到 μ 和 σ^2 的矩估计量分别为

$$\hat{\mu} = A_1 = \overline{X}$$

$$\hat{\sigma}^2 = A_2 - A_1^2 = \frac{1}{n} \sum_{i=1}^{n} X_i^2 - \overline{X}^2 = \frac{1}{n} \sum_{i=1}^{n} (X_i - \overline{X})^2 = B_2$$

可见，总体均值 μ 的矩估计量为样本均值 $\overline{X}$，总体方差 σ^2 的矩估计量为样本二阶中心矩 B_2. 事实上对任何总体，只要期望与方差存在，该结论均成立.

例 2　设总体 X 在 (a, b) 上服从均匀分布，a, b 未知，样本为 $X_1, X_2, \cdots, X_n$，试求 a, b 的矩估计量.

解　由

$$\begin{cases} m_1 = E(X) = \dfrac{a+b}{2} \\ m_2 = E(X^2) = D(X) + [E(X)]^2 = \dfrac{(b-a)^2}{12} + \dfrac{(a+b)^2}{4} \end{cases}$$

解得

$$\begin{cases} a = m_1 - \sqrt{3m_2 - m_1^2)} \\ b = m_1 + \sqrt{3(m_2 - m_1^2)} \end{cases}$$

将样本一阶原点矩 $A_1 = \dfrac{1}{n} \sum\limits_{i=1}^{n} X_i = \overline{X}$，样本二阶原点矩 $A_2 = \dfrac{1}{n} \sum\limits_{i=1}^{n} X_i^2$ 分别作为 m_1，m_2 的估计量代入上式，得到 a,b 的矩估计量分别为

$$\hat{a} = A_1 - \sqrt{3(A_2 - A_1^2)} = \overline{X} - \sqrt{3B_2}$$
$$\hat{b} = A_1 + \sqrt{3(A_2 - A_1^2)} = \overline{X} + \sqrt{3B_2}$$

一般地，设总体 X 的分布函数为 $F(x; \theta_1, \theta_2, \cdots, \theta_k)$，其中 $\theta = (\theta_1, \theta_2, \cdots, \theta_k)$ 为未知参数，X 的 k 阶矩 $m_l = E(X^l)$ $(l = 1, 2, \cdots, k)$ 存在，则求参数矩估计的一般方法如下：

首先，根据总体的分布计算出 X 的前 k 阶矩 $(l = 1, 2, \cdots, k)$，设

$$\begin{cases} m_1 = E(X) = g_1(\theta_1, \theta_2, \cdots \theta_k) \\ m_2 = E(X^2) = g_2(\theta_1, \theta_2, \cdots \theta_k) \\ \vdots \qquad \vdots \qquad \qquad \vdots \\ m_k = E(X^k) = g_k(\theta_1, \theta_2, \cdots \theta_k) \end{cases}$$

然后，求解该方程组. 设该方程组关于 $\theta_1, \theta_2, \cdots, \theta_k$ 的唯一解为

$$\begin{cases} \theta_1 = \theta_1(m_1, m_2, \cdots m_k) \\ \theta_2 = \theta_2(m_1, m_2, \cdots m_k) \\ \vdots \qquad \vdots \qquad \qquad \vdots \\ \theta_k = \theta_k(m_1, m_2, \cdots m_k) \end{cases}$$

最后，利用替换原理，将上述表达式中的 $m_l = E(X^l)$ 替换成样本 l 阶原点矩 $A_l = \dfrac{1}{n} \sum\limits_{i=1}^{n} X_i^l$ $(l = 1, 2, \cdots, k)$，得到参数 $\theta_1, \theta_2, \cdots, \theta_k$ 的矩估计量

$$\begin{cases} \hat{\theta}_1 = \theta_1(A_1, A_2, \cdots, A_k) \triangleq h_1(X_1, X_2, \cdots, X_n) \\ \hat{\theta}_2 = \theta_2(A_1, A_2, \cdots, A_k) \triangleq h_2(X_1, X_2, \cdots, X_n) \\ \vdots \qquad \vdots \qquad \qquad \vdots \\ \hat{\theta}_k = \theta_k(A_1, A_2, \cdots, A_k) \triangleq h_k(X_1, X_2, \cdots, X_n) \end{cases}$$

即未知参数 $\theta(\theta_1, \theta_2, \cdots, \theta_k)$ 的第 l 个分量的矩估计量为 $\hat{\theta}_l = h_l(X_1, X_2, \cdots, X_n)$，$l = 1, 2, \cdots, k$.

例 3　设总体 X 的分布律为

X	1	2	3
p_i	θ^2	$2\theta(1-\theta)$	$(1-\theta)^2$

其中，$\theta \in (0, 1)$ 为未知参数，又设 $X_1, X_2, \cdots, X_n$ 为总体 X 的一个样本，试求 θ 的矩估计量，并就样本值 3，1，2，2，3，2 求 θ 的矩估计值.

解　由于

$$m_1 = E(X) = \sum_{i=1}^{3} x_i p_i = 1 \cdot \theta^2 + 2 \cdot 2\theta(1-\theta) + 3(1-\theta)^2 = 3 - 2\theta$$

解得 $\theta = \dfrac{3-m_1}{2}$.

用样本一阶原点矩 $A_1 = \dfrac{1}{n} \sum_{i=1}^{3} X_i = \overline{X}$ 替换 m_1，得到 θ 的矩估计量为 $\hat{\theta} = \dfrac{3-\overline{X}}{2}$.

对于给定的样本值 3，1，2，2，3，2，由于 $\overline{x} = \dfrac{1}{6}(3+1+2+2+3+2) = \dfrac{13}{6}$，故 θ 的矩估计值 $\hat{\theta} = \dfrac{3}{2} - \dfrac{13}{12} = \dfrac{5}{12}$.

例 4　设总体 X 的密度函数为

$$f(x) = \begin{cases} \dfrac{6x}{\theta^3}(\theta-x), & 0 < x < \theta \\ 0, & \text{其他} \end{cases}$$

其中，$\theta > 0$ 为未知参数，X_1，X_2，$\cdots$，X_n 是取自总体 X 的一个样本.

(1) 求 θ 的矩估计量 $\hat{\theta}$；(2) 求 $\hat{\theta}$ 的方差 $D(\hat{\theta})$.

解　(1) $m_1 = E(X) = \displaystyle\int_{-\infty}^{+\infty} x f(x) \mathrm{d}x = \int_0^\theta x \cdot \dfrac{6x}{\theta^3}(\theta-x) \mathrm{d}x = \dfrac{1}{2}\theta$，

即 $\theta = 2m_1$. 用样本一阶原点矩 $A_1 = \dfrac{1}{n} \sum_{i=1}^{n} X_i = \overline{X}$ 替换 m_1，得到 θ 的矩估计量为 $\hat{\theta} = 2\overline{X}$.

(2) $E(X^2) = \displaystyle\int_{-\infty}^{+\infty} x^2 f(x) \mathrm{d}x = \int_0^\theta x^2 \cdot \dfrac{6x}{\theta^3}(\theta-x) \mathrm{d}x = \dfrac{3}{10}\theta^2$；

则　　　　　　　$D(X) = E(X^2) - [E(X)]^2 = \dfrac{3}{10}\theta^2 - \dfrac{1}{4}\theta^2 = \dfrac{1}{20}\theta^2$.

所以　　　　　　$D(\hat{\theta}) = D(2\overline{X}) = 4D(\overline{X}) = \dfrac{4}{n}D(X) = \dfrac{1}{5n}\theta^2$.

注：这里讨论的只是一般性的方法，有些特殊情形需作特殊处理. 例如分布函数中只含有一个未知参数，但总体的一阶矩与该参数无关，这时用矩估计法估计该参数，就可能必须用到总体的二阶矩.

矩估计法是一种经典的估计方法，它的优点是直观简便、适用性广. 使用矩估计法不需要对总体分布附加太多的条件. 即使不知道总体分布究竟是哪一种类型. 只要知道未知参数与总体各阶原点矩的关系，就能使用矩估计法. 因此，在实际问题中矩估计法应用得相当广泛. 但矩估计法要求总体的一些矩存在. 另外，样本矩的表达式 $A_k = \dfrac{1}{n} \sum_{i=1}^{n} X_i^k$ 与总体 X 的分布 $F(x;\theta)$ 无关，因而矩估计法还没有充分利用 $F(x;\theta)$ 提供的信息，对一些特定的分布，它不如用其他专门方法得到的估计量好.

二、最大似然估计法

当总体分布类型已知时，求未知参数点估计的另一种重要方法是最大似然估计法. 该方法是由费希尔于 1912 年提出，并由他命名. 这个方法的直观想法是：在一个随机试验的若干个可能结果中，若一次试验中结果 A 出现了，则一般认为试验条件对 A 出现最有利，

即认为 A 出现的概率最大. 按此想法再利用总体 X 的分布函数及样本提供的信息找出总体未知参数的估计量. 最大似然思想是人们思考和判断问题的一种方式, 为了说明最大似然估计的基本思想, 下面举一个常见的实例.

医生给病人看病的过程可以看作是在求一个点估计. 医生先要询问病人的发病症状, 测量病人的体温、心跳次数、血压高低, 必要时还要拍片、验血等. 这相当于数理统计中的抽样, 样本观测值相当于询问与检查的结果. 病人究竟患上哪一种病是未知的, 但总是若干种病(记作 A_1, A_2, …)之一. 如果医生在询问与检查结果的基础上根据医学知识与经验认为得 A_1 病时出现已知症状的可能性最大, 那么医生便判断该病人得了 A_1 病. 医生这种看病过程便贯穿了最大似然法的基本思想.

上述处理方法的基本思想是: 在已经得到试验结果(该例中指病因)时, 取使这个结果出现的可能性达到最大的那个 $\hat{\theta}$ 作为未知参数 θ 真值的估计. 这就是最大似然估计法, 也称为极大似然估计法. 也就是说, 当它作为参数 θ 的估计值时, 使结果出现的可能性最大, 即概率最大.

下面我们根据总体的不同类型介绍最大似然估计法.

(1) 若总体 X 属离散型, 其分布律 $P(X=x)=P(x;\theta)$ $(\theta \in \Theta)$ 的形式已知, θ 为待估参数, Θ 是参数空间. 假设 x_1, x_2, …, x_n 为来自总体 X 的样本 X_1, X_2, …, X_n 的样本观测值. 易知样本 X_1, X_2, …, X_n 取得观测值 x_1, x_2, …, x_n 的概率, 亦即事件 $\{X_1 = x_1$, $X_2 = x_2$, $X_n = x_n\}$ 发生的概率为

$$P(X_1 = x_1, X_2 = x_2, \cdots, X_n = x_n) = \prod_{i=1}^{n} P(x_i; \theta) \qquad (6-1)$$

它是 θ 的函数, 记为 $L(\theta)$.

$$L(\theta) = L(\theta; x_1, x_2, \cdots, x_n) = \prod_{i=1}^{n} P(x_i; \theta), \theta \in \Theta \qquad (6-2)$$

称为**似然函数**.

(2) 若总体 X 属连续型, 其概率密度 $f(x;\theta)(\theta \in \Theta)$ 的形式已知, θ 为待估参数, Θ 是参数空间. 设 X_1, X_2, …, X_n 是来自总体 X 的样本, 则 X_1, X_2, …, X_n 的联合概率密度为

$$\prod_{i=1}^{n} f(x_i; \theta) \qquad (6-3)$$

其值随 θ 的取值变化而变化, 记为 $L(\theta)$. 函数

$$L(\theta) = L(\theta; x_1, x_2, \cdots, x_n) = \prod_{i=1}^{n} f(x_i; \theta), \theta \in \Theta \qquad (6-4)$$

称为**似然函数**.

由上述可知, 不管是离散型的总体还是连续型的总体, 只要知道了其分布律或概率密度, 总可以得到一个关于参数 θ 的函数 $L(\theta)$, 称之为似然函数.

固定样本观测值 x_1, x_2, …, x_n, 在参数空间 Θ 内选择使似然函数 $L(\theta; x_1, x_2, \cdots, x_n)$ 达到最大的参数值 $\hat{\theta}$, 将其作为参数 θ 的估计值, 即取 $\hat{\theta}$ 使

$$L(\hat{\theta}; x_1, x_2, \cdots, x_n) = \max_{\theta \in \Theta} L(\theta; x_1, x_2, \cdots, x_n) \qquad (6-5)$$

这样得到的 $\hat{\theta}$ 与样本值 x_1, x_2, …, x_n 有关, 记为 $\hat{\theta}(x_1, x_2, \cdots, x_n)$, 称为参数 θ 的**最大似**

然估计值，而相应的统计量 $\hat{\theta}(X_1，X_2，\cdots，X_n)$ 称为参数 θ 的**最大似然估计量**.

求参数 θ 的最大似然估计就转化为求似然函数的极值点问题. 在很多情形，$P(x;\theta)$ 和 $f(x;\theta)$ 关于 θ 可微，这时 $\hat{\theta}$ 常可由方程（称为似然方程）

$$\frac{\mathrm{d}}{\mathrm{d}\theta}L(\theta)=0 \qquad\qquad (6-6)$$

解得. 然而 $L(\theta)$ 是 n 个函数的连乘积，求导比较复杂，而 $\ln L(\theta)$ 是 $L(\theta)$ 的单调增函数，$\ln L(\theta)$ 与 $L(\theta)$ 在同一 θ 处取得极值，于是求解方程（6-6）可以转化为求解方程（也称为对数似然方程）

$$\frac{\mathrm{d}}{\mathrm{d}\theta}\ln L(\theta)=0 \qquad\qquad (6-7)$$

当似然函数是关于多个未知参数 $\theta_1，\theta_2，\cdots，\theta_k$ 的函数时，求解方程（6-7）转化为求解对数似然方程组

$$\begin{cases} \dfrac{\partial\ln L}{\partial\theta_1}=0 \\[2mm] \dfrac{\partial\ln L}{\partial\theta_2}=0 \\[2mm] \vdots \\[2mm] \dfrac{\partial\ln L}{\partial\theta_k}=0 \end{cases} \qquad\qquad (6-8)$$

求最大似然估计量的一般步骤如下：

（1）根据样本值 $x_1，x_2，\cdots，x_n$，写出似然函数 $L(\theta)=L(\theta；x_1，x_2，\cdots，x_n)$；

（2）取对数，得到对数似然函数 $\ln L(\theta)=\ln L(\theta；x_1，x_2，\cdots，x_n)$；

（3）写出对数似然方程（或方程组）

$$\frac{\mathrm{d}}{\mathrm{d}\theta}\ln L(\theta)=0 \quad \text{或} \quad \frac{\partial}{\partial\theta_i}\ln L(\theta_1，\theta_2，\cdots，\theta_k)=0，（i=1，2，\cdots，k）$$

求解方程（或方程组）得 $L(\theta)$ 的驻点 $\hat{\theta}(x_1，x_2，\cdots，x_n)$. 于是 $\hat{\theta}(x_1，x_2，\cdots，x_n)$ 为 θ 的最大似然估计值，相应的 $\hat{\theta}=\hat{\theta}(X_1，X_2，\cdots，X_n)$ 为 θ 的最大似然估计量.

如果 $L(\theta)$ 关于 θ 不可微或无驻点，则应回归定义寻找参数空间中的最大值点，得到最大似然估计值 $\hat{\theta}(x_1，x_2，\cdots，x_n)$，最后写出最大似然估计量 $\hat{\theta}=\hat{\theta}(X_1，X_2，\cdots，X_n)$.

例5 设总体 $X\sim P(\lambda)$，其中 $\lambda>0$ 且未知，$X_1，X_2，\cdots，X_n$ 是取自总体 X 的样本，$x_1，x_2，\cdots，x_n$ 是样本的观测值，试求参数 λ 的最大似然估计量.

解 由泊松分布 $P(\lambda)$ 的分布律

$$P(x，\lambda)=P(X=x)=\frac{\lambda^x}{x!}\mathrm{e}^{-\lambda}，x=0，1，2，\cdots$$

可得似然函数

$$L(\lambda)=\prod_{i=1}^{n}P(X_i=x_i)=\frac{\lambda^{x_1}}{x_1!}\mathrm{e}^{-\lambda}\cdot\frac{\lambda^{x_2}}{x_2!}\mathrm{e}^{-\lambda}\cdot\cdots\cdot\frac{\lambda^{x_n}}{x_n!}\mathrm{e}^{-\lambda}=\mathrm{e}^{-n\lambda}\frac{\lambda^{\sum\limits_{i=1}^{n}x_i}}{\prod\limits_{i=1}^{n}x_i!}$$

取对数，有

$$\ln L(\lambda)=-n\lambda+\ln\lambda\cdot\left[\sum_{i=1}^{n}x_i\right]-\sum_{i=1}^{n}\ln(x_i!)$$

令

$$\frac{\mathrm{d}\ln L(\lambda)}{\mathrm{d}\lambda} = -n + \frac{1}{\lambda}\sum_{i=1}^{n}x_i = 0$$

得到 λ 的最大似然估计为

$$\hat{\lambda} = \frac{1}{n}\sum_{i=1}^{n}x_i$$

相应地，λ 的最大似然估计量为

$$\hat{\lambda} = \frac{1}{n}\sum_{i=1}^{n}X_i = \overline{X}$$

这个结果与矩估计法获得的估计量相同.

例 6　设总体 $X \sim N(\mu, \sigma^2)$，μ, σ^2 未知，$x_1, x_2, \cdots, x_n$ 为来自 X 的样本观测值. 求 μ, σ^2 的最大似然估计.

解　似然函数为

$$L(\mu, \sigma^2) = \prod_{i=1}^{n}\frac{1}{\sqrt{2\pi}\sigma}\exp\left[-\frac{1}{2\sigma^2}(x_i - \mu)^2\right]$$

而

$$\ln L(\mu, \sigma^2) = -\frac{n}{2}\ln(2\pi) - \frac{n}{2}\ln\sigma^2 - \frac{1}{2\sigma^2}\sum_{i=1}^{n}(x_i - \mu)^2$$

令

$$\begin{cases} \dfrac{\partial \ln L}{\partial \mu} = \dfrac{1}{\sigma^2}\left[\sum_{i=1}^{n}x_i - n\mu\right] = 0 \\[2mm] \dfrac{\partial \ln L}{\partial (\sigma^2)} = -\dfrac{n}{2\sigma^2} + \dfrac{1}{2(\sigma^2)^2}\sum_{i=1}^{n}(x_i - \mu)^2 = 0 \end{cases}$$

解得 μ, σ^2 的最大似然估计值为

$$\hat{\mu} = \frac{1}{n}\sum_{i=1}^{n}x_i = \overline{x}, \quad \hat{\sigma}^2 = \frac{1}{n}\sum_{i=1}^{n}(x_i - \overline{x})^2$$

因此得 μ, σ^2 的最大似然估计量分别为

$$\hat{\mu} = \overline{X}, \quad \hat{\sigma}^2 = \frac{1}{n}\sum_{i=1}^{n}(X_i - \overline{X})^2 = B_2$$

上述结果也与矩估计法获得的估计量相同.

例 7　设总体 X 在 $[a, b]$ 上服从均匀分布，a, b 未知，$X_1, X_2, \cdots, X_n$ 是取自总体 X 的样本，试求 a, b 的最大似然估计量.

解　设 $x_1, x_2, \cdots, x_n$ 为样本观测值，由 X 的概率密度函数

$$f(x; a, b) = \begin{cases} \dfrac{1}{b-a}, & a \leqslant x \leqslant b \\[2mm] 0, & \text{其他} \end{cases}$$

可得似然函数为

$$L(a, b) = \begin{cases} \dfrac{1}{(b-a)^n}, & a \leqslant x_i \leqslant b, i=1, 2, \cdots, n \\[2mm] 0, & \text{其他} \end{cases}$$

　　由于 $L(a,b)$ 是关于 a 严格单调增、关于 b 严格单调减的函数，对数似然方程组无解. 这时就要结合参数的取值范围，用其他方法来求 $L(a,b)$ 的最大值点.

　　记 $x_{(1)}=\min\{x_1,x_2,\cdots,x_n\}$，$x_{(n)}=\max\{x_1,x_2,\cdots,x_n\}$，由于 $a\leqslant x_1,x_2,\cdots,x_n\leqslant b$，参数的取值范围为 $a\in(-\infty,x_{(1)}]$，$b\in[x_{(n)},+\infty)$. 结合函数 $L(a,b)$ 的单调性可得：$L(a,b)$ 在 $a=x_{(1)}$，$b=x_{(n)}$ 时取得最大值 $(x_{(n)}-x_{(1)})^{-n}$，故 a,b 的最大似然估计值为

$$\hat{a}=x_{(1)}=\min_{1\leqslant i\leqslant n}x_i,\qquad \hat{b}=x_{(n)}=\max_{1\leqslant i\leqslant n}x_i$$

最大似然估计量为 $\hat{a}=X_{(1)}=\min\limits_{1\leqslant i\leqslant n}X_i$，$\hat{b}=X_{(n)}=\max\limits_{1\leqslant i\leqslant n}X_i$. 这个结果与矩估计法获得的结果并不相同.

　　最大似然估计充分利用了总体分布所提供的信息，因而具有很多有用的性质，最大似然估计的不变性就是其中一个简单而有用的性质. 这里的不变性是指：如果 $\hat{\theta}$ 是 θ 的最大似然估计，且 $g(\theta)$ 为单调函数，则 $g(\hat{\theta})$ 为 $g(\theta)$ 的最大似然估计. 利用不变性可以使一些具有复杂结构的参数的最大似然估计更容易获得.

　　例如，在例 6 中已得到 σ^2 的最大似然估计为

$$\hat{\sigma}^2=\frac{1}{n}\sum_{i=1}^{n}(X_i-\overline{X})^2$$

根据上述性质可得标准差 σ 的最大似然估计为

$$\hat{\sigma}=\sqrt{\hat{\sigma}^2}=\sqrt{\frac{1}{n}\sum_{i=1}^{n}(X_i-\overline{X})^2}$$

习题 6.1

　　1. 设 $X_1,X_2,\cdots,X_n$ 为总体 X 的样本，求下列各题概率密度函数或分布律中未知参数的矩估计量和最大似然估计量：

　　(1) $f(x;\theta)=\begin{cases}\theta x^{\theta-1}, & 0<x<1,\\ 0, & \text{其他},\end{cases}$ 其中 $\theta>0$，θ 为未知参数.

　　(2) $f(x;\theta,\mu)=\begin{cases}\dfrac{1}{\theta}\mathrm{e}^{-\frac{(x-\mu)}{\theta}}, & x\geqslant\mu,\\ 0, & \text{其他},\end{cases}$ 其中 $\theta>0$，θ,μ 为未知参数.

　　(3) $f(x;\theta)=\begin{cases}\dfrac{1}{\theta}, & 0\leqslant x\leqslant\theta,\\ 0, & \text{其他}\end{cases}$ 其中 θ 为未知参数.

　　(4) $P(X=k)=\dbinom{m}{k}p^k(1-p)^{m-k}$，$k=0,1,2,\cdots,m$，其中 $0<p<1$，p 为未知参数.

　　2. 设总体 X 服从泊松分布 $P(\lambda)$，样本为 $X_1,X_2,\cdots,X_n$，求 $P(X=0)$ 的最大似然估计量.

　　3. 设总体 X 具有分布律

X	1	2	3
p_k	θ^2	$2\theta(1-\theta)$	$(1-\theta)^2$

其中 $\theta(0<\theta<1)$ 为未知参数, 若取得了样本值 $x_1=1$, $x_2=2$, $x_3=1$. 试求 θ 的最大似然估计值.

4. 设总体 X 具有分布律

X	0	1	2	3
p_k	θ^2	$2\theta(1-\theta)$	θ^2	$1-2\theta$

其中, $\theta(0<\theta<\dfrac{1}{2})$ 是未知参数. 利用总体 X 的样本值 3, 1, 3, 0, 3, 1, 2, 3, 求 θ 的矩估计值和最大似然估计值.

5. 设总体 X 的概率密度为

$$f(x;\lambda)=\begin{cases}\lambda^2 x\mathrm{e}^{-\lambda x}, & x>0 \\ 0, & \text{其他}\end{cases}$$

其中 $\lambda(\lambda>0)$ 未知, X_1, X_2, $\cdots$, X_n 是来自总体 X 的简单随机样本.

(1) 求参数 λ 的矩估计量; (2) 求参数 λ 的最大似然估计量.

6. 设总体 X 的概率密度为

$$f(x;\theta)=\begin{cases}\dfrac{\theta^2}{x^3}\mathrm{e}^{-\frac{\theta}{x}}, & x>0 \\ 0, & \text{其他}\end{cases}$$

其中 θ 为未知参数且大于零. X_1, X_2, $\cdots$, X_n 为来自总体 X 的简单随机样本.

(1) 求 θ 的矩估计量; (2) 求 θ 的最大似然估计量.

第二节 估计量的评选标准

从上一节可以看到, 对同一个未知参数, 用不同的估计方法求出的估计量可能不同. 我们自然会问, 采用哪一个估计量更好呢? 为了回答这一问题, 必须给出可以衡量估计量好坏的标准, 下面介绍三个最基本的标准: 无偏性、有效性、相合性, 它们考虑的都是估计量与未知参数在某种意义上的接近程度.

一、无偏性

估计量 $\hat{\theta}(X_1, X_2, \cdots, X_n)$ 是随机变量, 采用不同的样本值会得到不同的估计值. $\hat{\theta}$ 有时比 θ 大, 有时比 θ 小. 我们希望估计值在未知参数真值附近, 总的来看, 它的"平均数"就是 θ, 也就是它的数学期望等于未知参数的真值, 这就得到"无偏性"这个标准.

定义 1 设 $\hat{\theta}(X_1, X_2, \cdots, X_n)$ 是未知参数 θ 的点估计量, 若

$$E(\hat{\theta})=\theta \tag{6-9}$$

则称 $\hat{\theta}$ 是 θ 的**无偏估计量(无偏估计)**. 否则称为**有偏估计量(有偏估计)**.

在科学技术中, 称 $E(\hat{\theta})-\theta$ 为用 $\hat{\theta}$ 估计 θ 时产生的系统误差, 无偏性的实际意义是估计

量没有系统误差，只可能有随机误差.

例 1　设 X_1，X_2，$\cdots$，X_n 是来自具有有限数学期望 μ 的总体的样本，则 $\overline{X} = \dfrac{1}{n} \sum\limits_{i=1}^{n} X_i$ 是 μ 的无偏估计.

证　因为

$$E(\overline{X}) = E\left(\frac{1}{n} \sum_{i=1}^{n} X_i\right) = \frac{1}{n} \sum_{i=1}^{n} E(X_i) = \mu$$

所以 $\overline{X}$ 是 μ 的无偏估计.

例 2　设样本 X_1，X_2，$\cdots$，X_n 来自数学期望为 μ，方差为 σ^2 的总体 X，则样本二阶中心矩 $B_2 = \dfrac{1}{n} \sum\limits_{i=1}^{n} (X_i - \overline{X})^2$ 不是 σ^2 的无偏估计.

证　易知　　　　　　　　　　$B_2 = \dfrac{1}{n} \sum\limits_{i=1}^{n} X_i^2 - \overline{X}^2,$

故

$$E(B_2) = \frac{1}{n} \sum_{i=1}^{n} E(X_i^2) - E(\overline{X}^2)$$

$$= \frac{1}{n} \sum_{i=1}^{n} \{D(X_i) + [E(X_i)]^2\} - \{D(\overline{X}) + [E(\overline{X})]^2\}$$

$$= \frac{1}{n} \sum_{i=1}^{n} (\sigma^2 + \mu^2) - \left(\frac{1}{n} \sigma^2 + \mu^2\right)$$

$$= \frac{n-1}{n} \sigma^2 \neq \sigma^2,$$

即 B_2 不是 σ^2 的无偏估计.

由上述证明易知，样本方差 $S^2 = \dfrac{1}{n-1} \sum\limits_{i=1}^{n} (X_i - \overline{X})^2$ 是 σ^2 的无偏估计. 因此，一般取 S^2 为 σ^2 的估计量.

综上可得如下结论：样本均值是总体均值的无偏估计，样本方差是总体方差的无偏估计. 同样地，容易证明：样本的 k 阶原点矩 $A_k = \dfrac{1}{n} \sum\limits_{i=1}^{n} X_i^k$ 是总体 k 阶原点矩 $m_k = E(X^k)$ 的无偏估计.

如果 $\hat{\theta}$ 是参数 θ 的有偏估计量，并且有 $E(\hat{\theta}) = a\theta + b$，其中 a，b 是常数，且 $a \neq 0$，那么，我们可以通过纠偏得到 θ 的一个无偏估计量

$$\hat{\theta}^* = \frac{1}{a}(\hat{\theta} - b)$$

定义 2　若参数 θ 的估计量 $\hat{\theta}_n = T_n(X_1, X_2, \cdots, X_n)$ 满足关系式

$$\lim_{n \to \infty} E(\hat{\theta}_n) = \theta \quad (\text{对一切 } \theta \in \Theta)$$

则称 $\hat{\theta}_n$ 为 θ 的渐近无偏估计量.

注：虽然 B_2 不是总体方差 σ^2 的无偏估计量，但是有 $\lim\limits_{n \to \infty} E(B_2) = \lim\limits_{n \to \infty} \dfrac{n-1}{n} \sigma^2 = \sigma^2.$ 所以 B_2 为 σ^2 的渐近无偏估计量.

在样本容量 n 充分大时，可把渐近无偏估计量近似地作为无偏估计量来使用.

二、有效性

一般地，对同一参数 θ 可以有很多的无偏估计量，而对于未知参数 θ 的两个不相同的无偏估计量 $\hat{\theta}_1$ 与 $\hat{\theta}_2$，怎样比较估计的好坏呢？显然，对于相同样本容量 n，方差较小的估计量较好.

定义 3　设 $\hat{\theta}_1$ 与 $\hat{\theta}_2$ 都是 θ 的无偏估计量，若对任意样本容量 n，有

$$D(\hat{\theta}_1) < D(\hat{\theta}_2) \tag{6-10}$$

则称 $\hat{\theta}_1$ 比 $\hat{\theta}_2$ 有效.

"有效性"的直观含义是：若 $\hat{\theta}_1, \hat{\theta}_2$ 的均值都是 θ，且 $\hat{\theta}_1$ 的观察值比 $\hat{\theta}_2$ 更密集在 θ 的真实值附近，那么方差小的无偏估计 $\hat{\theta}_1$ 更好.

例 3　设 $X_1，X_2$ 是来自总体 $N(\mu, 1)$ 的样本，μ 的三个无偏估计量如下：

$$\hat{\mu}_1 = \frac{2}{3}X_1 + \frac{1}{3}X_2, \qquad \hat{\mu}_2 = \frac{1}{2}X_1 + \frac{1}{2}X_2, \qquad \hat{\mu}_3 = \frac{3}{4}X_1 + \frac{1}{4}X_2,$$

哪一个更有效？

解　因为 $D(X_1) = D(X_2) = D(X) = 1$，所以

$$D(\hat{\mu}_1) = \frac{4}{9}D(X_1) + \frac{1}{9}D(X_2) = \frac{5}{9}D(X) = \frac{5}{9}$$

$$D(\hat{\mu}_2) = \frac{1}{4}D(X_1) + \frac{1}{4}D(X_2) = \frac{1}{2}D(X) = \frac{1}{2}$$

$$D(\hat{\mu}_3) = \frac{9}{16}D(X_1) + \frac{1}{16}D(X_2) = \frac{10}{16}D(X) = \frac{5}{8}$$

显然，$D(\hat{\mu}_3) > D(\hat{\mu}_1) > D(\hat{\mu}_2)$，故 $\hat{\mu}_2 = \overline{X}$ 更有效.

例 4　设 $X_1，X_2，\cdots，X_n$ 是来自总体 X 的容量为 n 的样本，$E(X) = \mu$，μ 是未知参数. 试证明 $\hat{\mu} = \sum_{i=1}^{n} a_i X_i$ 当 $\sum_{i=1}^{n} a_i = 1$ 时都是 μ 的无偏估计量，且 $\hat{\mu} = \overline{X}$ 时最有效.

解　由 $\sum_{i=1}^{n} a_i = 1$，$E(X_i) = E(X) = \mu$ 可得

$$E(\hat{\mu}) = E\left(\sum_{i=1}^{n} a_i X_i \right) = \sum_{i=1}^{n} a_i E(X_i) = \sum_{i=1}^{n} a_i \mu = \mu$$

故当 $\sum_{i=1}^{n} a_i = 1$ 时形如 $\hat{\mu} = \sum_{i=1}^{n} a_i X_i$ 的统计量都是 μ 的无偏估计量.

又

$$D(\hat{\mu}) = D\left(\sum_{i=1}^{n} a_i X_i \right) = \sum_{i=1}^{n} a_i^2 D(X_i) = \left(\sum_{i=1}^{n} a_i^2 \right) D(X)$$

利用柯西不等式 $\left(\sum_{i=1}^{n} a_i b_i \right)^2 \leqslant \left(\sum_{i=1}^{n} a_i^2 \right)\left(\sum_{i=1}^{n} b_i^2 \right)$ 得到

$$\left(\sum_{i=1}^{n} a_i \right)^2 \leqslant \left(\sum_{i=1}^{n} a_i^2 \right)\left(\sum_{i=1}^{n} 1^2 \right) = n\left(\sum_{i=1}^{n} a_i^2 \right)，\text{即} \sum_{i=1}^{n} a_i^2 \geqslant \frac{1}{n}\left(\sum_{i=1}^{n} a_i \right)^2$$

故在 $\sum\limits_{i=1}^{n} a_i = 1$ 条件下，$\sum\limits_{i=1}^{n} a_i^2 \geqslant \dfrac{1}{n}$，且当 $a_1 = a_2 = \cdots = a_n = \dfrac{1}{n}$ 时（此时有

$$\hat{\mu} = \sum_{i=1}^{n} \frac{1}{n} X_i = \overline{X}\,)\ \sum_{i=1}^{n} a_i^2 = \frac{1}{n}$$

所以 $\hat{\mu} = \overline{X}$ 时最有效.

三、相合性

前面讲的无偏性和有效性都是在样本容量 n 固定的前提下提出的. 随着试验次数 n 的不断增加，样本所包含的信息量也在不断增加. 因此在 n 无限增加时，一个"好"的估计应在某种意义下无限地接近被估参数. 这就是所谓的"相合性"要求.

定义 4　设 $\hat{\theta}(X_1, X_2, \cdots, X_n)$ 是未知参数 θ 的点估计量，若当 $n \to \infty$ 时，$\hat{\theta}$ 依概率收敛于 θ，即对任意 $\varepsilon > 0$，均有

$$\lim_{n \to \infty} P(|\hat{\theta} - \theta| < \varepsilon) = 1 \tag{6-11}$$

则称 $\hat{\theta}$ 是 θ 的相合估计量或一致估计量.

"相合"一词可形象地理解为 $\hat{\theta}$"合"于 θ. 相合性可以说是对估计量的一个起码而合理的要求. 试想：若不论做多少次试验，也不能把 θ 估计到任意指定的精确程度，则这个估计量的合理性是值得怀疑的.

例 5　设总体 $X \sim N(\mu, \sigma^2)$，μ，σ^2 未知，$X_1, X_2, \cdots, X_n$ 是来自 X 的样本，试证明：样本均值 $\overline{X} = \dfrac{1}{n} \sum\limits_{i=1}^{n} X_i$ 和样本方差 $S^2 = \dfrac{1}{n-1} \sum\limits_{i=1}^{n} (X_i - \overline{X})^2$ 分别是 μ，σ^2 的相合估计量.

证　由于

$$E(\overline{X}) = \mu, \ D(\overline{X}) = \frac{\sigma^2}{n}, \ E(S^2) = \sigma^2$$

注意到 $\dfrac{(n-1)S^2}{\sigma^2} \sim \chi^2(n-1)$，有 $D\left(\dfrac{(n-1)S^2}{\sigma^2}\right) = 2(n-1)$，从而 $D(S^2) = \dfrac{2}{n-1}\sigma^4$.

于是对任意给定的 $\varepsilon > 0$，由切比雪夫不等式可得

$$P(|\overline{X} - \mu| < \varepsilon) \geqslant 1 - \frac{D(\overline{X})}{\varepsilon^2} = 1 - \frac{\sigma^2}{n\varepsilon^2}$$

$$P(|S^2 - \sigma^2| < \varepsilon) \geqslant 1 - \frac{D(S^2)}{\varepsilon^2} = 1 - \frac{2\sigma^4}{(n-1)\varepsilon^2}$$

所以当 $n \to \infty$ 时，有

$$\lim_{n \to \infty} P(|\overline{X} - \mu| < \varepsilon) = 1, \ \lim_{n \to \infty} P(|S^2 - \sigma^2| < \varepsilon) = 1$$

即 $\overline{X}$ 和 S^2 分别是 μ，σ^2 的相合估计量.

定理 1　若总体 X 的原点矩存在，则样本原点矩是相应的总体原点矩的相合估计量.

证　由样本定义知，$X_1, X_2, \cdots, X_n, \cdots$ 相互独立且与总体 X 同分布，于是 $X_1^k, X_2^k, \cdots, X_n^k, \cdots$ 也相互独立且与 X^k 同分布，由于 $E(X^k)$ 存在，根据辛钦大数定律，对任意 $\varepsilon > 0$，有

$$\lim_{n \to \infty} P\left(\left|\frac{1}{n} \sum_{i=1}^{n} X_i^k - E(X^k)\right| < \varepsilon\right) = 1$$

进一步可以证明更为一般的结论：只要待估参数 θ 可以表示为总体原点矩的连续函数

$f(E(X)，E(X^2)，\cdots，E(X^l))$，则估计 $\hat{\theta}=f(A_1，A_2，\cdots，A_l)$ 便是参数 θ 的相合估计量，其中，$A_k=\dfrac{1}{n}\sum\limits_{i=1}^{n}X_i^k$ 表示样本的 k 阶原点矩. 还可以证明，只要满足相同的条件，最大似然估计量也是相合的.

相合性是对一个估计量的基本要求. 若估计量不是相合的，这样的估计量就是不可取的. 但是对相合性的判别，只有当样本容量很大时才能显示出优越性，而这在实际中往往难以做到，讨论一个估计量的无偏性与有效性相对比较容易，因此实际工作中往往较多使用无偏性和有效性标准.

习题 6.2

1. 设总体 $X\sim N(\mu，\sigma^2)$，样本为 $X_1，X_2，\cdots，X_n$，试确定常数 c，使 $c\sum\limits_{i=1}^{n-1}(X_{i+1}-X_i)^2$ 为 σ^2 的无偏估计.

2. 设总体 X 服从参数为 λ 的泊松分布，$X_1，X_2，\cdots，X_n$ 是取自总体 X 的一个样本，$\lambda>0$ 且为未知参数.

(1) 设 $A_1，A_2$ 分别表示样本的一阶、二阶原点矩，试确定常数 $c_1，c_2$，使得对任意的 $\lambda>0$，$c_1A_1+c_2A_2$ 均为 λ^2 的无偏估计；

(2) 求 λ^2 的极大似然估计量 $\hat{\lambda}^2$，并证明 $\hat{\lambda}^2$ 不是 λ^2 的无偏估计.

3. 设总体 X 的概率密度为

$$f(x)=\begin{cases}\mathrm{e}^{-(x-\theta)}，& x\geqslant\theta，\\ 0，& x<\theta，\end{cases}$$

其中，θ 为未知参数，$X_1，X_2，\cdots，X_n$ 是取自总体的样本.

(1) 求 θ 的矩估计 $\hat{\theta}_1$，并证明 $\hat{\theta}_1$ 是 θ 的无偏估计；

(2) 求 θ 的最大似然估计 $\hat{\theta}_2$，并证明 $\hat{\theta}_2$ 不是 θ 的无偏估计.

4. 设 $\hat{\theta}$ 是参数 θ 的无偏估计，且有 $D(\hat{\theta})>0$，证明 $\hat{\theta}^2=(\hat{\theta})^2$ 不是 θ^2 的无偏估计.

5. 设 $X_1，X_2，X_3$ 为总体 X 的样本，试证 $\hat{\theta}_1=\dfrac{2}{5}X_1+\dfrac{1}{5}X_2+\dfrac{2}{5}X_3$，$\hat{\theta}_2=\dfrac{1}{6}X_1+\dfrac{1}{3}X_2+\dfrac{1}{2}X_3$，$\hat{\theta}_3=\dfrac{1}{7}X_1+\dfrac{3}{14}X_2+\dfrac{9}{14}X_3$，都是总体均值 $E(X)$（假设其存在）的无偏估计量，并判定哪一个的方差最小.

6. 若从均值为 μ，方差为 $\sigma^2>0$ 的总体中，分别抽取容量为 $n_1，n_2$ 的两独立样本，$\overline{X}_1$ 和 $\overline{X}_2$ 分别是两样本均值. 试证：任意常数 $a，b(a+b=1)$，$Y=a\overline{X}_1+b\overline{X}_2$ 都是 μ 的无偏估计，并确定常数 $a，b$ 使 $D(Y)$ 达到最小.

7. 设总体 X 的概率密度为

$$f(x)=\frac{1}{2\sigma}\mathrm{e}^{-\frac{1}{\sigma}|x|}，$$

其中未知参数 $\sigma > 0$.

(1) 求 σ 的最大似然估计量 $\hat{\sigma}$;

(2) 证明 $\hat{\sigma}$ 是 σ 的无偏估计.

8. 设 $\hat{\theta}_1$, $\hat{\theta}_2$ 是参数 θ 的两个独立的无偏估计, 且 $D(\hat{\theta}_1) = kD(\hat{\theta}_2) > 0$, k 为已知常数. 试求常数 k_1, k_2, 使 $k_1\hat{\theta}_1 + k_2\hat{\theta}_2$ 是 θ 的无偏估计, 且在所有这种形式的无偏估计中, 方差最小.

9. 设总体 $X \sim N(\mu, \sigma^2)$, μ 为已知, $X_1, X_2, \cdots, X_n$ 为取自总体 X 的一个样本, $S^2 = \dfrac{1}{n-1} \sum_{i=1}^{n} (X_i - \overline{X})^2$. 试证 S^2 与 $\dfrac{1}{n} \sum_{i=1}^{n} (X_i - \mu)^2$ 均为 σ^2 的无偏估计, 并比较这两个估计量的有效性.

第三节　区　间　估　计

前面讨论了参数的点估计, 即用样本的函数 $\hat{\theta} = \hat{\theta}(X_1, X_2, \cdots, X_n)$ 作为总体参数 θ 的估计量, 用样本观察值所得到的相应函数值 $\hat{\theta} = \hat{\theta}(x_1, x_2, \cdots, x_n)$ 作为 θ 的估计值. 用一个数值去估计参数, 优点是简单、明确, 缺点是即使它是无偏的和相合的, 但仍没有给出这种估计的精度. 若能给出一个估计区间, 让我们有较大的把握去相信未知参数的真值被含在这个区间内, 这样的估计显然更有实用价值. 换句话讲, 我们不仅希望给出参数的一个估计范围, 同时还希望知道该范围覆盖参数真实值的可信程度, 这种形式的估计就是区间估计.

定义 1　设总体 X 分布的未知参数为 θ, 参数空间为 Θ, $X_1, X_2, \cdots, X_n$ 为取自总体的样本. 对给定的 $\alpha(0 < \alpha < 1)$, 构造两个统计量 $\hat{\theta}_1(X_1, X_2, \cdots, X_n)$ 和 $\hat{\theta}_2(X_1, X_2, \cdots, X_n)$, 若

$$P(\hat{\theta}_1(X_1, X_2, \cdots, X_n) < \theta < \hat{\theta}_2(X_1, X_2, \cdots, X_n)) = 1 - \alpha \qquad (6-12)$$

则称随机区间 $(\hat{\theta}_1, \hat{\theta}_2)$ 为 θ 的**置信水平为 $1-\alpha$ 的置信区间**, 或简称 $(\hat{\theta}_1, \hat{\theta}_2)$ 是 θ 的 $1-\alpha$ 置信区间; $\hat{\theta}_1$ 和 $\hat{\theta}_2$ 分别称为**置信下限**和**置信上限**. 常取 $\alpha = 0.01, 0.05, 0.10$ 等.

$1-\alpha$ 置信区间的含义是: 若反复抽样多次(各次的样本容量相等, 均为 n), 每一组样本值确定一个区间 $(\hat{\theta}_1, \hat{\theta}_2)$, 每个这样的区间要么包含 θ 的真值, 要么不包含 θ 的真值. 按照伯努利大数定律, 在这么多的区间中, 包含 θ 真值的约占 $100(1-\alpha)\%$, 不包含 θ 真值的约占 $100\alpha\%$. 例如, 若 $\alpha = 0.01$, 反复抽样 1000 次, 则得到的 1000 个区间中, 不包含 θ 真值的约为 10 个.

置信区间的长度表示估计结果的精确性, 而置信水平表示估计结果的可靠性.

评价区间估计的好坏通常考虑两个指标——可靠度和精确度(也称精度).

对于置信水平为 $1-\alpha$ 的置信区间 $(\hat{\theta}_1, \hat{\theta}_2)$, 置信水平 $1-\alpha$ 表示估计的可靠度(又名置信度), 它可以判断随机区间 $(\hat{\theta}_1, \hat{\theta}_2)$ 有多大的可能性包含未知参数 θ. 置信水平 $1-\alpha$ 越大, 估计的可靠性越高; 当然, 区间估计也可能犯错误, α 表示犯错误的概率. 置信区间的长度 $\hat{\theta}_2 - \hat{\theta}_1$ 表示了区间估计的精度, 它表示了估计的误差范围. 区间 $(\hat{\theta}_1, \hat{\theta}_2)$ 的长度越小, 估计的精度越高. 人们总希望区间估计的可靠尽可能的大, 精度尽可能的高, 但是当样本容量 n 一定时, 两者往往既是相互联系又是相互矛盾的: 提高可靠度通常会使精确度下降, 而提高精确度通常会使可靠度下降. 在实际应用中, 要找到这两方面间的平衡, 往往先固

定可靠度，再提高估计精确度.

下面以正态分布总体为例，介绍置信区间的构造.

例 1 设总体 $X \sim N(\mu, \sigma^2)$，σ^2 已知，μ 未知，样本为 X_1，X_2，$\cdots$，X_n，求 μ 的置信水平为 $1-\alpha$ 的置信区间.

解 我们知道 $\overline{X}$ 是 μ 的无偏估计，且有

$$\frac{\overline{X}-\mu}{\sigma/\sqrt{n}} \sim N(0, 1) \tag{6-13}$$

$\dfrac{\overline{X}-\mu}{\sigma/\sqrt{n}}$ 所服从的分布 $N(0, 1)$ 不依赖于任何未知参数，按标准正态分布的分位数的定义，有（参见图 6.1）

$$P\left(\left| \frac{\overline{X}-\mu}{\sigma/\sqrt{n}} \right| < z_{\frac{\alpha}{2}} \right) = 1-\alpha \tag{6-14}$$

即

$$P\left(\overline{X} - \frac{\sigma}{\sqrt{n}} z_{\frac{\alpha}{2}} < \mu < \overline{X} + \frac{\sigma}{\sqrt{n}} z_{\frac{\alpha}{2}} \right) = 1-\alpha \tag{6-15}$$

这样，我们就得到了 μ 的置信水平为 $1-\alpha$ 的置信区间

$$\left(\overline{X} - \frac{\sigma}{\sqrt{n}} z_{\frac{\alpha}{2}}, \ \overline{X} + \frac{\sigma}{\sqrt{n}} z_{\frac{\alpha}{2}} \right) \tag{6-16}$$

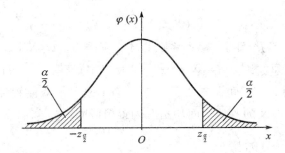

图 6.1 标准正态分布的分位数

归纳本例处理问题的过程，可知寻求未知参数 θ 的置信区间通常有如下三个步骤：

(1) 选择样本 X_1，X_2，$\cdots$，X_n 的一个函数 $h(X_1, X_2, \cdots, X_n; \theta)$，使它满足两个条件：① 它含有待估的未知参数 θ，而不含其他未知参数；② $h(X_1, X_2, \cdots, X_n; \theta)$ 的分布为已知，且其分布不依赖于任何未知参数. 这个包含待估参数 θ 的样本函数称为**枢轴量**. 在很多情形下，枢轴量可由未知参数 θ 的点估计量适当变换得到.

(2) 对于给定的置信度 $1-\alpha$，确定常数 a，b，使 $P(a < h(X_1, X_2, \cdots, X_n; \theta) < b) = 1-\alpha$. 由于函数 $h(X_1, X_2, \cdots, X_n; \theta)$ 的分布已知，一般利用该分布的分位数来确定常数 a，b 的值.

(3) 对 $a < h(X_1, X_2, \cdots, X_n; \theta) < b$ 作等价变形得到 $\hat{\theta}_1 < \theta < \hat{\theta}_2$，其中，若 $\hat{\theta}_1 = \hat{\theta}_1(X_1, X_2, \cdots, X_n)$，$\hat{\theta}_2 = \hat{\theta}_2(X_1, X_2, \cdots, X_n)$ 都是统计量，则 $(\hat{\theta}_1, \hat{\theta}_2)$ 就是未知参数 θ 的一个置信水平为 $1-\alpha$ 的置信区间.

上述构造置信区间的关键在于构造枢轴量，故把这种方法称为枢轴量法.

值得说明的是：对选定的枢轴量，满足上述步骤(2)的常数 a，b 不是唯一的．选择时，要力求置信区间精度尽可能的高，即区间长度越短越好．不少场合很难达到这一点，故常选择 a，b，使得

$$P(h(X_1，X_2，\cdots，X_n；\theta)<a)=P(h(X_1，X_2，\cdots，X_n；\theta)>b)=\frac{\alpha}{2}$$

这样得到的置信区间称为等尾置信区间．很多非对称分布常采用这种置信区间求法．

定义 1 给出的置信限是双侧的，但在许多实际问题中，需要的是单侧置信限．例如，对于设备、元件的使用寿命来说，平均寿命过长没有什么问题，平均寿命过短就有问题，对于这种情况，可将置信上限取为$+\infty$，只着眼于置信下限；对于产品的次品率，其过小就没有问题，过大是不允许的，这时可将置信下限取作 0，只着眼于置信上限．一般地，对于总体的未知参数 θ，给出如下定义：

定义 2 设总体 X 分布的未知参数为 θ，参数空间为 Θ，X_1，X_2，$\cdots$，X_n 为取自总体的样本．对给定的 $\alpha(0<\alpha<1)$，有

$$P(\hat{\theta}_1(X_1，X_2，\cdots，X_n)<\theta<c_1)=1-\alpha$$

其中，$\hat{\theta}_1(X_1，X_2，\cdots，X_n)$ 为统计量，c_1 为常数或$+\infty$，则称$(\theta_1(X_1，X_2，\cdots，X_n)，c_1)$ 为 θ 的置信度为 $1-\alpha$ 的**单侧置信区间**，称 $\hat{\theta}_1(X_1，X_2，\cdots X_n)$ 为 θ 的置信度为 $1-\alpha$ 的**单侧置信下限**．

类似地，若有

$$P(c_2<\theta<\hat{\theta}_2(X_1，X_2，\cdots，X_n))=1-\alpha$$

其中，$\hat{\theta}_2(X_1，X_2，\cdots，X_n)$ 为统计量，c_2 为常数或$-\infty$，则称$(c_2，\hat{\theta}_2(X_1，X_2，\cdots，X_n))$ 为 θ 的置信度为 $1-\alpha$ 的单侧置信区间，称 $\hat{\theta}_2(X_1，X_2，\cdots，X_n)$ 为 θ 的置信度为 $1-\alpha$ 的**单侧置信上限**．

由于求参数的单侧置信区间在本质上与求定义 1 提出的双侧置信区间没有什么不同．故除非特别指明，下面涉及的置信区间均指双侧置信区间．

一、单个总体 $N(\mu，\sigma^2)$ 的情形

设总体 $X\sim N(\mu，\sigma^2)$，样本为 X_1，X_2，$\cdots$，X_n，$\overline{X}$，S^2 分别为样本均值和样本方差，给定置信水平为 $1-\alpha$．

1. 均值 μ 的置信区间

(1) σ^2 为已知的情况．此时，由例 1 得 μ 的置信水平为 $1-\alpha$ 的置信区间为

$$\left(\overline{X}-\frac{\sigma}{\sqrt{n}}z_{\frac{\alpha}{2}}，\overline{X}+\frac{\sigma}{\sqrt{n}}z_{\frac{\alpha}{2}}\right)$$

(2) σ^2 为未知的情况．此时不能使用式(6-16)给出的区间，因为其中含有未知参数 σ．一个很自然的想法是将式(6-13)中的总体标准差 σ 换成样本标准差 $S=\sqrt{S^2}$，由

$$\frac{\overline{X}-\mu}{S/\sqrt{n}}\sim t(n-1) \tag{6-17}$$

并且右边分布 $t(n-1)$ 不依赖于任何未知参数，可得(参见图 6.2)

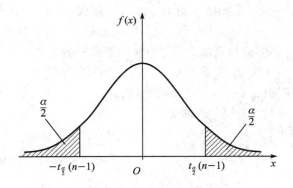

图 6.2 分布 $t(n-1)$ 的分位数

$$P\left(\left|\frac{\overline{X}-\mu}{S/\sqrt{n}}\right|<t_{\frac{\alpha}{2}}\right)=1-\alpha \tag{6-18}$$

$$P\left(\overline{X}-\frac{S}{\sqrt{n}}t_{\frac{\alpha}{2}}(n-1)<\mu<\overline{X}+\frac{S}{\sqrt{n}}t_{\frac{\alpha}{2}}(n-1)\right)=1-\alpha \tag{6-19}$$

于是得 μ 的置信水平为 $1-\alpha$ 的置信区间为

$$\left(\overline{X}-t_{\frac{\alpha}{2}}(n-1)\frac{S}{\sqrt{n}},\ \overline{X}+t_{\frac{\alpha}{2}}(n-1)\frac{S}{\sqrt{n}}\right) \tag{6-20}$$

例 2 从某厂生产的滚珠中随机抽取 10 个，测得滚珠的直径（单位：mm）如下：

14.6，15.0，14.7，15.1，14.9，14.8，15.0，15.1，15.2，14.8

若滚珠直径服从正态分布 $N(\mu,\sigma^2)$，并且已知 $\sigma=0.16$ mm，求滚珠直径均值 μ 的置信水平为 95% 的置信区间.

解 计算可得样本均值 $\overline{x}=14.92$，置信水平 $1-\alpha=0.95$，故 $\alpha=0.05$，查附表 5 得 $z_{\alpha/2}=z_{0.025}=1.96$. 由此得 μ 的置信水平为 95% 的置信区间为

$$\left(\overline{X}-\frac{\sigma}{\sqrt{n}}z_{\frac{\alpha}{2}},\ \overline{X}+\frac{\sigma}{\sqrt{n}}z_{\frac{\alpha}{2}}\right)=\left(14.92-\frac{0.16}{\sqrt{10}}\times1.96,\ 14.92+\frac{0.16}{\sqrt{10}}\times1.96\right)=(14.821,15.019)$$

注意：置信水平为 $1-\alpha$ 的置信区间并不是唯一的. 本例中，给定 $\alpha=0.05$，又有 $P\left(-z_{0.04}<\frac{\overline{X}-\mu}{\sigma/\sqrt{n}}<z_{0.01}\right)=0.95$. 故 $\left(\overline{X}-\frac{\sigma}{\sqrt{n}}z_{0.01},\ \overline{X}+\frac{\sigma}{\sqrt{n}}z_{0.04}\right)$ 也是 μ 的置信水平为 95% 的置信区间，其区间长度为 $\frac{\sigma}{\sqrt{n}}(z_{0.01}+z_{0.04})=4.08\frac{\sigma}{\sqrt{n}}$. 而对称区间 $\left(\overline{X}-\frac{\sigma}{\sqrt{n}}z_{0.025},\ \overline{X}+\frac{\sigma}{\sqrt{n}}z_{0.025}\right)$ 的长度 $2z_{0.025}\frac{\sigma}{\sqrt{n}}=3.92\frac{\sigma}{\sqrt{n}}$ 比非对称区间长度 $4.08\frac{\sigma}{\sqrt{n}}$ 要短，为更优. 易知，若枢轴量的概率密度的图形像 $N(0,1)$ 分布那样，是单峰且对称的，对称区间长度最短，因此置信区间取关于均值对称的区间.

置信区间 $\left(\overline{X}-\frac{\sigma}{\sqrt{n}}z_{\frac{\alpha}{2}},\ \overline{X}+\frac{\sigma}{\sqrt{n}}z_{\frac{\alpha}{2}}\right)$ 的长度 $2z_{\frac{\alpha}{2}}\frac{\sigma}{\sqrt{n}}$ 受哪些因素影响呢？当样本容量 n 一定时，若置信度 $1-\alpha$ 愈大，则 $z_{\frac{\alpha}{2}}$ 愈大，故置信区间愈长. 直观上看，抽取一定容量的样本，若要估计可靠程度愈高，估计的范围当然愈大；反过来，若要估计范围小，就要冒一定的可

靠程度低的风险. 当 α 一定时，如果 n 愈大，置信区间愈短. 这与直观也一致，取样愈多，估计当然愈精确. 当 n，α 一定时，σ 愈小，置信区间愈短. 这与直观也是相符的，即 σ 愈小，说明作为所研究对象的总体的稳定性愈好，估计也就愈精确.

例 3　在例 2 中，若未知 σ，求滚珠直径均值 μ 的置信水平为 95% 的置信区间.

解　计算可得样本均值 $\bar{x}=14.92$，样本标准差 $s=0.193$；置信水平 $1-\alpha=0.95$，故 $\alpha=0.05$，自由度 $n-1=10-1=9$，查附表 5 得 $t_{\alpha/2}(9)=t_{0.025}(9)=2.26$. 由此得 μ 的置信水平为 95% 的置信区间为

$$\left(\bar{x}-t_{\frac{\alpha}{2}}(n-1)\frac{s}{\sqrt{n}},\ \bar{x}+t_{\frac{\alpha}{2}}(n-1)\frac{s}{\sqrt{n}}\right)=\left(14.92-2.26\,\frac{0.193}{\sqrt{10}},\ 14.92+2.26\,\frac{0.193}{\sqrt{10}}\right)$$
$$=(14.782,\ 15.058)$$

比较例 2 和例 3 中 μ 的置信水平为 95% 的置信区间可以发现：σ 未知时的置信区间长度比 σ 已知时更大. 这表明当未知条件增多时，估计精度变差. 这也是符合我们的直观感觉的.

在实际问题中，σ^2 常常是未知的. 因此，σ^2 为未知时，μ 的区间估计更有实用价值.

2. 方差 σ^2 的置信区间

根据问题的实际应用需要，只介绍 μ 未知的情形.

我们知道，S^2 为 σ^2 的无偏估计，由

$$\frac{(n-1)S^2}{\sigma^2}\sim\chi^2(n-1) \tag{6-21}$$

并且上式右边的分布不依赖于任何未知参数，故有（参见图 6.3）

$$P\left(\chi^2_{1-\frac{\alpha}{2}}(n-1)<\frac{(n-1)S^2}{\sigma^2}<\chi^2_{\frac{\alpha}{2}}(n-1)\right)=1-\alpha \tag{6-22}$$

即

$$P\left(\frac{(n-1)S^2}{\chi^2_{\frac{\alpha}{2}}(n-1)}<\sigma^2<\frac{(n-1)S^2}{\chi^2_{1-\frac{\alpha}{2}}(n-1)}\right)=1-\alpha \tag{6-23}$$

于是得 σ^2 的置信水平为 $1-\alpha$ 的置信区间为

$$\left(\frac{(n-1)S^2}{\chi^2_{\frac{\alpha}{2}}(n-1)},\ \frac{(n-1)S^2}{\chi^2_{1-\frac{\alpha}{2}}(n-1)}\right) \tag{6-24}$$

由 (6-23)，还可得 σ 的置信水平为 $1-\alpha$ 的置信区间为

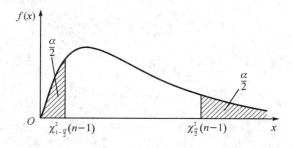

图 6.3　分布 $\chi^2(n-1)$ 的分位数

$$\left(\frac{\sqrt{(n-1)}S}{\sqrt{\chi^2_{\frac{\alpha}{2}}(n-1)}}, \frac{\sqrt{(n-1)}S}{\sqrt{\chi^2_{1-\frac{\alpha}{2}}(n-1)}} \right) \tag{6-25}$$

注：对概率密度函数不对称的情况，如 χ^2 分布和 F 分布，习惯上仍取对称的分位数（如上图 6.3 中的分位数 $\chi^2_{1-\frac{\alpha}{2}}(n-1)$ 与 $\chi^2_{\frac{\alpha}{2}}(n-1)$）来确定置信区间．但这样确定的置信区间的长度并不是最短的，实际上由于求最短区间计算过于麻烦，一般是不去求的．

例 4 从一批火箭推力装置中随机抽取 10 个进行试验，它们的燃烧时间（单位：秒）如下：

50.7　54.9　54.3　44.8　42.2　69.8　53.4　66.1　48.1　34.5

假设燃烧时间服从正态分布，试求总体方差 σ^2 和标准差 σ 的置信区间（取 $\alpha=0.10$）．

解 经过计算，得 $s=10.55$，又由题意知 $n=10$，$\alpha=0.10$，

查附表 4 得 $\chi^2_{0.95}(10-1)=3.325$，$\chi^2_{0.05}(10-1)=16.919$，

于是 $\dfrac{(n-1)s^2}{\chi^2_{\frac{\alpha}{2}}(n-1)}=\dfrac{9\times10.55^2}{16.919}=59.21$，$\dfrac{(n-1)s^2}{\chi^2_{1-\frac{\alpha}{2}}(n-1)}=\dfrac{9\times10.55^2}{3.325}=301.27$，

得 σ^2 的置信水平为 0.90 的置信区间为 $(59.21, 301.27)$，σ 的置信水平为 0.90 的置信区间为 $(\sqrt{59.21}, \sqrt{301.27})$，即 $(7.69, 17.36)$．

表 6.1　单个正态总体参数 μ，σ^2 的置信区间表

待估参数	其他参数	枢轴量	分布	置信区间
μ	σ^2 已知	$\dfrac{\overline{X}-\mu}{\sigma/\sqrt{n}}$	$N(0,1)$	$\left(\overline{X}-z_{\frac{\alpha}{2}}\dfrac{\sigma}{\sqrt{n}}, \overline{X}+z_{\frac{\alpha}{2}}\dfrac{\sigma}{\sqrt{n}} \right)$
	σ^2 未知	$\dfrac{\overline{X}-\mu}{S/\sqrt{n}}$	$t(n-1)$	$\left(\overline{X}-t_{\frac{\alpha}{2}}(n-1)\dfrac{s}{\sqrt{n}}, \overline{X}+t_{\frac{\alpha}{2}}(n-1)\dfrac{s}{\sqrt{n}} \right)$
σ^2	μ 已知	$\dfrac{\sum\limits_{i=1}^{n}(X_i-\mu)^2}{\sigma^2}$	$\chi^2(n)$	$\left(\dfrac{\sum\limits_{i=1}^{n}(X_i-\mu)^2}{\chi^2_{\frac{\alpha}{2}}(n)}, \dfrac{\sum\limits_{i=1}^{n}(X_i-\mu)^2}{\chi^2_{1-\frac{\alpha}{2}}(n)} \right)$
	μ 未知	$\dfrac{(n-1)S^2}{\sigma^2}$	$\chi^2(n-1)$	$\left(\dfrac{(n-1)S^2}{\chi^2_{\frac{\alpha}{2}}(n-1)}, \dfrac{(n-1)S^2}{\chi^2_{1-\frac{\alpha}{2}}(n-1)} \right)$

二、两个总体 $N(\mu_1, \sigma_1^2)$，$N(\mu_2, \sigma_2^2)$ 的情形

实际中常遇到如下问题：已知产品的某一质量指标服从正态分布，由于原料、设备条件、操作人员不同，或工艺过程的改变等因素，引起总体均值、总体方差有所改变．我们需要知道这些变化有多大，这就需要考虑两个正态总体均值差或方差比的估计问题．

设 $X_1, X_2, \cdots, X_{n_1}$ 为来自总体 $N(\mu_1, \sigma_1^2)$ 的样本，样本均值、样本方差分别为 $\overline{X}$，S_1^2；$Y_1, Y_2, \cdots, Y_{n_2}$ 为来自总体 $N(\mu_2, \sigma_2^2)$ 的样本，且与 $X_1, X_2, \cdots, X_{n_1}$ 相互独立，样本均值、样本方差分别为 $\overline{Y}$，S_2^2，给定置信水平为 $1-\alpha$．

1. 两个总体均值差 $\mu_1-\mu_2$ 的置信区间

(1) σ_1^2，σ_2^2 均为已知. 因 $\overline{X}$，$\overline{Y}$ 分别为 μ_1，μ_2 的无偏估计，故 $\overline{X}-\overline{Y}$ 是 $\mu_1-\mu_2$ 的无偏估计，由 $\overline{X}$，$\overline{Y}$ 的独立性及 $\overline{X}\sim N\left(\mu_1,\dfrac{\sigma_1^2}{n_1}\right)$，$\overline{Y}\sim N\left(\mu_2,\dfrac{\sigma_2^2}{n_2}\right)$ 得

$$\overline{X}-\overline{Y}\sim N\left(\mu_1-\mu_2,\ \frac{\sigma_1^2}{n_1}+\frac{\sigma_2^2}{n_2}\right)\tag{6-26}$$

即

$$\frac{\overline{X}-\overline{Y}-(\mu_1-\mu_2)}{\sqrt{\dfrac{\sigma_1^2}{n_1}+\dfrac{\sigma_2^2}{n_2}}}\sim N(0,\ 1)$$

由公式(6-16)和上式得 $\mu_1-\mu_2$ 的一个置信水平为 $1-\alpha$ 的置信区间为

$$\left(\overline{X}-\overline{Y}-z_{\frac{\alpha}{2}}\sqrt{\frac{\sigma_1^2}{n_1}+\frac{\sigma_2^2}{n_2}},\ \overline{X}-\overline{Y}+z_{\frac{\alpha}{2}}\sqrt{\frac{\sigma_1^2}{n_1}+\frac{\sigma_2^2}{n_2}}\right)\tag{6-27}$$

(2) σ_1^2，σ_2^2 均为未知. 此时，只要 n_1，n_2 都很大(实用上一般大于 50 即可)，则可用

$$\left(\overline{X}-\overline{Y}-z_{\frac{\alpha}{2}}\sqrt{\frac{S_1^2}{n_1}+\frac{S_2^2}{n_2}},\ \overline{X}-\overline{Y}+z_{\frac{\alpha}{2}}\sqrt{\frac{S_1^2}{n_1}+\frac{S_2^2}{n_2}}\right)\tag{6-28}$$

作为 $\mu_1-\mu_2$ 的一个置信水平近似为 $1-\alpha$ 的置信区间.

(3) $\sigma_1^2=\sigma_2^2=\sigma^2$，但 σ^2 未知. 此时，由

$$\frac{\overline{X}-\overline{Y}-(\mu_1-\mu_2)}{S_w\sqrt{\dfrac{1}{n_1}+\dfrac{1}{n_2}}}\sim t(n_1+n_2-2)\tag{6-29}$$

可得 $\mu_1-\mu_2$ 的一个置信水平为 $1-\alpha$ 的置信区间为

$$\left(\overline{X}-\overline{Y}-t_{\frac{\alpha}{2}}(n_1+n_2-2)S_w\sqrt{\frac{1}{n_1}+\frac{1}{n_2}},\ \overline{X}-\overline{Y}+t_{\frac{\alpha}{2}}(n_1+n_2-2)S_w\sqrt{\frac{1}{n_1}+\frac{1}{n_2}}\right)\tag{6-30}$$

其中 $S_w^2=\dfrac{(n_1-1)S_1^2+(n_2-1)S_2^2}{n_1+n_2-2}$，$S_w=\sqrt{S_w^2}$.

例 5 为比较 I，II 两种型号步枪子弹的枪口速度，取 I 型子弹 10 发，得到枪口速度的平均值 $\overline{x}_1=500(\text{m/s})$，标准差 $s_1=1.10(\text{m/s})$，取 II 型子弹 20 发，得到枪口速度的平均值为 $\overline{x}_2=496(\text{m/s})$，标准差 $s_2=1.20(\text{m/s})$. 假定两总体都近似地服从正态分布，且由生产过程可认为它们的方差相等，求两总体均值差 $\mu_1-\mu_2$ 的一个置信水平为 0.95 的置信区间.

解 按实际情况，可以认为分别来自两个总体的样本是相互独立的，又两总体的方差相等，但数值未知，故可用式(6-30)求均值差的置信区间.

计算并查附表 5 得

$$1-\alpha=0.95,\ \frac{\alpha}{2}=0.025,\ n_1=10,\ n_2=20,\ n_1+n_2-2=28,$$

$$t_{0.025}(28)=2.0484,\ s_w^2=\frac{9\times1.10^2+19\times1.20^2}{28}=1.3661,\ s_w=\sqrt{s_w^2}=1.1688$$

于是

$$\overline{x}_1 - \overline{x}_2 - t_{0.025}(28) s_w \sqrt{\frac{1}{n_1} + \frac{1}{n_2}} = 500 - 496 - 2.0484 \times 1.1688 \sqrt{\frac{1}{10} + \frac{1}{20}} = 3.07$$

$$\overline{x}_1 - \overline{x}_2 + t_{0.025}(28) s_w \sqrt{\frac{1}{n_1} + \frac{1}{n_2}} = 500 - 496 - 2.0484 \times 1.1688 \sqrt{\frac{1}{10} + \frac{1}{20}} = 4.93$$

得 $\mu_1 - \mu_2$ 的置信水平为 0.95 的置信区间为 (3.07, 4.93).

2. 两个总体方差比 σ_1^2 / σ_2^2 的置信区间

我们仅讨论总体均值 μ_1, μ_2 为未知的情况. 由

$$\frac{S_1^2 / \sigma_1^2}{S_2^2 / \sigma_2^2} \sim F(n_1 - 1, n_2 - 1) \qquad (6-31)$$

并且右边的分布不依赖于任何未知参数. 由此得

$$P\left(F_{1-\frac{\alpha}{2}}(n_1 - 1, n_2 - 1) < \frac{S_1^2 / \sigma_1^2}{S_2^2 / \sigma_2^2} < F_{\frac{\alpha}{2}}(n_1 - 1, n_2 - 1) \right) = 1 - \alpha \qquad (6-32)$$

$$P\left(\frac{S_1^2}{S_2^2} \frac{1}{F_{\frac{\alpha}{2}}(n_1 - 1, n_2 - 1)} < \frac{\sigma_1^2}{\sigma_2^2} < \frac{S_1^2}{S_2^2} \frac{1}{F_{1-\frac{\alpha}{2}}(n_1 - 1, n_2 - 1)} \right) = 1 - \alpha \qquad (6-33)$$

于是得 σ_1^2 / σ_2^2 的一个置信水平为 $1 - \alpha$ 的置信区间为

$$\left(\frac{S_1^2}{S_2^2} \frac{1}{F_{\frac{\alpha}{2}}(n_1 - 1, n_2 - 1)}, \frac{S_1^2}{S_2^2} \frac{1}{F_{1-\frac{\alpha}{2}}(n_1 - 1, n_2 - 1)} \right) \qquad (6-34)$$

为了便于使用，我们把上述公式列成表 6.2.

表 6.2 两个正态总体均值差与方差比的置信区间表

待估参数	其他参数	枢轴量	分布	置信区间
$\mu_1 - \mu_2$	σ_1^2, σ_2^2 均已知	$\dfrac{\overline{X} - \overline{Y} - (\mu_1 - \mu_2)}{\sqrt{\dfrac{\sigma_1^2}{n_1} + \dfrac{\sigma_2^2}{n_2}}}$	$N(0, 1)$	$\overline{X} - \overline{Y} \pm z_{\frac{\alpha}{2}} \sqrt{\dfrac{\sigma_1^2}{n_1} + \dfrac{\sigma_2^2}{n_2}}$
	$\sigma_1^2 = \sigma_2^2$ 均未知	$\dfrac{\overline{X} - \overline{Y} - (\mu_1 - \mu_2)}{S_w \sqrt{\dfrac{1}{n_1} + \dfrac{1}{n_2}}}$	$t(n_1 + n_2 - 2)$	$\overline{X} - \overline{Y} \pm t_{\frac{\alpha}{2}}(n_1 + n_2 - 2) S_w \sqrt{\dfrac{1}{n_1} + \dfrac{1}{n_2}}$
$\dfrac{\sigma_1^2}{\sigma_2^2}$	μ_1, μ_2 均未知	$\dfrac{S_1^2 / S_2^2}{\sigma_1^2 / \sigma_2^2}$	$F(n_1 - 1, n_2 - 1)$	$\left(\dfrac{S_1^2}{S_2^2} \dfrac{1}{F_{\frac{\alpha}{2}}(n_1 - 1, n_2 - 1)}, \dfrac{S_1^2}{S_2^2} \dfrac{1}{F_{1-\frac{\alpha}{2}}(n_1 - 1, n_2 - 1)} \right)$

例 6 两位化验员 A，B 独立地对某种聚合物的含氯量用同样的方法分别作了 10 次和 11 次测定，测定值的样本方差分别为 $s_1^2 = 0.5419$, $s_2^2 = 0.6065$. 假设 A，B 两位化验员测定值都服从正态分布，方差分别为 σ_1^2 和 σ_2^2, 试求方差比 σ_1^2 / σ_2^2 的置信水平为 0.90 的置信区间.

解 按题意

$$n_1 = 10, \; n_2 = 11, \; s_1^2 = 0.5419, \; s_2^2 = 0.6065, \; 1 - \alpha = 0.90, \; \frac{\alpha}{2} = 0.05$$

通过查附表 6 得

$$F_{0.05}(9,10)=3.02,\ F_{0.95}(9,10)=\frac{1}{F_{0.05}(10,9)}=\frac{1}{3.14}$$

于是

$$\frac{s_1^2}{s_2^2}\frac{1}{F_{\frac{\alpha}{2}}(n_1-1,n_2-1)}=\frac{0.5419}{0.6065}\times\frac{1}{3.02}=0.2959,$$

$$\frac{s_1^2}{s_2^2}\frac{1}{F_{1-\frac{\alpha}{2}}(n_1-1,n_2-1)}=\frac{0.5419}{0.6065}\times 3.14=2.8055$$

得 σ_1^2/σ_2^2 的置信水平为 0.90 的置信区间为 $(0.2959,2.8055)$.

习题 6.3

1. 设某种清漆的 9 个样品的干燥时间(以小时计)分别为

　　　　6.0　5.7　5.8　6.5　7.0　6.3　5.6　6.1　5.0

设干燥时间服从正态分布 $N(\mu,\sigma^2)$,求下述两种情况下 μ 的置信水平为 0.95 的置信区间:

(1) 由以往经验知 $\sigma=0.6(h)$;(2) σ 未知.

2. 随机地取某种炮弹 9 发做试验,得炮口速度的样本标准差 $s=11(m/s)$. 设炮口速度服从正态分布. 求这种炮弹速度的标准差 σ 的置信水平为 0.95 的置信区间.

3. 研究火箭推进器的两种固体燃料的燃烧率. 设两者都服从正态分布,并且已知燃烧率的标准差均近似地为 0.05 cm/s. 取样本容量为 $n_1=n_2=20$,得燃烧率的样本均值分别为 $\overline{x}_1=18$ cm/s, $\overline{x}_2=24$ cm/s,求两燃烧率总体均值差 $\mu_1-\mu_2$ 的置信水平为 0.99 的置信区间.

4. 随机地从 A 批导线中抽取 4 根,从 B 批导线中抽取 5 根,测得其电阻(单位为 Ω):

A 批导线:0.140　0.142　0.143　0.137

B 批导线:0.140　0.142　0.136　0.138　0.140

设测试数据分别服从分布 $N(\mu_1,\sigma^2)$ 和 (μ_2,σ^2),并且它们相互独立,又 μ_1,μ_2 及 σ^2 均为未知,试求 $\mu_1-\mu_2$ 的置信水平为 95% 的置信区间.

5. 某自动机床加工同类型套筒,假设套筒的直径服从正态分布,现在从 A、B 两个不同班次的产品中各抽验了 5 个套筒,测定它们的直径,得如下数据:

A 班:2.066　2.063　2.068　2.060　2.067

B 班:2.058　2.057　2.063　2.059　2.060

试求两班所加工的套筒直径的方差之比 σ_A^2/σ_B^2 的置信水平为 0.90 的置信区间.

总 习 题 六

一、填空题

1. 设总体 X 的方差 σ^2 存在,$\dfrac{k}{n}\sum\limits_{i=1}^{n}(X_i-\overline{X})^2$ 是 σ^2 的无偏估计量,则 $k=$＿＿＿＿.

2. 设 $X_1,X_2,\cdots,X_n$ 是来自总体 X 的样本,$E(X)=\mu$,$D(X)=\sigma^2$,$\overline{X}$,S^2 分别是样

本均值和样本方差. 则当 $k=$ _____ 时，$(\overline{X})^2-kS^2$ 是 μ^2 的无偏估计.

3. 设总体 $X\sim N(\mu,\sigma^2)$，$\overline{X}$，S^2 分别是样本均值和样本方差. 若 σ^2 已知，则参数 μ 的置信水平为 $1-\alpha$ 的置信区间为 _____ ；若 σ^2 未知，则参数 μ 的置信水平为 $1-\alpha$ 的置信区间为 _____.

4. 两位化验员 A，B 独立地对某种聚合物含氯量用相同的方法各做 10 次测定，测定值的样本方差分别为 $s_A^2=0.5149$，$s_B^2=0.6065$，设 σ_A^2，σ_B^2 分别为 A，B 所测定的总体方差，且总体均服从正态分布，则 $\dfrac{\sigma_A^2}{\sigma_B^2}$ 的置信水平为 0.95 的置信区间为 _____.

二、选择题

1. 设总体 X 的期望为 μ，$X_1,X_2,\cdots,X_n$ 是取自该总体的简单随机样本，则下列命题中正确的是（　　）.

(A) X_1 是 μ 的无偏估计量　　　　(B) X_1 是 μ 的最大似然估计量

(C) X_1 是 μ 的相合估计量；　　　(D) X_2 不是 μ 的估计量

2. 设 X_1,X_2,X_3 是来自总体 X 的样本，则下列总体均值 μ 的估计量中最有效的是（　　）.

(A) $\hat{\mu}_1=\dfrac{1}{6}X_1+\dfrac{1}{3}X_2+\dfrac{1}{2}X_3$　　　(B) $\hat{\mu}_2=\dfrac{1}{6}X_1+\dfrac{1}{6}X_2+\dfrac{2}{3}X_3$

(C) $\hat{\mu}_3=\dfrac{1}{3}X_1+\dfrac{1}{3}X_2+\dfrac{1}{3}X_3$　　　(D) $\hat{\mu}_4=\dfrac{1}{8}X_1+\dfrac{1}{8}X_2+\dfrac{3}{4}X_3$

3. 设总体 X 服从正态分布 $N(\mu,\sigma^2)$，其中 $\mu,\sigma^2>0$ 且为未知参数，$X_1,X_2,\cdots,X_n$ 是来自 X 的一个样本，则 σ^2 的无偏估计量是（　　）.

(A) $\dfrac{1}{n-1}\sum_{i=1}^{n}X_i^2$　　　　　　(B) $\dfrac{1}{n-1}\sum_{i=1}^{n}(X_i-\overline{X})^2$

(C) $\overline{X}^2$　　　　　　　　　　　(D) $\dfrac{1}{n}\sum_{i=1}^{n}(X_i-\overline{X})^2$

4. 设总体 X 服从正态分布 $N(\mu,\sigma^2)$，μ 未知，$\sigma^2>0$ 已知，如果样本容量 n 和置信度 $1-\alpha$ 都不变，则对于不同的样本观测值，总体均值 μ 的置信区间的长度（　　）.

(A) 变长　　　　　(B) 变短　　　　　(C) 不变　　(D) 不能确定

5. 对总体 $X\sim N(\mu,\sigma^2)$ 的均值 μ 作区间估计，得到置信度为 95% 的置信区间，意思是指这个区间（　　）.

(A) 平均含总体 95% 的值　　　　(B) 平均含样本 95% 的值

(C) 有 95% 的机会含样本的值　　(D) 有 95% 的机会含 μ 的值

三、计算题

1. 设总体 X 的概率分布为

X	0	1	2
p	θ	2θ	$1-3\theta$

其中，$\theta(0<\theta<\dfrac{1}{3})$ 是未知参数，利用总体 X 的如下样本值：1，2，2，0，1，0，求 θ 的矩估计值和最大似然估计值.

2. 设总体 X 的分布函数为 $F(x, \beta) = \begin{cases} 1 - \dfrac{1}{x^{\beta}}, & x > 1 \\ 0, & x \leqslant 1 \end{cases}$，其中未知参数 $\beta > 1$，X_1，X_2，…，X_n 为来自总体 X 的简单随机样本，求 β 的矩估计量和最大似然估计量.

3. 设从总体 $N(\mu_1, \sigma^2)$ 和 $N(\mu_2, \sigma^2)$ 中分别抽取容量为 n_1，n_2 的两个独立样本，其样本方差分别为 S_1^2，S_2^2. 试证：对任何常数 a，b 且 $a + b = 1$，$Z = aS_1^2 + bS_2^2$ 都是 σ^2 的无偏估计，并确定 a，b，使 $D(Z)$ 达到最小.

4. 某种零件的重量（单位：kg）服从正态分布 $N(\mu, \sigma^2)$，从中抽得容量为 16 的样本，样本均值 $\bar{x} = 4.856$，样本方差 $s^2 = 0.04$.

(1) 若 $\sigma = 0.24$，求 μ 的置信度为 0.95 的置信区间.

(2) 若 σ 未知，求 μ 的置信度为 0.95 的置信区间.

5. 设总体 $X \sim N(\mu, \sigma^2)$，欲使 μ 的置信水平 $1 - \alpha = 0.95$ 的置信区间长度不超过为 5，试问样本容量最小应为多少？

6. 某型号钢丝折断力（单位：N）服从正态分布 $N(\mu, \sigma^2)$，随机抽取 10 根钢丝，其折断力的样本方差 $s^2 = 75.7$，求 σ^2 置信度为 0.95 的置信区间.

7. 设 X_1，X_2，…，X_n 和 Y_1，Y_2，…，Y_n 分别是取自正态总体 $N(\mu_1, \sigma^2)$ 和 $N(\mu_2, \sigma^2)$ 的容量均为 n 的两个样本，且这两个样本相互独立，σ^2 已知，为使 $\mu_1 - \mu_2$ 的置信水平为 95% 的置信区间长度不超过 $\dfrac{1}{2}\sigma$，样本容量 n 至少应取多大？

四、证明题：

设总体 X 的密度函数为 $f(x, \theta) = \begin{cases} \dfrac{3x^2}{\theta^3}, & 0 < x < \theta \\ 0, & 其他 \end{cases}$，$X_1$，$X_2$ 是来自总体的样本.

证明：$T = \dfrac{2}{3}(X_1 + X_2)$ 是参数 θ 的无偏估计量.

第七章　假　设　检　验

上一章我们讨论了统计推断中的参数估计问题，它主要研究如何利用样本来估计总体的参数，或者某个参数以多大的概率被一个区间所包含的问题. 在实际应用中，还有一类问题，要求在总体的分布函数只知其形式但不知其参数或完全未知的情况下，为了推断我们所感兴趣的总体的某些未知特性，提出某些总体参数或总体分布的假设，然后根据观测所得的样本数据对所提出的假设运用统计分析的方法检验其正确与否，从而作出决策. 这类问题就是假设检验问题. 假设检验分为参数假设检验和非参数假设检验两类. 参数假设检验是针对总体分布中参数未知的假设检验，它是在已知总体分布类型（如正态分布）下进行的；非参数假设检验则不依赖总体的分布类型.

本章首先给出假设检验的基本概念，然后介绍正态总体下参数假设检验的几种常见类型及检验方法，最后简要讨论总体分布拟合检验问题.

第一节　假设检验的基本概念

一、假设检验的基本思想

假设检验与参数估计是统计推断的一对孪生分支，假设检验是利用样本信息，按照某种统计方法计算出统计量（样本统计量），依据一定的概率原则去验证相应的总体参数是否成立并作出适当决策的统计方法，包含假设与检验两个基本环节. 下面我们通过几个例子来说明假设检验的一般提法和基本思想.

例 1　某课程学生的考试成绩 X 在正常情况下服从 $N(75, 10^2)$. 考试后随机抽取了 5 个学生的成绩，分别为 76，82，87，65，60，如果方差没有变化，问总体均值是否有显著的变化？

解析　回答总体均值是否有显著变化的问题，相当于对假设 $\mu = 75$，用样本观察值检验它是否正确.

例 2　某木材加工厂，有甲、乙两台机器加工同一种板材，已知它们加工板材的厚度均服从正态分布. 现从它们加工的板材中，分别进行抽检，样本容量 n_1，n_2 及样本均值、标准差数据分别如下：

甲台机器：$n_1 = 11$，$\overline{x} = 5.69(\text{cm})$，$s_1 = 0.10(\text{cm})$

乙台机器：$n_2 = 9$，$\overline{y} = 5.40(\text{cm})$，$s_2 = 0.15(\text{cm})$

试问：这两台机器加工的板材可否认为厚度是相同的？

解析　这是个已知两个总体的分布类型，在方差未知的情况下，对两个总体的均值 μ_1，μ_2 是否相等做出推断的问题.

例 3　设有 80 台同类型的机床，加工大批量的同样的零件. 今从每台机床所加工的零件中随机抽取 10 件加以检验，其中次品数情况如下：

10 台中所含有的次品数	0	1	2	3	4	5
机床台数	6	20	28	12	8	6

试问：次品数是否服从二项分布？

　　此问题需要对"次品数服从二项分布"进行推断.

　　上面的例子中，前两个是在分布类型已知的条件下对总体参数及其有关性质作出推断，这一类检验称为**参数检验**. 最后一个例子是在不知道总体分布类型的情况下对总体的分布类型作出推断，这一类检验属于**非参数检验**.

　　这些例子有一个共同的特点，都是先提出一个假设，然后从样本出发，检验它是否成立，这种问题称为假设检验问题.

　　在假设检验中，我们首先要提出检验的假设，称为**原假设**，记为 H_0；如果原假设不成立，就要接受与之对立的另一个假设，称为**备择假设**，记为 H_1. 例 1 中原假设是 $H_0：\mu=75$，备择假设是 $H_1：\mu\neq75$；例 2 中原假设是 $H_1：\mu_1=\mu_2$，备择假设是 $H_1：\mu_1\neq\mu_2$；例 3 中原假设是 H_0：次品数服从二项分布. 备择假设是 H_1：次品数不服从二项分布. 进行检验时，接受了原假设 H_0 也就是拒绝了备择假设 H_1，拒绝了原假设 H_0 也就是接受了备择假设 H_1. 为了便于作出假设检验，一般总是将带等号的式子作为原假设.

　　对总体作出的某个假设，最后作出"拒绝"还是"接受"原假设所依据的是"小概率原理"，即"小概率事件（即概率很小的事件）在一次观察中，是（几乎）不可能发生的". 如果在一次观察中小概率事件居然发生了，我们就有理由怀疑"这一事件是小概率事件"的真实性，于是拒绝（或否定）"这一事件是小概率事件"的假设.

　　下面以例 1 为例，来说明假设检验的基本思想和原理.

　　假设学生的考试成绩 $X \sim N(\mu，10^2)$. 要检验的假设是：

$$H_1：\mu=\mu_0(=75)；\quad H_1：\mu\neq\mu_0$$

　　注意到样本均值 $\overline{X}$ 是总体期望 μ 的无偏估计量，$\overline{X}$ 的观测值 $\overline{x}$ 的大小在一定程度上反映 μ 的大小. 如果 $H_0：\mu=\mu_0$ 为真，$\overline{x}$ 与 μ_0 的差异不应该太大. 若 $|\overline{x}-\mu_0|$ 过大，就不能认为 μ 与 μ_0 相差无几，原假设 H_0 的真实性就很值得怀疑，我们就拒绝 $H_0：\mu=\mu$，而接受 $H_1：\mu\neq\mu_0$. 由样本计算可得 $\overline{X}$ 的观测值 $\overline{x}=74\neq75$，二者差别大不大呢？这需要确定一个标准. 当 H_0 成立时有 $\overline{X}\sim N(\mu_0，\dfrac{\sigma_0^2}{n})$，此时统计量 $U=\dfrac{\overline{X}-\mu_0}{\sigma_0/\sqrt{n}}\sim N(0，1)$，计算 $|\overline{x}-\mu_0|$ 的大小转换成计算 $\left|\dfrac{\overline{x}-\mu_0}{\sigma_0/\sqrt{n}}\right|$ 的大小. 我们可确定一个适当的正数 k，如果 $\left|\dfrac{\overline{x}-\mu_0}{\sigma_0/\sqrt{n}}\right|>k$，就认为 $\overline{x}$ 与 μ_0 的差异太大，拒绝 H_0；当 $\left|\dfrac{\overline{x}-\mu_0}{\sigma_0/\sqrt{n}}\right|\leqslant k$ 时，就认为 $\overline{x}$ 与 μ_0 差异不大，接受 H_0. 这个常数 k 就称为检验的**临界值**，使原假设被拒绝的样本观测值所在的区域称为**拒绝域**，记为 W. 一般它是样本空间的一个子集，即

$$W=\left\{(x_1，x_2，\cdots，x_n)\left|\left|\dfrac{\overline{x}-\mu_0}{\sigma_0/\sqrt{n}}\right|>k\right.\right\}$$

接受 H_0 的区域为

$$\overline{W} = \left\{ (x_1, x_2, \cdots, x_n) \,\middle|\, \left| \frac{\overline{x} - \mu_0}{\sigma_0/\sqrt{n}} \right| \leqslant k \right\}$$

根据样本值检验原假设真伪的关键是临界值 k 的确定，下面我们根据小概率原理和有关条件给出例 1 中 k 值的求法.

由于样本的随机性，当 H_0 为真时，$|\overline{x} - \mu_0|$ 过大也是有可能的. 如果我们拒绝了 H_0，就犯了所谓"弃真"的错误. 我们自然希望犯这种错误的概率很小，也就是使 $\left| \dfrac{\overline{X} - \mu_0}{\sigma_0/\sqrt{n}} \right| > k$ 是一小概率事件. 为此取一个很小的正数 $\alpha(0 < \alpha < 1)$，通常称为**显著性水平**，使得下式成立：

$$P\left(\left| \frac{\overline{X} - \mu_0}{\sigma_0/\sqrt{n}} \right| > k \right) = \alpha \qquad\qquad (7-1)$$

由于 $U = \dfrac{\overline{X} - \mu_0}{\sigma_0/\sqrt{n}} \sim N(0, 1)$，由标准正态分布分位数的定义得

$$k = z_{\frac{\alpha}{2}} \qquad\qquad (7-2)$$

于是

$$W = \left\{ (x_1, x_2, \cdots, x_n) \,\middle|\, |u| > z_{\frac{\alpha}{2}} \right\} \qquad\qquad (7-3)$$

其中 u 是统计量 U 的观测值. 式 (7-1) 表明：当给定的 α 为很小的数，例如 $\alpha = 0.05$ 时，$|U| > z_{0.025}$ 的概率仅为 0.05，从抽样的意义上讲可以解释为"在抽取样本 20 次中，U 大约只有 1 次落在区间 $|U| > z_{0.025}$". 根据小概率原理，在一次抽样中 $|U| > z_{0.025}$ 几乎是不可能发生的. 一旦一次抽样使事件 $|U| > z_{0.025}$ 发生了，我们有理由怀疑"$\left(\left| \dfrac{\overline{X} - \mu_0}{\sigma_0/\sqrt{n}} \right| > z_{\frac{\alpha}{2}} \right)$ 是小概率事件"的真实性，进而怀疑 H_0 的正确性，因此作出拒绝 H_0 的推断. 若在一次抽样中 $|U| \leqslant z_{\frac{\alpha}{2}}$，一般就要接受 H_0.

对不同的显著性水平 α，有不同的拒绝域. 例如，当 $\alpha = 0.02$ 时，$z_{0.025} = 1.96$，它的拒绝域为 $u \in (-\infty, -1.96) \cup (1.96, +\infty)$，接受域为 $u \in [-1.96, 1.96]$；当 $\alpha = 0.01$ 时，$z_{0.005} = 2.58$，它的拒绝域为 $u \in (-\infty, -2.58) \cup (2.58, +\infty)$，接受域为 $u \in [-2.58, 2.58]$.

在例 1 中要检验的是

$$H_0 : \mu = 75 ; \quad H_1 : \mu \neq 75$$

假如 $\alpha = 0.05$，$z_{\frac{\alpha}{2}} = 1.96$，$n = 5$，$\sigma = 10$，计算可得 $\overline{x} = 74$，$|u| = \left| \dfrac{74 - 75}{10/\sqrt{5}} \right| = 0.22 < 1.96$，不在拒绝域中，因此作出接受 H_0 的推断，认为考试成绩是正常的.

二、假设检验的基本步骤

上面叙述的假设检验的基本思想具有普遍意义，可以用在各类假设检验问题上，由此可以概括出假设检验的基本步骤如图 7.1 所示.

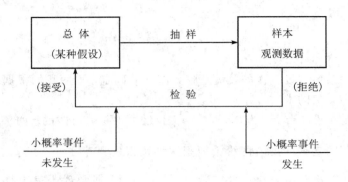

图 7.1　假设检验的基本步骤

步骤说明如下：

（1）根据实际问题的需要，提出原假设 H_0 和备择假设 H_1.

原假设 H_0 和备择假设 H_1 是成对出现的．检验时接受了原假设也就是拒绝了备择假设，拒绝了原假设也就是接受了备择假设．提出假设要根据具体问题的要求而定．例如，对于正态总体均值的检验，如果考虑的是总体的均值是否有差异，一般地，该类检验问题如上述可以表示为 $H_0:\mu=\mu_0$；$H_1:\mu\neq\mu_0$；其拒绝域在接受域的两侧（如图 7.2 所示），这类检验称为双侧检验．如果我们只关心总体的均值是否增大（或减少），这类检验问题可以表示为 $H_0:\mu\geqslant\mu_0$；$H_1:\mu<\mu_0$（或 $H_0:\mu\leqslant\mu_0$；$H_1:\mu>\mu_0$）；其拒绝域和接受域各为一侧，称为**左侧检验**（或**右侧检验**），统称**单侧检验**．一般来说单侧检验比双侧检验更容易否定 H_0.

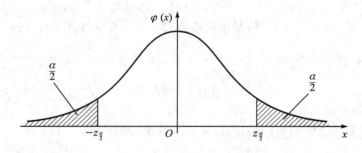

图 7.2　双侧检验（$H_1:\mu\neq\mu_0$）的拒绝域

（2）选择合适的显著水平 α，确定样本容量 n 及样本观测值．

因为假设检验的理论根据是小概率原理，所以显著水平 α 一般选取一个接近零的正数，如 0.05，0.01，0.1 等．

（3）构造合适的检验统计量（比如例 1 中的 U），在原假设 H_0 成立的情况下，利用分布已知的检验统计量，按照 $P(\text{拒绝 } H_0 | H_0 \text{ 为真})=\alpha$，定出临界值 k（查分位数表）和相应的拒绝域．

（4）根据样本值计算出统计量的值，将统计量观测值与临界值作比较，作出推断．当统计量的观测值落入拒绝域时，则在显著性水平 α 下拒绝 H_0；否则接受 H_0.

三、两类错误

利用一次抽样结果，根据小概率原理所作出的推断不可能绝对正确，有可能犯有两类错误(见表7.1).

(1) 第一类错误: 当 H_0 成立的情况下, 由于样本的随机性, 统计量观测值(或样本值)落入了拒绝域, H_0 被拒绝了, 这类错误为"弃真"错误. 犯这类错误的概率为 α, 即

$$P(\text{统计量的观测值落入拒绝域} \mid H_0 \text{为真}) = \alpha$$

(2) 第二类错误: H_0 本来是错误的, 但同样由于样本的随机性, 统计量观测值(或样本值)落入了接受域, H_0 被接受了, 这类错误为"取伪"错误. 犯有这类错误的概率为 β, 即

$$P(\text{统计量的观测值落入接受域} \mid H_0 \text{为假}) = \beta$$

表 7.1 判断结论与两类错误

H_0	判断结论		犯错误的概率
真	接受	正确	0
	拒绝	犯第一类错误	α
假	接受	犯第二类错误	β
	拒绝	正确	0

两类错误的关系可用图 7.3 示意. 犯第一类错误的概率就是显著性水平 α, 一旦显著性水平 α 给定了, 那么犯第一类错误的概率就随之而定. 显然 α 愈小, 犯第一类错误的可能性愈小. 第二类错误 β 的计算要复杂一些. 下面举一个例子说明 α 和 β 的计算.

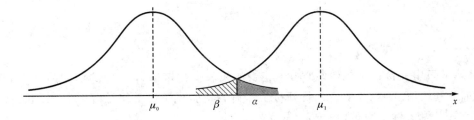

图 7.3 两类错误的关系

例 4 某自动生产线包装奶粉, 每袋的标准重量是 500 g, 根据以往的经验, 标准差为 10 g. 现随机抽取 100 袋进行检查, 取显著性水平为 $\alpha = 0.05$, 试求犯第一类错误的概率及实际装袋平均重量为 502 g 时犯第二类错误的概率.

解 假设 $H_0: \mu = 500$; $H_1: \mu \neq 500$.

(1) 显著性水平 α 就是犯第一类错误的概率, 故犯第一类错误的概率为 0.05.

本题中, 样本容量 $n = 100$, 样本均值的标准差为 $\dfrac{\sigma_0}{\sqrt{n}} = \dfrac{10}{\sqrt{100}} = 1 (\text{g})$, 对显著水平 $\alpha = 0.05$, 由正态分布表可查得 $z_{\frac{\alpha}{2}} = z_{0.025} = 1.96$, 因而对统计量 $U = \dfrac{\overline{X} - \mu_0}{\sigma_0 / \sqrt{n}}$ 的拒绝域为

$$W = \left\{ (x_1, x_2, \cdots, x_n) \,\middle|\, \left| \frac{\overline{x} - \mu_0}{\sigma_0 / \sqrt{n}} \right| = \left| \frac{\overline{x} - 500}{1} \right| > 1.96 \right\}$$

区间 (498.04, 501.96) 是样本均值 $\overline{X}$ 的接受域. 由于犯了第一类错误, 其意义是: 抽样检查的结果(即样本均值的观测值)小于等于 498.04 或大于等于 501.96, 认为包装线生产不

正常，但事实上生产线生产是正常的.

（2）为求犯第二类错误的概率，注意到原假设 H_0 错误，自动包装线已发生了偏差，每袋的平均重量已达 502 g 了，此时 $\mu_0=502$，$\dfrac{\overline{X}-502}{10/\sqrt{100}}\sim N(0,1)$，接受原假设 $H_0:\mu=500$，即样本均值落在 $(498.04,501.96)$ 内.

于是犯第二类错误的概率 β 为

$$\beta=P(498.04<\overline{X}<501.96)=\Phi\left(\frac{501.96-502}{1}\right)-\Phi\left(\frac{498.04-502}{1}\right)$$

$$=\Phi(-0.04)-\Phi(-3.96)=1-\Phi(0.04)-(1-\Phi(3.96))=0.4840$$

对给定的 H_0，理想的情况是犯两类错误的概率 α 与 β 都尽可能小. 但在实际问题中，当样本容量 n 固定后，α 与 β 不可能同时减小. 一般情况下减少犯其中一类错误的概率时，必增大犯另一类错误的概率. 要使它们同时减小，只有增大样本容量. 通常的做法是使犯第一类错误的概率不超过某个事先指定的显著性水平 α，而使犯第二类错误的概率 β 也尽可能小，而 α 的选择是根据具体情况而定的. 例如在涉及如航天、医药等质量要求很高的产品检验中，应尽一切努力防止不合格的产品混在合格品中出厂，在这种情况下，宁可把某些合格品作为不合格品抛掉（弃真）也决不要将不合格的产品当成合格品（取伪）出厂. 此时 α 应适当选大一些. 对于那些质量要求不高，事件出现后不会产生重大后果的问题，α 可适当选小些.

习题 7.1

1. 某车间用一台包装机包装食盐，包得的袋装食盐重量 $X\sim N(\mu,0.015^2)$. 当机器工作正常时，其均值 $\mu=0.5$ kg. 某日开机工作后为检验包装机工作是否正常，随机抽取它所包装的 9 袋食盐，称得净重（单位：kg）为

$$0.497,0.506,0.518,0.524,0.498,0.511,0.520,0.515,0.512$$

问包装机工作是否正常？（$\alpha=0.05$）

2. 某食品厂加工一种袋装食品，要求标准重量为 15 g，假定实际加工的食品重量 X 服从正态分布 $X\sim N(\mu,0.05^2)$. 加工设备经过技术革新后，随机抽取 8 袋样品，测得重量（单位：g）如下：

$$14.7,15.1,14.8,15.0,15.3,14.9,15.2,14.5$$

已知方差不变，在显著性水平 $\alpha=0.05$ 下，试问包装的平均重量是否仍为 15 g？

3. 设 $X\sim N(\mu,1)$，现从中抽取容量为 16 的样本，测得样本平均值 $\overline{x}=5.20$. 问在显著水平 $\alpha=0.05$ 下，能否认为总体均值 $\mu=5.5$？

4. 设 $x_1,x_2,\cdots,x_n$ 是来自正态总体 $N(\mu,4)$ 的样本，考虑检验问题

$$H_0:\mu=6;\quad H_1:\mu\neq6$$

拒绝域取为 $W=\left\{(x_1,x_2,\cdots,x_n)\,\middle|\,|\overline{x}-6|>c\right\}$，试求 c，使得检验显著性水平为 $\alpha=0.05$，并求该检验在 $\mu=6.5$ 处犯第二类错误的概率 β.

第二节 单个正态总体参数的假设检验

本节讨论单个正态总体均值 μ 和方差 σ^2 的假设检验.

一、单个正态总体均值 μ 的检验

设总体 $X \sim N(\mu, \sigma^2)$，$X_1, X_2, \cdots, X_n$ 为来自 X 的简单随机样本，给定显著性水平 α，我们要对 μ 进行显著性检验.

对均值 μ 进行检验，按照不同的要求我们可以提出三类假设检验问题：

(1) $H_0: \mu = \mu_0$；$H_1: \mu \neq \mu_0$（双侧检验）；

(2) $H_0: \mu \geq \mu_0$；$H_1: \mu < \mu_0$（左侧检验）；

(3) $H_0: \mu \leq \mu_0$；$H_1: \mu > \mu_0$（右侧检验）.

1. 方差 σ^2 已知时对均值 μ 的 U-检验

因为总体 $X \sim N(\mu, \sigma^2)$，且方差 σ^2 已知，样本均值 $\overline{X}$ 是总体期望 μ 的无偏估计量，考虑检验统计量

$$U = \frac{\overline{X} - \mu_0}{\sigma / \sqrt{n}} \sim N(0, 1) \qquad (7-4)$$

(1) 双侧检验（$H_0: \mu = \mu_0$；$H_1: \mu \neq \mu_0$）.

如果原假设 H_0 为真，则 $\overline{X}$ 与 μ_0 的偏差 $|\overline{X} - \mu_0|$ 不应该太大，否则就有充分的理由怀疑 H_0 的真实性. 由上一节可得，该类问题的拒绝域为 $W = \left\{ (x_1, x_2, \cdots, x_n) \left| \left| \dfrac{\overline{x} - \mu_0}{\sigma / \sqrt{n}} \right| > z_{\frac{\alpha}{2}} \right. \right\}$.

(2) 左侧检验（$H_0: \mu \geq \mu_0$；$H_1: \mu < \mu_0$），如图 7.4 所示.

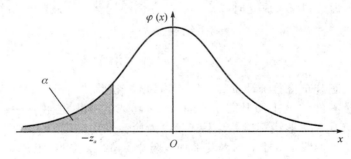

图 7.4 左侧检验（$H_1: \mu < \mu_0$）的拒绝域

如果原假设 H_0 为真，则 $\overline{X}$ 在 μ_0 附近波动，但不应该比 μ_0 小太多，否则就有充分的理由怀疑 $\mu \geq \mu_0$ 的真实性. 此时以 $P(\overline{x} - \mu_0 < k \mid \mu \geq \mu_0) = \alpha$ 确定临界值. 现在来确定 k 的值. 易知 H_0 成立时，事件

$$(\overline{x} - \mu_0 < k) \subset (\overline{x} - \mu < k)$$

取检验统计量

$$U = \frac{\overline{X} - \mu_0}{\sigma / \sqrt{n}} \sim N(0, 1)$$

对任何 k，在 H_0 成立时有

$$P\left(\frac{\overline{X}-\mu_0}{\sigma/\sqrt{n}}<k\right)<P\left(\frac{\overline{X}-\mu}{\sigma/\sqrt{n}}<k\right)$$

于是

$$P\left(\frac{\overline{X}-\mu}{\sigma/\sqrt{n}}<-z_\alpha\right)=\alpha$$

或

$$P\left(\frac{\overline{X}-\mu_0}{\sigma/\sqrt{n}}<-z_\alpha\right)\leqslant\alpha$$

因此，在 H_0 成立时，$\dfrac{\overline{X}-\mu_0}{\sigma/\sqrt{n}}<-z_\alpha$ 是一个小概率事件，故可得拒绝域为

$$W=\left\{(x_1,x_2,\cdots,x_n)\left|\frac{\overline{x}-\mu_0}{\sigma/\sqrt{n}}<-z_\alpha\right.\right\}$$

(3) 右侧检验（$H_0:\mu\leqslant\mu_0$；$H_1:\mu>\mu_0$），如图 7.5 所示.

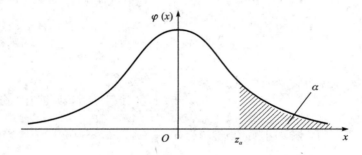

图 7.5　右侧检验（$H_1:\mu>\mu_0$）的拒绝域

当右侧检验的原假设 H_0 成立时，$\overline{X}-\mu_0$ 具有偏小趋势，因此临界值可由小概率事件 $P(\overline{X}-\mu_0>k\,|\,\mu\leqslant\mu_0)=\alpha$ 获得，进而得到拒绝域

$$W=\left\{(x_1,x_2,\cdots,x_n)\left|\frac{\overline{x}-\mu_0}{\sigma/\sqrt{n}}>z_\alpha\right.\right\}$$

这种以标准正态分布检验统计量的检验法称为 U-检验法.

例 1　某电器零件的电阻服从正态分布 $N(\mu,\sigma^2)$，平均电阻 $\mu_0=2.64\ \Omega$，标准差 $\sigma=0.06\ \Omega$. 改变工艺后，假设标准差保持不变. 为检验平均电阻有无显著变化，在按新工艺制造的零件中随机抽取 100 个，测得其平均电阻为 2.62 Ω. 问新工艺对此零件的平均电阻有无显著影响？（$\alpha=0.10$）

解　提出假设 $H_0:\mu=2.64$；$H_1:\mu\neq2.64$.

这是一个双侧检验问题，拒绝域为

$$W=\left\{(x_1,x_2,\cdots,x_n)\left|\left|\frac{\overline{x}-2.64}{\sigma/\sqrt{n}}\right|>z_{\frac{\alpha}{2}}\right.\right\}$$

$\alpha=0.10$，查表得 $z_{\frac{\alpha}{2}}=z_{0.05}=1.645$.

因为 $n=100$，$\overline{x}=2.62$，$\sigma=0.06$，代入计算，得

$$|u|=\left|\frac{\overline{x}-2.64}{\sigma/\sqrt{n}}\right|=\left|\frac{2.62-2.64}{0.06/\sqrt{100}}\right|=3.33>1.645$$

所以拒绝原假设 H_0，即在显著水平 $\alpha=0.10$ 下，认为新工艺对此零件的平均电阻有显著的影响.

2. 方差 σ^2 未知时对均值 μ 的 t -检验

当 σ^2 已知时，检验 $H_0: \mu=\mu_0$ 可采用统计量 $U=\dfrac{\overline{X}-\mu_0}{\sigma/\sqrt{n}}$. 现在 σ^2 未知，所以 $U=\dfrac{\overline{X}-\mu_0}{\sigma/\sqrt{n}}$ 不再是统计量了. 从前面的参数估计理论我们想到用 σ^2 的无偏估计量 S^2 来代替它. 由

$$t=\frac{\overline{X}-\mu_0}{S/\sqrt{n}}\sim t(n-1) \tag{7-5}$$

当 σ^2 未知时，选择服从 t 分布的随机变量作为检验统计量，这种检验法称为 t -检验法.

(1) 双侧检验（$H_0: \mu=\mu_0$；$H_1: \mu\neq\mu_0$），如图 7.6 所示.

如果原假设 H_0 为真，

$$P\left(\left|\frac{\overline{X}-\mu_0}{S/\sqrt{n}}\right|>t_{\frac{\alpha}{2}}(n-1)\right)=\alpha$$

故该类问题的拒绝域为

$$W=\left\{(x_1,x_2,\cdots,x_n)\left|\left|\frac{\overline{x}-\mu_0}{s/\sqrt{n}}\right|>t_{\frac{\alpha}{2}}(n-1)\right.\right\}$$

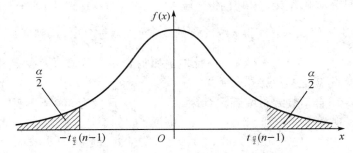

图 7.6 双侧检验（$H_1: \mu\neq\mu_0$）的拒绝域

(2) 左侧检验（$H_0: \mu\geq\mu_0$；$H_1: \mu<\mu_0$），如图 7.7 所示.

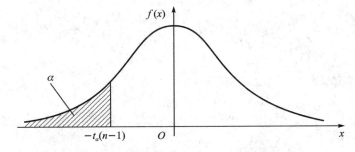

图 7.7 左侧检验（$H_1: \mu<\mu_0$）的拒绝域

类似于 σ^2 已知的情形，可得拒绝域为

$$W=\left\{(x_1,x_2,\cdots,x_n)\left|\frac{\overline{x}-\mu_0}{s/\sqrt{n}}<-t_\alpha(n-1)\right.\right\}$$

（3）右侧检验（$H_0: \mu \leqslant \mu_0$；$H_1: \mu > \mu_0$），如图 7.8 所示.

此时拒绝域为

$$W = \left\{ (x_1, x_2, \cdots, x_n) \left| \frac{\overline{x} - \mu_0}{s/\sqrt{n}} > t_a(n-1) \right. \right\}$$

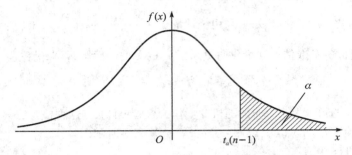

图 7.8 右侧检验（$H_1: \mu > \mu_0$）的拒绝域

σ^2 未知时，检验 μ 与 μ_0 大小关系采用 t-检验法，检验步骤是：

① 提出假设 H_0，$H_1: \mu \neq \mu_0$（或 $H_1: \mu < \mu_0$ 或 $H_1: \mu > \mu_0$）.

② 当 H_0 成立时，取检验统计量 $t = \dfrac{\overline{X} - \mu_0}{S/\sqrt{n}}$，$t$ 统计量服从 $t(n-1)$.

③ 对给定的显著水平 α，确定相应的拒绝域 $|t| > t_{\frac{\alpha}{2}}(n-1)$（或 $t < -t_a(n-1)$ 或 $t > t_a(n-1)$）.

④ 将样本的观测值代入，算得 t 统计量的观测值 $t = \dfrac{\overline{x} - \mu_0}{s/\sqrt{n}}$. 作判断：$|t| \geqslant t_{\frac{\alpha}{2}}(n-1)$ 时

拒绝原假设 $H_0: \mu = \mu_0$（或 $t \leqslant -t_a(n-1)$ 时拒绝原假设 $H_0: \mu \geqslant \mu_0$，或 $t \geqslant t_a(n-1)$ 时拒绝原假设 $H_0: \mu \leqslant \mu_0$）；反之接受原假设.

例 2 食品厂用自动装罐机装罐头食品，每罐标准重量为 500 g，每隔一定时间需要检查机器工作情况. 现抽得 10 罐，测得其重量（单位：g）如下：

495 510 505 498 503 492 502 512 497 506

假定重量 X 服从正态分布 $N(\mu, \sigma^2)$，试问机器工作是否正常？（取 $\alpha = 0.02$）

解 本题要求在显著水平 $\alpha = 0.02$ 下检验假设

$$H_0: \mu = 500; \quad H_1: \mu \neq 500$$

取检验统计量 $t = \dfrac{\overline{X} - \mu_0}{S/\sqrt{n}}$，$n = 10$，$\alpha = 0.02$ 时查 t 分布表得 $t_{0.01}(9) = 2.8214$，故拒绝

域为 $|t| > 2.8214$.

由样本观测值得

$$\overline{x} = \frac{1}{10} \sum_{i=1}^{10} x_i = 502, \quad s = \sqrt{\frac{1}{9} \sum_{i=1}^{10} (x_i - \overline{x})^2} = 6.5$$

$$|t| = \left| \frac{\overline{x} - \mu_0}{s/\sqrt{n}} \right| = \left| \frac{502 - 500}{6.5/\sqrt{10}} \right| = 0.97 < 2.8214$$

所以接受原假设，认为机器工作是正常的.

例 3 若某个试验要求温度值 X（单位：℃）不小于 1277，已知 X 服从正态分布，随机观测到 5 个温度值（单位：℃）为 1250，1245，1260，1275，1265，试问试验温度是否满足要

求？($\alpha = 0.05$)

解 依题意检验假设： $H_0: \mu \geqslant 1277$，$H_1: \mu < 1277$.

取检验统计量 $t = \dfrac{\overline{X} - \mu_0}{S/\sqrt{n}}$，$n = 5$，由 $\alpha = 0.05$ 查 t 分布表得 $t_{0.05}(4) = 2.1318$，故拒绝域为 $t < -2.1318$.

代入数据可得

$$\mu_0 = 1277, \quad \overline{x} = \frac{1}{5} \sum_{i=1}^{5} x_i = 1259, \quad s = \sqrt{\frac{1}{4} \sum_{i=1}^{5} (x_i - \overline{x})^2} = 11.9373$$

所以

$$t = \frac{\overline{x} - \mu_0}{s/\sqrt{n}} = \frac{1259 - 1277}{11.9373/\sqrt{5}} = -3.372 < -2.1318$$

因此拒绝 H_0，认为试验温度小于 1277，不满足要求.

二、单个正态总体方差 σ^2 的 χ^2 -检验

实际工作中经常遇到总体方差的检验问题. 设总体 $X \sim N(\mu, \sigma^2)$，$X_1, X_2, \cdots, X_n$ 为来自总体 X 的简单随机样本，给定显著水平 α，其中 σ^2 是显著性检验的未知参数.

根据实际，假设检验问题有三类：

(1) $H_0: \sigma^2 = \sigma_0^2$；$H_1: \sigma^2 \neq \sigma_0^2$（双侧检验）；

(2) $H_0: \sigma^2 \geqslant \sigma_0^2$；$H_1: \sigma^2 < \sigma_0^2$（左侧检验）；

(3) $H_0: \sigma^2 \leqslant \sigma_0^2$；$H_1: \sigma^2 > \sigma_0^2$（右侧检验）.

因为样本方差 S^2 是总体方差 σ^2 的无偏估计量，由第五章第二节定理 1 可知：若总体 $X \sim N(\mu, \sigma^2)$，$X_1, X_2, \cdots, X_n$ 为其样本，则有 $\dfrac{(n-1)S^2}{\sigma^2} \sim \chi^2(n-1)$. 原假设 H_0 为真时，考虑检验统计量

$$\chi^2 = \frac{(n-1)S^2}{\sigma_0^2} \sim \chi^2(n-1) \qquad (7-6)$$

以此为依据检验方差 σ^2 是否正常. 这种检验法称为 χ^2 -检验法.

(1) 双侧检验（$H_0: \sigma^2 = \sigma_0^2$；$H_1: \sigma^2 \neq \sigma_0^2$），如图 7.9(a)所示.

如果原假设 H_0 为真，则 S^2 应在 σ_0^2 附近波动，二者的偏差不应该太大，否则就有充分的理由怀疑 H_0 的真实性. 在给定的显著性水平 α 下，可得该类问题的拒绝域为

$$W = \left\{ (x_1, x_2, \cdots, x_n) \left| \frac{(n-1)s^2}{\sigma_0^2} < \chi_{1-\frac{\alpha}{2}}^2(n-1) \text{ 或 } \frac{(n-1)s^2}{\sigma_0^2} > \chi_{\frac{\alpha}{2}}^2(n-1) \right. \right\}$$

(2) 左侧检验（$H_0: \sigma^2 \geqslant \sigma_0^2$；$H_1: \sigma^2 < \sigma_0^2$），如图 7.9(b)所示.

在给定的显著性水平 α 下，可得拒绝域为

$$W = \left\{ (x_1, x_2, \cdots, x_n) \left| \frac{(n-1)s^2}{\sigma_0^2} < \chi_{1-\alpha}^2(n-1) \right. \right\}$$

(3) 右侧检验（$H_0: \sigma^2 \leqslant \sigma_0^2$；$H_1: \sigma^2 > \sigma_0^2$），如图 7.9(c)所示.

在给定的显著性水平 α 下，可得拒绝域为

$$W = \left\{ (x_1, x_2, \cdots, x_n) \left| \frac{(n-1)s^2}{\sigma_0^2} > \chi_{\alpha}^2(n-1) \right. \right\}$$

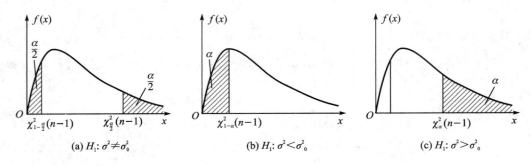

图 7.9　三种 χ^2 检验的拒绝域

例 4　已知某种棉花的纤度 $X \sim N(\mu, 0.048^2)$，现从棉花收购站收购的棉花中任取 8 个样品，测得其纤度为 1.32，1.40，1.38，1.44，1.32，1.36，1.42，1.36，问这个收购站所收棉花纤度的总体方差与该种棉花纤度的方差是否相同？（$\alpha = 0.10$）

解　这是 μ 未知的情况下检验方差的问题. 依题意需检验假设：

$$H_0: \sigma^2 = \sigma_0^2 (\sigma_0^2 = 0.048^2); \quad H_1: \sigma^2 \neq \sigma_0^2 (\sigma_0^2 = 0.048^2)$$

应用 χ^2-检验法，其自由度为 $n - 1 = 8 - 1 = 7$. $\alpha = 0.10$ 时，查附表 4 得

$$\chi_{0.05}^2(7) = 11.071, \quad \chi_{0.95}^2(7) = 1.145$$

根据题意计算出

$$\overline{x} = 1.375, \quad \sum_{i=1}^{n}(x_i - \overline{x})^2 = 0.0134$$

所以检验统计量的观测值

$$\chi^2 = \frac{1}{\sigma_0^2}\sum_{i=1}^{n}(x_i - \overline{x})^2 = \frac{1}{0.048^2} \times 0.0134 = 5.815\,97 \approx 5.816$$

由于 $1.145 < 5.816 < 11.071$，因而接受 H_0，认为所收棉花纤度的总体方差与该种棉花纤度的方差基本相同.

将上述关于单个正态总体参数的假设检验小结并汇成表，有如下结果（见表 7.2）：

表 7.2　单个正态总体参数的假设检验

检验法	条件	H_0 假设	检验统计量	拒绝域 H_1
U-检验	总体方差 σ^2 已知	$\mu = \mu_0$ $\mu \leq \mu_0$ $\mu \geq \mu_0$	$U = \dfrac{\overline{X} - \mu_0}{\sigma/\sqrt{n}}$	$\lvert u \rvert > z_{\frac{\alpha}{2}}$ $u > z_\alpha$ $u < -z_\alpha$
t-检验	总体方差 σ^2 未知	$\mu = \mu_0$ $\mu \leq \mu_0$ $\mu \geq \mu_0$	$t = \dfrac{\overline{X} - \mu_0}{S/\sqrt{n}}$	$\lvert t \rvert > t_{\frac{\alpha}{2}}(n-1)$ $t > t_\alpha(n-1)$ $t < -t_\alpha(n-1)$
χ^2-检验	总体均值 μ 未知	$\sigma^2 = \sigma_0^2$ $\sigma^2 \leq \sigma_0^2$ $\sigma^2 \geq \sigma_0^2$	$\chi^2 = \dfrac{(n-1)S^2}{\sigma_0^2}$	$\chi^2 < \chi_{1-\frac{\alpha}{2}}^2(n-1)$ 或 $\chi^2 > \chi_{\frac{\alpha}{2}}^2(n-1)$ $\chi^2 > \chi_\alpha^2(n-1)$ $\chi^2 < \chi_{1-\alpha}^2(n-1)$

习题 7.2

1. 一批轴承的钢珠直径(单位:cm)$X \sim N(\mu, 2.6^2)$. 现从中抽取 100 粒钢珠,测得样本平均值 $\bar{x} = 9.2$ cm. 问这些钢珠的平均直径 μ 能否认为是 10 cm?($\alpha = 0.05$)

2. 某钢丝车间生产的钢丝从长期的生产经验看,可以认为其折断力服从 $N(570, 8^2)$(单位:kg). 今换了一批原材料,从性能上看,估计折断力的方差不会有什么变化,现抽取容量为 10 的样本,测得折断力分别为:578,578,572,570,568,572,570,572,596,584,试判断折断力大小有无显著变化?($\alpha = 0.05$)

3. 某器材厂生产一种铜片,其厚度服从均值为 0.15 mm 的正态分布,某日随机检查 10 片,发现平均厚度为 0.166 mm,标准差为 0.015 mm,问该铜片质量有无显著变化?($\alpha = 0.05$)

4. 已知某针织品纤度在正常条件下服从正态分布 $N(\mu, 0.048^2)$,某日抽取 5 个样品,测得其纤度为 1.55,1.32,1.40,1.44,1.36,问这一天抽取样品的纤度的总体方差是否正常?($\alpha = 0.10$)

5. 某厂生产一批彩电显像管,抽取 10 根试验其寿命,结果为(单位:月):

$$42 \quad 75 \quad 65 \quad 71 \quad 57 \quad 59 \quad 55 \quad 54 \quad 68 \quad 78$$

问是否可认为彩电显像管寿命的方差不大于 80?($\alpha = 0.05$,彩电显像管寿命服从正态分布)

6. 一批导线电阻服从正态分布,要求电阻标准差不能超过 0.005 Ω,今任取 9 根导线分别测得电阻,并计算得到样本标准差 $s = 0.07$ Ω,问在 $\alpha = 0.05$ 下能认为这批导线电阻的方差显著地偏大吗?

第三节　两个正态总体参数的比较检验

一、两个正态总体均值的检验

设有两个正态总体 $X \sim N(\mu_1, \sigma_1^2)$,$Y \sim N(\mu_2, \sigma_2^2)$ 从两个总体中分别抽取样本:X_1,X_2,$\cdots$,X_{n_1},Y_1,Y_2,$\cdots$,Y_{n_2} 假定两个样本相互独立. 记它们的样本均值和样本方差分别为 $\bar{X}$,$\bar{Y}$,S_1^2,S_2^2. 这里关于两个总体均值的三类假设检验:

(1) $H_0: \mu_1 = \mu_2$;$H_1: \mu_1 \neq \mu_2$(双侧检验);

(2) $H_0: \mu_1 \geqslant \mu_2$;$H_1: \mu_1 < \mu_2$(左侧检验);

(3) $H_0: \mu_1 \leqslant \mu_2$;$H_1: \mu_1 > \mu_2$(右侧检验).

可以等价地转换成 $\mu_1 - \mu_2$ 与 0 的大小关系. 下面分两种情况对两个正态总体的均值差进行检验.

1. σ_1^2,σ_2^2 已知,检验 $H_0: \mu_1 - \mu_2 = 0$,$H_1: \mu_1 - \mu_2 \neq 0$

因为 $\bar{X} - \bar{Y} \sim N\left(\mu_1 - \mu_2, \dfrac{\sigma_1^2}{n_1} + \dfrac{\sigma_2^2}{n_2}\right)$,所以当 $H_0: \mu_1 - \mu_2 = 0$ 成立时有

$$U = \frac{\bar{X} - \bar{Y}}{\sqrt{\dfrac{\sigma_1^2}{n_1} + \dfrac{\sigma_2^2}{n_2}}} \sim N(0,1) \tag{7-7}$$

于是应用 U-检验法，在显著性水平 α 下，可得 H_0 的拒绝域为

$$W=\left\{(x_1,x_2,\cdots,x_{n1};y_1,y_2,\cdots,y_{n2})\left|\left|\frac{\overline{x}-\overline{y}}{\sqrt{\frac{\sigma_1^2}{n_1}+\frac{\sigma_2^2}{n_2}}}\right|>z_{\frac{\alpha}{2}}\right.\right\} \qquad (7-8)$$

由样本值计算出统计量 u 的观测值 $u=\dfrac{\overline{x}-\overline{y}}{\sqrt{\frac{\sigma_1^2}{n_1}+\frac{\sigma_2^2}{n_2}}}$. 当 $|u|<z_{\frac{\alpha}{2}}$ 时接受 H_0，认为 μ_1 和 μ_2

没有显著的差异；否则就拒绝 H_0，认为 μ_1 和 μ_2 有显著的差异.

类似地，可以得到：

(1) 左侧检验：$H_0:\mu_1-\mu_2\geqslant0$，$H_1:\mu_1-\mu_2<0$ 的拒绝域为

$$W=\left\{(x_1,x_2,\cdots,x_{n1};y_1,y_2,\cdots,y_{n2})\left|\frac{\overline{x}-\overline{y}}{\sqrt{\frac{\sigma_1^2}{n_1}+\frac{\sigma_2^2}{n_2}}}<-z_\alpha\right.\right\}$$

(2) 右侧检验：$H_0:\mu_1-\mu_2\leqslant0$，$H_1:\mu_1-\mu_2>0$ 的拒绝域为

$$W=\left\{(x_1,x_2,\cdots,x_{n1};y_1,y_2,\cdots,y_{n2})\left|\frac{\overline{x}-\overline{y}}{\sqrt{\frac{\sigma_1^2}{n_1}+\frac{\sigma_2^2}{n_2}}}>z_\alpha\right.\right\}$$

例1 生产某种产品可用第一、第二两种操作法. 已往经验表明，这两种操作法生产的产品抗折强度都服从正态分布，两法给出的标准差分别为 6 kg 和 8 kg. 今从第一种生产法的产品中随机抽取一容量为 12 的样本，抗折强度的样本均值为 40 kg；从第二种生产法的产品中抽取容量为 16 的随机样本，抗折强度的样本均值为 34 kg. 需要检验两种方法生产的产品的平均抗折强度是否有显著的差异.（$\alpha=0.05$）

解 作假设

$$H_0:\mu_1-\mu_2=0;\quad H_1:\mu_1-\mu_2\neq0$$

在原假设成立时，检验统计量

$$U=\frac{\overline{X}-\overline{Y}}{\sqrt{\frac{\sigma_1^2}{n_1}+\frac{\sigma_2^2}{n_2}}}\sim N(0,1)$$

显著性水平 $\alpha=0.05$ 时，$z_{\frac{\alpha}{2}}=z_{0.025}=1.96$.

由样本值计算出统计量的观测值

$$u=\frac{\overline{x}-\overline{y}}{\sqrt{\frac{\sigma_1^2}{n_1}+\frac{\sigma_2^2}{n_2}}}=\frac{40-34}{\sqrt{\frac{36}{12}+\frac{64}{16}}}=2.27$$

因为 $|u|=2.27>1.96$，所以拒绝 H_0，认为两个总体的平均抗折强度有显著的差异.

2. $\sigma_1^2=\sigma_2^2=\sigma^2$ 但未知，检验 $H_0:\mu_1-\mu_2=0$，$H_1:\mu_1-\mu_2\neq0$

为了检验 $H_0:\mu_1-\mu_2=0$，$H_1:\mu_1-\mu_2\neq0$. 由于 σ^2 未知，选择 t 分布

$$\frac{\overline{X}-\overline{Y}-(\mu_1-\mu_2)}{S_w\sqrt{\frac{1}{n_1}+\frac{1}{n_2}}}\sim t(n_1+n_2-2)$$

其中，

$$S_w^2 = \frac{1}{n_1 + n_2 - 2}\left[(n_1 - 1)S_1^2 + (n_2 - 1)S_2^2\right]$$

$$= \frac{1}{n_1 + n_2 - 2}\left[\sum_{i=1}^{n_1}(X_i - \overline{X})^2 + \sum_{j=1}^{n_2}(Y_j - \overline{Y})^2\right]$$

当 H_0 成立时取检验统计量为

$$t = \frac{\overline{X} - \overline{Y}}{S_w\sqrt{\frac{1}{n_1} + \frac{1}{n_2}}} \sim t(n_1 + n_2 - 2) \tag{7-9}$$

于是在显著性水平 α 下，可得 H_0 的拒绝域为

$$W = \left\{(x_1, x_2, \cdots, x_{n_1}, y_1, y_2, \cdots, y_{n_2})\,\middle|\,\left|\frac{\overline{x} - \overline{y}}{s_w\sqrt{\frac{1}{n_1} + \frac{1}{n_2}}}\right| > t_{\frac{\alpha}{2}}(n_1 + n_2 - 2)\right\}$$

$$\tag{7-10}$$

由样本值计算出统计量 t 的观测值，若 $|t| \leqslant t_{\frac{\alpha}{2}}(n_1 + n_2 - 2)$，则接受 H_0，认为 μ_1 和 μ_2 没有显著的差异；否则就拒绝 H_0，认为 μ_1 和 μ_2 有显著的差异.

关于单侧检验，有如下结论：

(1) 左侧检验：$H_0: \mu_1 - \mu_2 \geqslant 0$，$H_1: \mu_1 - \mu_2 < 0$ 的拒绝域为

$$W = \left\{(x_1, x_2, \cdots, x_{n_1}, y_1, y_2, \cdots, y_{n_2})\,\middle|\,\frac{\overline{x} - \overline{y}}{s_w\sqrt{\frac{1}{n_1} + \frac{1}{n_2}}} < -t_\alpha(n_1 + n_2 - 2)\right\}$$

(2) 右侧检验：$H_0: \mu_1 - \mu_2 \leqslant 0$，$H_1: \mu_1 - \mu_2 > 0$ 的拒绝域为

$$W = \left\{(x_1, x_2, \cdots, x_{n_1}, y_1, y_2, \cdots, y_{n_2})\,\middle|\,\frac{\overline{x} - \overline{y}}{s_w\sqrt{\frac{1}{n_1} + \frac{1}{n_2}}} > t_\alpha(n_1 + n_2 - 2)\right\}$$

例2 在针织品的漂白工艺过程中，要考察温度对针织品断裂强力的影响. 为了比较 70℃与80℃的影响有无差别，分别重复作了 8 次试验，得数据如下（单位：kg）：

70 度时的断裂强力：20.5 18.8 19.8 20.9 21.5 19.5 21.0 21.2

80 度时的断裂强力：17.7 20.3 20.0 18.8 19.0 20.1 20.2 19.1

设断裂强力分别服从 $N(\mu_1, \sigma_1^2)$，$N(\mu_2, \sigma_2^2)$ 且 $\sigma_1^2 = \sigma_2^2 = \sigma^2$. 问两种温度下的断裂强力是否有差异？（$\alpha = 0.05$）

解 提出原假设：

$$H_0: \mu_1 - \mu_2 = 0; \quad H_1: \mu_1 - \mu_2 \neq 0$$

在原假设成立时，检验统计量

$$t = \frac{\overline{X} - \overline{Y}}{S_w\sqrt{\frac{1}{n_1} + \frac{1}{n_2}}} \sim t(n_1 + n_2 - 2)$$

显著性水平 $\alpha = 0.05$ 时，因为 $n_1 = n_2 = 8$，$t_{\alpha/2}(n_1 + n_2 - 2) = t_{0.025}(14) = 2.1448$. 由样

本值计算可得

$$\overline{x}=20.4, \overline{y}=19.4, (n_1-1)s_1^2=\sum_{i=1}^{8}(x_i-\overline{x})^2=6.20$$

$$(n_2-1)s_2^2=\sum_{i=1}^{8}(y_i-\overline{y})^2=5.80, s_w=\sqrt{\frac{1}{14}\times(6.20+5.80)}=0.9258$$

进一步可计算出统计量 t 的观测值

$$t=\frac{20.4-19.4}{0.9258\sqrt{\dfrac{1}{8}+\dfrac{1}{8}}}=2.1603$$

因为 $|t|=2.1603>2.1448$，所以拒绝 H_0，认为在温度 70℃ 下的断裂强力与 80℃ 下的断裂强力有显著的差异.

二、两个正态总体方差的 F -检验

从两个正态总体 $X\sim N(\mu_1, \sigma_1^2)$，$Y\sim N(\mu_2, \sigma_2^2)$ 中分别抽取样本：X_1，X_2，$\cdots$，X_{n_1}，Y_1，Y_2，$\cdots$，Y_{n_2}，假定两个样本相互独立. 记它们的样本均值和样本方差分别为 $\overline{X}$，$\overline{Y}$，S_1^2，S_2^2. 下面在均值未知的情况下，对两个正态总体的方差进行检验.

要检验 $H_0: \sigma_1^2=\sigma_2^2$，$H_1: \sigma_1^2\neq\sigma_2^2$，等价于检验

$$H_0: \frac{\sigma_1^2}{\sigma_2^2}=1, \qquad H_1: \frac{\sigma_1^2}{\sigma_2^2}\neq1$$

由第五章第二节推论 3 知：

$$F=\frac{S_1^2\sigma_2^2}{S_2^2\sigma_1^2}\sim F(n_1-1, n_2-1)$$

在原假设成立时有

$$F=\frac{S_1^2}{S_2^2}\sim F(n_1-1, n_2-1) \tag{7-11}$$

于是在显著性水平 α 下，可得 H_0 的拒绝域为

$$W=\left\{(x_1, x_2, \cdots, x_{n1}; y_1, y_2, \cdots, y_{n2})\left|\frac{s_1^2}{s_2^2}<F_{1-\frac{\alpha}{2}}(n_1-1, n_2-1)或\frac{s_1^2}{s_2^2}>F_{\frac{\alpha}{2}}(n_1-1, n_2-1)\right.\right\}$$

$$\tag{7-12}$$

相应地有：

（1）左侧检验：$H_0: \sigma_1^2\geqslant\sigma_2^2$，$H_1: \sigma_1^2<\sigma_2^2$ 的拒绝域为

$$W=\left\{(x_1, x_2, \cdots, x_{n1}; y_1, y_2, \cdots, y_{n2})\left|\frac{s_1^2}{s_2^2}<F_{1-\alpha}(n_1-1, n_2-1)\right.\right\}$$

（2）右侧检验：$H_0: \sigma_1^2\leqslant\sigma_2^2$，$H_1: \sigma_1^2>\sigma_2^2$ 的拒绝域为

$$W=\left\{(x_1, x_2, \cdots, x_{n1}; y_1, y_2, \cdots, y_{n2})\left|\frac{s_1^2}{s_2^2}>F_{\alpha}(n_1-1, n_2-1)\right.\right\}$$

例 3 有种植玉米的甲、乙两个农业试验区，平日玉米产量（单位：kg）服从正态分布. 现各区都分成 10 个小区，每个小区的面积相同，除甲区施磷肥外，甲、乙区的其他试验条件均相同，试验结果玉米产量如下：

甲区：62　57　65　60　63　58　57　60　60　58

乙区：56　59　56　57　58　57　60　55　57　55

试检验两区玉米产量的方差是否相同？（$\alpha = 0.1$）

解　由题意检验假设：

$$H_0 : \sigma_1^2 = \sigma_2^2, \ H_1 : \sigma_1^2 \neq \sigma_2^2$$

在原假设成立时，检验统计量

$$F = \frac{S_1^2}{S_2^2} \sim F(n_1 - 1, \ n_2 - 1)$$

显著性水平 $\alpha = 0.1$ 时，因为

$$n_1 = n_2 = 10, \ F_{\frac{\alpha}{2}}(n_1 - 1, \ n_2 - 1) = F_{0.05}(9, \ 9) = 3.18$$

$$F_{1-\frac{\alpha}{2}}(n_1 - 1, \ n_2 - 1) = F_{0.95}(9, \ 9) = \frac{1}{F_{0.05}(9, \ 9)} = \frac{1}{3.18} = 0.314$$

当 $\frac{s_1^2}{s_2^2} < 0.314$ 或 $\frac{s_1^2}{s_2^2} > 3.18$ 时，拒绝 H_0.

经计算得

$$s_1^2 = \frac{64}{10-1} = 7.1, \ s_2^2 = \frac{24}{10-1} = 2.7$$

从而

$$F = \frac{s_1^2}{s_2^2} = \frac{7.1}{2.7} = 2.63$$

$$0.314 < F < 3.18$$

故接受 $H_0 : \sigma_1^2 = \sigma_2^2$，认为两区玉米产量的方差是相同的.

例 4　测定了 10 位老年男子和 8 位青年男子的血压值，其中老年男子的血压值为 133，120，122，114，130，155，116，140，160，180，青年男子的血压值为 152，136，128，130，114，123，134，128，通常认为血压值服从正态分布，试检验老年男子血压值的波动是否显著地高于青年男子？（$\alpha = 0.05$）

解　检验老年男子血压值的波动是否显著地高于青年男子，这是方差的右侧检验问题，假设：

$$H_0 : \sigma_1^2 \leqslant \sigma_2^2, \ H_1 : \sigma_1^2 > \sigma_2^2$$

在原假设成立时，检验统计量

$$F = \frac{S_1^2}{S_2^2} \sim F(n_1 - 1, \ n_2 - 1)$$

显著性水平 $\alpha = 0.05$ 时，因为

$$n_1 = 10, \ n_2 = 8, \ F_{\alpha}(n_1 - 1, \ n_2 - 1) = F_{0.05}(9, \ 7) = 3.68$$

当 $\frac{s_1^2}{s_2^2} > 3.68$ 时，拒绝 H_0.

计算得

$$s_1^2 = 473.33, \ s_2^2 = 120.84, \ F = \frac{s_1^2}{s_2^2} = \frac{473.33}{120.84} = 3.91 > 3.68$$

因此拒绝 $H_0 : \sigma_1^2 \leqslant \sigma_2^2$，即认为老年男子血压值的波动显著地高于青年男子.

下面将正态总体参数的假设检验具体说明，见表 7.3.

表 7.3　两个正态总体参数的假设检验

检验法	条件	H_0 假设	检验统计量	拒绝域
U -检验	总体方差 σ_1^2, σ_2^2 已知	$\mu_1 = \mu_2$ $\mu_1 \leqslant \mu_2$ $\mu_1 \geqslant \mu_2$	$U = \dfrac{\overline{X} - \overline{Y}}{\sqrt{\dfrac{\sigma_1^2}{n_1} + \dfrac{\sigma_2^2}{n_2}}}$	$\lvert u \rvert > z_{\frac{\alpha}{2}}$ $u > z_{\alpha}$ $u < -z_{\alpha}$
t -检验	方差相等 $\sigma_1^2 = \sigma_2^2 = \sigma^2$ 但未知	$\mu_1 = \mu_2$ $\mu_1 \leqslant \mu_2$ $\mu_1 \geqslant \mu_2$	$t = \dfrac{\overline{X} - \overline{Y}}{S_w \sqrt{\dfrac{1}{n_1} + \dfrac{1}{n_2}}}$	$\lvert t \rvert > t_{\frac{\alpha}{2}}(n_1 + n_2 - 2)$ $t > t_{\alpha}(n_1 + n_2 - 2)$ $t < -t_{\alpha}(n_1 + n_2 - 2)$
F -检验	总体均值 μ_1, μ_2 未知	$\sigma_1^2 = \sigma_2^2$ $\sigma_1^2 \leqslant \sigma_2^2$ $\sigma_1^2 \geqslant \sigma_2^2$	$F = \dfrac{S_1^2}{S_2^2}$	$F < F_{1-\frac{\alpha}{2}}(n_1 - 1, n_2 - 1)$ 或 $F > F_{\frac{\alpha}{2}}(n_1 - 1, n_2 - 1)$ $F > F_{\alpha}(n_1 - 1, n_2 - 1)$ $F < F_{1-\alpha}(n_1 - 1, n_2 - 1)$

习题 7.3

1. 某苗圃采用两种育苗方案做杨树的育苗试验，平日苗高近似服从正态分布．在两组育苗试验中，已知苗高的标准差分别为 20 和 18，现各抽取 60 株苗作为样本，算得苗高的样本平均数为 $\overline{x}_1 = 59.34$，$\overline{x}_2 = 49.16(\text{cm})$，试判断两种试验方案对平均苗高的影响．（$\alpha = 0.05$）

2. 某烟厂生产甲、乙两种香烟，分别对它们的尼古丁含量（单位：mg）作了 6 次测定，得样本观测值如下：

甲：25　28　23　26　29　22

乙：28　23　30　21　27　25

假设两种香烟的尼古丁含量均服从正态分布且方差相等，试问这两种香烟的尼古丁含量有无显著差异？（$\alpha = 0.05$）

3. 从甲、乙两种氮肥中，各抽取若干样品进行测试，其样本容量、含氮样本均值和样本方差如下：

甲种：$n_1 = 18$，$\overline{x}_1 = 0.230$，$s_1^2 = 0.1337$

乙种：$n_2 = 14$，$\overline{x}_2 = 0.1736$，$s_2^2 = 0.1736$

若两种氮肥的含氮量都服从正态分布，两总体的方差未知但知其相等，问两种氮肥的平均含氮量是否相同？（$\alpha = 0.05$）

4. 为了比较两种枪弹的速度（单位：m/s），在相同的条件下各自独立地进行速度测定．算得样本均值和样本标准差如下：

枪弹甲：$n_1 = 18$，$\overline{x} = 2850$，$s_1 = 120.41$

枪弹乙：$n_2 = 18$，$\overline{x} = 2680$，$s_2 = 105.00$

设两种枪弹的速度都服从正态分布．问在显著水平 $\alpha = 0.05$ 下，这两种枪弹的平均速度有无显著差异？

5. 某厂用 A、B 两种原料生产同一种产品，今分别从两种原料生产的产品中抽取 220 件和 205 件，测得数据如下：

A：$n_1 = 220$，$\overline{x}_1 = 2.46(\text{kg})$，$s_1^2 = 0.57(\text{kg})$

B：$n_1 = 205$，$\overline{x}_2 = 2.55(\text{kg})$，$s_2^2 = 0.48(\text{kg})$

设这两种产品重量都服从正态分布，且方差相同，问在显著性水平 $\alpha = 0.05$ 下，能否认为 B 原料的产品平均重量比 A 原料的产品平均重量大？

6. 从某种药材中提取某种有效成分，为了提高得率，改革提炼方法，对同一质量的药材，用新、旧两种方法各做 10 次试验，其得率分别为

旧方法：78.1 72.4 76.2 74.3 77.4 77.3 76.7 76.0 75.5 78.4

新方法：81.0 79.1 79.1 77.3 77.3 80.2 79.1 82.1 79.1 80.0

设这两个样本分别来自总体 $X \sim N(\mu_1, \sigma_1^2)$ 和 $Y \sim N(\mu_2, \sigma_2^2)$，并且相互独立，试问新方法的得率是否比旧方法的得率高？（$\alpha = 0.01$）

7. 设 A、B 两台机床生产同一种零件，其重量服从正态分布，分别取样 8 个和 9 个，得数据如下 A：$n_1 = 8$，$\overline{x}_1 = 20.34$；$s_1 = 0.31$；B：$n_2 = 9$，$\overline{x}_2 = 20.32$，$s_2 = 0.16$. 问 A、B 两机床生产的零件的重量的方差有无区别？（$\alpha = 0.05$）

8. 某工厂用某种原料对针织品进行漂白试验，以考察温度对针织品断裂强度的影响，平日数据是服从正态分布的. 今在 70℃ 和 80℃ 的水温下分别做了 8 次试验，测得强度数据（单位：kg）如下：

70℃时：10.5，8.8，9.8，10.9，11.5，9.5，11.0，11.2

80℃时：7.7，10.3，10.0，8.8，9.0，10.1，10.2，9.1

问强度是否有相同的方差？（$\alpha = 0.10$）

第四节　分布拟合检验

前面的讨论往往事先假定总体服从正态分布，然后对其均值或方差进行检验. 这类总体分布类型已知情况下的检验属于参数检验. 但在许多实际场合，总体的分布类型往往并不清楚. 这就需要根据样本信息对总体是否服从特定的分布进行检验，也就是要对总体的分布作假设检验，这一类假设检验就是非参数检验，设总体 X 的分布函数 $F(x)$ 未知，$F_0(x)$ 是已知的分布函数. 要检验总体是否服从该给定的分布，即检验

$$H_0 : F(x) = F_0(x)；H_0 : F(x) \neq F_0(x) \tag{7-13}$$

这种检验又称为**分布拟合检验**.

关于分布拟合检验的方法很多，这里仅介绍比较常用的 χ^2 拟合检验法. 该方法在具体的检验中，构造一个服从 χ^2 分布的统计量，用这个统计量来进行检验.

如何检验事先给定的理论分布 $F_0(x)$ 能否较好地拟合样本 $X_1, X_2, \cdots, X_n$ 所反映的总体 X 的分布函数 $F(x)$？拟合检验法的基本想法是：确定一个能够刻画样本 $X_1, X_2, \cdots, X_n$ 与理论分布 $F_0(x)$ 之间拟合程度的量，该量称为**拟合优度**. 当这个量超过某个界限时，说明拟合程度不高，则应拒绝 H_0. 为此，对总体 X 进行 n 次独立实验得到观测值 $x_1, x_2, \cdots, x_n$，将实数轴 $(-\infty, +\infty)$ 划分为 k 个依次连接的左开右闭子区间，用 n_i 表示观测值 x_1，

x_2，…，x_n 落入第 i 个子区间中的个数（即观测到的频数），进一步落入第 i 个子区间中的频率为 $\dfrac{n_i}{n}(i=1,2,\cdots,k)$，显然 $\displaystyle\sum_{i=1}^{k} n_i = n$.

设 $H_0:F(x)=F_0(x)$ 成立，随机变量 X 落入第 i 个左开右闭子区间中的概率 $p_i(i=1,2,\cdots,k)$ 可很方便地利用 $F_0(x)$ 计算得到. 由大数定律，频率依概率收敛于概率，$\left|\dfrac{n_i}{n}-p_i\right|$ 的值应该比较小. 故选用统计量

$$\chi^2 = \sum_{i=1}^{k}\left(\frac{n_i}{n}-p_i\right)^2 \frac{n}{p_i} = \sum_{i=1}^{k}\frac{(n_i-np_i)^2}{np_i} \tag{7-14}$$

1900 年英国统计学家皮尔逊（Pearson）和费希尔（Fisher）提出并证明了（7-14）的分布：

定理 1　当样本容量 n 充分大（一般 $n \geqslant 50$）时，不论 X 服从何种分布，若 H_0 成立，统计量（7-14）都近似地服从自由度为 $k-r-1$ 的 χ^2 分布. 其中 r 是分布中未知参数的个数.

对总体分布作 χ^2 拟合检验的具体步骤如下：

（1）提出原假设 $H_0:F(x)=F_0(x)$ 或 H_0：总体 X 服从某种分布；

（2）将样本的范围分成 k 个互不相交的区间：

$$(a_0,a_1],\ (a_1,a_2],\ \cdots,\ (a_{i-1},a_i],\ \cdots,\ (a_{k-1},a_k]$$

其中，$a_0<a_1<\cdots<a_{i-1}<a_i<\cdots<a_{k-1}<a_k$，$a_0$ 可以取 $-\infty$，a_k 可以取 $+\infty$；

（3）确定出频数 n_i，即样本观测值落入各区间 $(a_{i-1},a_i]$ 的个数 $n_i(i=1,2,\cdots,k)$；

（4）在 $H_0:F(x)=F_0(x)$ 成立的条件下，求出 X 落在 $(a_{i-1},a_i]$ 的概率，$p_i=P(a_{i-1}<X\leqslant a_i)=F_0(a_i)-F_0(a_{i-1})$；

（5）计算 $\chi^2 = \displaystyle\sum_{i=1}^{k}\frac{(n_i-np_i)^2}{np_i}$ 的值；

（6）对给定的显著水平 α，由 χ^2 分布表查得临界值 $\chi_\alpha^2(k-r-1)$. 当 $\chi^2>\chi_\alpha^2(k-r-1)$ 时，拒绝 H_0，认为 $F(x)$ 与 $F_0(x)$ 不是相符合的；否则接受 H_0，认为 $F(x)$ 与 $F_0(x)$ 是相符合的（同分布的）.

在对总体分布作 χ^2 拟合检验时，以下几点值得注意：

（1）χ^2 拟合检验要求样本容量较大，一般样本容量超过 $50(n\geqslant50)$，且容量越大越好；

（2）理论分布落入各区间的概率值 p_i 应较小，也就是说分区间要足够多，即划分的组数 k 应较大；

（3）一般限制落在 $(a_{i-1},a_i]$ 的理论频数 np_i 的值大于 5，如果出现不大于 5 的情形，此区间应与邻近的区间合并；

（4）$F_0(x)$ 应是完全确定的，若 $F_0(x)$ 中含有 r 个未知参数，一般先用最大似然估计值代替，使 $F_0(x)$ 是完全确定的.

例 1　某市 1988 年的职工家庭抽样调查，获得月人均收入的资料如下：

每月每人收入/元	$\leqslant 40$	$(40,60]$	$(60,80]$	$(80,100]$	>100
户　数	5	16	40	27	12

计算得 100 户的月人均收入 $\bar{x}=72.3$，样本的方差 $s^2=20^2$. 问该市居民的月人均收入是否

服从正态分布?（$\alpha=0.05$）

解　令月人均收入为 X，假设 $X\sim N(\mu,\sigma^2)$，参数 μ 和 σ^2 未知，已知的 $\bar{x}=72.3$ 和 $s^2=20^2$ 分别是 μ 和 σ^2 的最大似然估计值．所以

$$H_0 : X\sim N(72.3,20^2)$$

当 $X\sim N(72.3,20^2)$ 时：

$$P(X\leqslant 40)=F(40)=\Phi\left(\frac{40-72.3}{20}\right)=\Phi(-1.615)=0.0532$$

$$P(X\leqslant 60)=F(60)=\Phi\left(\frac{60-72.3}{20}\right)=\Phi(-0.615)=0.2693$$

$$P(X\leqslant 80)=F(80)=\Phi\left(\frac{80-72.3}{20}\right)=\Phi(0.385)=0.6499$$

$$P(X\leqslant 100)=F(100)=\Phi\left(\frac{100-72.3}{20}\right)=\Phi(1.385)=0.9170$$

X 落在从左到右的 5 个子区间中的相应理论依次为

$\hat{p}_1=F(40)=0.0532, \hat{p}_2=F(60)-F(40)=0.2161, \hat{p}_3=F(80)-F(40)=0.3806$
$\hat{p}_4=F(100)-F(80)=0.2671, \hat{p}_5=1-F(100)=0.0830$

从而有

	$\leqslant 40$	$(40,60]$	$(60,80]$	$(80,100]$	>100
实际频数 n_i	5	16	40	27	12
理论频数 $n\hat{p}_i$	5.32	21.61	38.06	26.71	8.30

$$\chi^2=\sum_{i=1}^{5}\frac{(n_i-np_i)^2}{np_i}=3.226$$

对显著性水平 $\alpha=0.05$，查自由度为 $5-2-1=2$ 的 χ^2 分布表，得临界值

$$\chi_\alpha^2(k-r-1)-\chi_{0.05}^2(5-2-1)=5.991$$

由于 $\chi^2=3.226<5.991$，故接受假设 $X\sim N(72.3,20^2)$．

习题 7.4

1. 为了考察某电话在午夜零时至二时内电话接错的次数 X，统计了 200 天的记录，得到数据如下：

接错次数	0	1	2	3	$\geqslant 4$
频数（天）	109	65	22	3	1

问在显著性水平 $\alpha=0.01$ 下，能否认为 X 服从泊松分布．

2. 检查了一本书的 100 页，记录各页中的印刷错误的个数，其结果如下：

错误个数	0	1	2	3	4	5	$\geqslant 6$
页数	35	40	19	3	2	1	0

试检验这批数据是否服从泊松分布($\alpha=0.05$).

3. 掷一颗骰子 60 次，出现的点数如下：

点数	1	2	3	4	5	6
次数	7	8	12	11	9	13

试在显著性水平 0.05 下，检验这颗骰子是否均匀.

4. 在无理数 π 的前 800 位小数的数字中，0，1，2，…，9 相应出现了 74，92，83，79，80，73，77，75，76，91 次，试在显著性水平 $\alpha=0.05$ 下检验假设 H_0:这些数据与均匀分布相吻合.

总 习 题 七

一、填空题

1. 在统计推断中，只对犯第_____类错误的概率加以控制，而不考虑犯第_____类错误的概率的检验，称为显著性检验.

2. 设总体 $X \sim N(\mu, \sigma^2)$，在均值的 U 检验中，取检验统计量为_____；若假设为 H_0:$\mu \leqslant \mu_0$；H_1:$\mu > \mu_0$，则在显著性水平 α 下，H_0 的拒绝域为_____.

3. 设总体 $X \sim N(\mu, \sigma^2)$，其中 μ 未知，检验假设：H_0:$\sigma^2 = \sigma_0^2$，可采用____检验，检验统计量为____；当 H_0 为真时，该统计量服从_____分布.

4. 设总体 $X \sim N(\mu_1, \sigma_1^2)$，总体 $Y \sim N(\mu_2, \sigma_2^2)$，其中 σ_1^2，σ_2^2 已知，现独立地分别从两总体中抽取容量 n_1 及 n_2 的样本. 对假设 H_0:$\mu_1 - \mu_2 = 0$；H_1:$\mu_1 - \mu_2 < 0$ 进行检验，可采用_____-检验法，检验统计量为_____，在显著性水平 α 下 H_0 的拒绝域为_____.

5. $X \sim N(\mu_1, \sigma_1^2)$ 与 $Y \sim N(\sigma_2, \sigma_2^2)$ 独立，样本容量分别为 n_1 及 n_2，样本方差分别为 S_1^2，S_2^2. 检验 H_0:$\sigma_1^2 \leqslant \sigma_2^2$，$H_1$:$\sigma_1^2 > \sigma_2^2$，检验统计量为_____，在显著性水平 α 下 H_0 的拒绝域为_____.

二、选择题

1. 假设检验中，H_0 为原假设，则_____为犯第一类错误.

(A) H_0 为真，拒绝 H_0　　　　　　　　(B) H_0 不真，接受 H_0

(C) H_0 为真，接受 H_0　　　　　　　　(D) H_0 不真，拒绝 H_0

2. 假设检验中，显著性水平 α 表示_____.

(A) H_0 为假，但接受 H_0 的概率　　　　(B) H_0 为真，但拒绝 H_0 的概率；

(C) H_0 为假，且拒绝 H_0 的概率　　　　(D) H_0 为真，且接受 H_0 的概率

3. 对正态总体 $X \sim N(\mu, \sigma^2)$ 进行假设检验，若在显著性水平 $\alpha=0.01$ 下拒绝假设 H_0:$\mu=\mu_0$，则在显著性水平 $\alpha=0.05$ 下，_____.

(A) 必接受 H_0　　　　　　　　　　　　(B) 必拒绝 H_0

(C) 可能拒绝 H_0　　　　　　　　　　　(D) 无法判断

4. 某化肥厂用自动打包机包装化肥,每包标准重量为 100 kg. 现采用抽样方法来检验打包机工作是否正常. 设打包重量服从正态分布,则原假设和检验统计量分别是_____.

(A) $H_0: \mu \geqslant 100$, $t = \dfrac{\overline{X} - 100}{S/\sqrt{n}}$ (B) $H_0: \mu \geqslant 100$, $U = \dfrac{\overline{X} - 100}{\sigma/\sqrt{n}}$;

(C) $H_0: \mu = 100$, $t = \dfrac{\overline{X} - 100}{S/\sqrt{n}}$ (D) $H_0: \mu \geqslant 100$, $U = \dfrac{\overline{X} - 100}{\sigma/\sqrt{n}}$

5. 某炼钢厂含碳量服从正态分布. 若改进工艺后,进行抽样检验,发现测量值落在原假设的拒绝域内,问新工艺是否改变了含碳量,正确的回答是_____.

(A) 改变了   (B) 未改变   (C) 可能改变了   (D) 无法判断

三、计算题

1. 已知某一试验,其温度 X 服从 $N(\mu, \sigma^2)$,现测得 5 个温度值,计算得样本均值 $\overline{x} = 1259$,样本标准差 $s = 11.937$,问可否认为 $\mu = 1277$?(取显著性水平 $\alpha = 0.05$)

2. 为了知道成年男女红细胞数的差别,经抽样检查结果如下:

男性:$n_1 = 36$,$\overline{x} = 465.13$,$s_1^2 = (54.80)^2$,女性:$n_2 = 25$,$\overline{y} = 422.16$,$s_2^2 = (49.30)^2$,

假定红细胞数服从正态分布,取 $\alpha = 0.05$.

(1) 问男、女红细胞数的波动大小是否相同?

(2) 性别对红细胞数有无影响.

3. 一骰子掷了 100 次,得结果如下:

点数	1	2	3	4	5	6
频数	13	14	20	17	15	21

在显著性水平 $\alpha = 0.05$ 下,试检验这颗骰子是否均匀.

第八章　概率统计与数学软件

　　MATLAB 是由美国 MathWorks 公司在 20 世纪 80 年代中期推出的一款集数值计算、符号计算和图形可视化三大基本功能于一体的商业数学软件，强大的功能和简便的操作界面使其成为国际公认的优秀数学应用软件之一. 该软件在数据分析、无线通信、深度学习、图像处理与计算机视觉、信号处理、量化金融与风险管理、控制系统等领域都有广泛的应用. 在《线性代数及应用》一书中，我们已经熟悉了该软件的基本操作，并掌握了借助 MATLAB 求解线性代数相关问题的方法. 在 MATLAB 软件中，与"概率论与数理统计"课程相关的几乎所有概念和性质都可通过调用 Statistics 工具箱中的函数实现. Statistics 工具箱由一系列相关的统计函数和若干图形用户界面组成.

　　本章首先介绍 MATLAB 统计工具箱中的随机模拟涉及的随机数产生命令，并结合实例简单介绍蒙特卡洛方法；然后给出概率密度（全称为概率密度函数，PDF）、分布函数（全称为累积分布函数，CDF）、逆累积分布函数（ICDF）的求值方法；接着提供数字特征、参数估计与假设检验的实现方法；最后给出通过 MATLAB 软件对数据进行统计分析的综合案例.

第一节　随机数的产生与蒙特卡洛方法

　　随机现象在现实世界中广泛存在，因此科学研究需要解决很多随机型数学问题，计算机模拟是一种非常重要的途径. 利用计算机产生服从特定分布的随机数据，是进行随机模拟的基础. MATLAB 软件的 Statistics 工具箱对几乎所有的概率分布提供支持，可以很方便地产生服从各类分布的随机数及 PDF/CDF 函数. 该工具箱既提供了针对常用分布的通用分布函数，也提供了针对特定分布的专用分布函数.

一、随机数的生成

1. 调用通用函数产生常用分布的随机数

　　通过调用通用函数 random，在参数设置里给定分布类型，可以产生服从特定分布的随机数据. 该函数格式为

$$y = \text{random}(name, A, B, C, D, m, n)$$

其中，name 的取值见表 8.1；A, B, C, D 为分布的参数；m, n 指定输出随机数的行数和列数.

表 8.1　常见分布函数表

name 的取值		分布类型
'bino'　或	'Binomial'	二项分布
'poiss'　或	'Poisson'	泊松分布
'geo'　或	'Geometric'	几何分布
'hyge'　或	'Hypergeometric'	超几何分布
'unif'　或	'Uniform'	均匀分布
'exp'　或	'Exponential'	指数分布
'norm'　或	'Normal'	正态分布
'chi2'　或	'Chisquare'	卡方分布
't'　或	'T'	t 分布
'f'　或	'F'	F 分布

例1　在命令窗口输入

$$\gg r = random('bino', 10, 0.5, 2, 3)$$

可产生服从参数 $n=10$，$p=0.5$ 的二项分布的随机数（排成 2 行 3 列），输出结果：

r =

    2　　4　　5

    4　　7　　5

为产生 12 个（排成 3 行 4 列）均值为 2，标准差为 0.3 的正态分布随机数，可调用通用函数，在命令窗口输入：

$$\gg y = random('norm', 2, 0.3, 3, 4)$$

运行得到

y =

    2.3352　　2.1658　　2.0258　　1.6815

    1.6733　　2.3302　　1.5525　　2.7051

    2.0098　　2.4633　　1.7773　　1.8153

2. 调用专用函数产生特定分布的随机数

产生特定分布随机数的专用函数是在 rnd 前面增加分布名称.

二项分布是最常用的离散型随机变量. 为产生参数为 N，p 的二项随机数据，可调用函数 binornd. 这里提供如下三种调用格式：

① R = binornd(N, p)　　　　%N，p 为二项分布的两个参数，返回服从参数为 N，p 的二项分布
　　　　　　　　　　　　　　　的随机数，N，p 可为同型矩阵

② R = binornd(N, p, m)　　　%m 指定随机数的个数，与 R 同维数

③ R = binornd(N, p, m, n)　%m，n 分别表示 R 的行数和列数

例2　要产生 1 个服从参数 $n=10$，$p=0.5$ 的二项分布的随机数，可以在命令窗口输入

≫ R＝binornd(10，0.5)

得到一个可能结果：

R ＝

　　3

输入

≫ R＝binornd(10，0.5，1，6)

可得到 6 个(排成 1 行 6 列)服从参数 $n＝10$，$p＝0.5$ 的二项分布的随机数：

R ＝

　　8　　1　　3　　7　　6　　4

这里输出的随机数行列数也可以放在方括号内，如：

≫ R＝binornd(10，0.5，[2，3])

R ＝

　　7　　5　　8

　　6　　5　　6

当 mu 和 sigma 都是 n 维向量时，对应输出 n 个随机数：

≫ R ＝ binornd([10，20，30]，[0.5，0.4，0.2])

R ＝

　　3　　13　　5

正态分布是最重要的连续型随机变量. 要产生服从参数为 μ，σ 的正态分布的随机数据，可按以下三种格式调用函数 normrnd.

　　① R ＝ normrnd(MU，SIGMA)　　　　　　　%返回均值为 MU，标准差为 SIGMA 的正态分布的随机

　　　　　　　　　　　　　　　　　　　　　　　　数据，R 可以是向量或矩阵

　　② R ＝ normrnd(MU，SIGMA，m)　　　%m 指定随机数的个数，与 R 同维数

　　③ R ＝ normrnd(MU，SIGMA，m，n)　　%m，n 分别表示 R 的行数和列数

例 3　产生 5 个服从标准正态分布的随机数：

≫n1 ＝ normrnd(0，1，[15])

n1 ＝

　　－2.4969　　0.4413　－1.3981　－0.2551　　0.1644

输入下述命令，可产生均值分别为 1，2，3，4，5，6 且方差为 0.01 的 6 个正态分布随机数：

≫n2 ＝ normrnd([1 2 3;4 5 6]，0.1，2，3)　　　%mu 为均值矩阵，sigma 均为 0.1

n2 ＝

　　1.0748　　2.1576　　3.0328

　　3.9727　　4.9519　　6.0665

≫ R＝normrnd(10，0.5，[2，3])　　%mu 为 10，sigma 为 0.5 的 2 行 3 列的正态随机数

R ＝

　　10.0426　　10.1616　9.0973

　　10.4405　　9.6079　10.9293

产生其他常用分布随机数的专用函数命令如表 8.2 所示.

表 8.2　产生其他常用分布随机数的专用函数

调用格式	功　　能
binornd(N, p, m, n)	产生 $m \times n$ 阶参数为 N，p 的二项分布随机数矩阵
geornd(p, m, n)	产生 $m \times n$ 阶参数为 p 的几何分布随机数矩阵
hygernd(M, K, N, m, n)	产生 $m \times n$ 阶参数为 M，K，N 的超几何分布随机数矩阵
poissrnd(Lambda, m, n)	产生 $m \times n$ 阶参数为 Lambda 的泊松分布随机数矩阵
rand(m, n)	产生 $m \times n$ 阶 $(0, 1)$ 上的随机数矩阵
unifrnd (A, B, m, n)	产生 $m \times n$ 阶 $[A, B]$ 上均匀分布（连续）随机数矩阵
exprnd(Lambda, m, n)	产生 $m \times n$ 阶期望值为 Lambda 的指数分布随机数矩阵
normrnd(MU, SIGMA, m, n)	产生 $m \times n$ 阶参数为 MU，SIGMA 的正态分布随机数矩阵
chi2rnd(N, m, n)	产生 $m \times n$ 阶自由度为 N 的卡方分布随机数矩阵
trnd(N, m, n)	产生 $m \times n$ 阶自由度为 N 的 t 分布随机数矩阵
frnd(N_1, N_2, m, n)	产生 $m \times n$ 阶第一自由度为 N_1，第二自由度为 N_2 的 F 分布随机数矩阵

二、蒙特卡洛方法

蒙特卡洛（Monte Carlo）是摩纳哥的历史中心，也是世界著名的赌城．20 世纪 40 年代由 S. M. 乌拉姆和冯·诺伊曼首先提出的蒙特卡洛方法也称统计模拟方法，是以概率统计理论为指导的一类非常重要的数值计算方法．该方法使用随机数（或更常见的伪随机数）来解决很多计算问题．数学家冯·诺伊曼用 Monte Carlo 来命名这种方法，为它蒙上了一层神秘色彩．在这之前，蒙特卡洛方法就已经存在．1777 年，法国数学家布丰提出用投针实验的方法求圆周率 π，这被认为是蒙特卡洛方法的起源．随着电子计算机的发展和科学技术问题的日趋复杂，蒙特卡洛方法的应用也越来越广泛，它不仅较好地解决了多重积分计算、微分方程求解、积分方程求解、特征值计算和非线性方程组求解等复杂的数学计算问题，而且在统计物理、核物理、真空技术、系统科学 、信息科学、公用事业、地质、医学和计算机科学等领域都得到成功的应用．

例 4　用蒙特卡洛方法估计 π 的值．在正方形区域 $S = \{(x, y) \mid 0 \leqslant x \leqslant 1, 0 \leqslant y \leqslant 1\}$ 内随机投掷 n 个点，记落点坐标为 (x, y)．统计落在 1/4 圆 $D = \{(x, y) \mid (x, y) \in S, x^2 + y^2 \leqslant 1\}$ 内的频数 n_A．

解　根据大数定律，当 n 足够大时，应有 $\dfrac{n_A}{n} \approx \dfrac{D \text{ 的面积}}{S \text{ 的面积}} = \dfrac{\pi}{4}$．从而 $\dfrac{4n_A}{n} \approx \pi$．

建立 M 文件如下：

```
a＝rand(1, 200000);              %产生 200000 个(0, 1)上的随机数
x＝a(1:100000);y＝a(100001:end); %得到 100000 个 S 内的点对(x, y)
z＝x. ^2+y. ^2;                  %计算每个点对到原点的距离平方
n＝cumsum(z≤1);                 %以累加方式统计落在 D 内的点对数
```

```
f=n. /(1:100000)*4          %随投掷次数增加观察近似值的波动
f(end)                      %100000 次投掷估计得到的 π 的近似值
```

从运行结果可以看出：随着投掷次数的增大，f 在 3.1415 附近波动幅度越来越小，可以将 f 的最后一个分量值作为 π 的估计值.

┌──────────┐
│ 习题 8.1 │
└──────────┘

1. 利用随机数模拟抛掷均匀硬币 10000 次出现正面的频率. 增大投掷次数，你能得出什么结论？

2. 利用区域 $S=\{(x,y)\mid -1\leqslant x\leqslant 1,\ -1\leqslant y\leqslant 1\}$ 落在单位圆内的随机点对个数估计 π 的值.

第二节　常见分布的 MATLAB 实现

一、概率密度值的确定

离散型随机变量的分布律（也称为概率密度）或连续型随机变量的概率密度全面刻画了随机变量，是解决相关概率问题的基础. 与随机数的生成相同，MATLAB 中有两种产生概率密度的方法：一种是调用通用函数 PDF，在参数设置里给定分布类型；另一种是调用专用函数，得到所需的取值概率或密度函数值.

1. 调用通用函数计算概率密度函数值

PDF 函数可按以下三种格式调用：

① Y=pdf(name,K, A)

② Y=pdf(name,K, A, B)

③ Y=pdf(name,K, A, B, C)

其中 name 为分布函数名，其取值如表 8.1；A，B，C 为随机变量 X 的参数. 对于不同的分布，参数个数是不同. 运行该命令可以得到离散型随机变量在 $X=K$ 的概率 $P(X=K)$ 或连续型随机变量的密度函数 $f(x)$ 在 $x=K$ 时的值 $f(K)$（统称为概率密度函数值）.

例 1　设 X 服从参数为 n，p 的二项分布，要确定 $X=K$ 的概率，可调用命令

$$pdf('bino',K, n, p)$$

比如，在 400 次独立射击中，设每次射击命中率为 0.02，求至少命中一次的概率.

解　设 400 次射击中命中目标的次数为 X，则 $X\sim B(400,0.02)$，所求概率为

$$P(X\geqslant 1)=\sum_{k=1}^{400}C_{400}^{k}\,(0.01)^{k}\,(0.99)^{400-k}$$

在 MATLAB 命令窗口中使用循环语句累加，可解决该问题.

```
≫ t=0;
≫ for k=1:400;y(k)=pdf('bino', k, 400, 0.02); t=t+ y(k);end;
≫ t
```

输出结果为

t =

　　0.9997

实际上本例利用逆事件求解更便捷. 在命令窗口输入：

```
≫ t0=pdf('bino', 0, 400, 0.02);t=1-t0
```

同样输出：t=0.9997，即至少命中一次的概率为 0.9997.

2. 调用专用函数计算概率密度函数值

例 1 中的 pdf 语句均可替换为二项分布的专用密度函数 binopdf. 在命令窗口输入：

```
≫t=1-binopdf(0, 400, 0.02)
```

也可得至少命中一次的概率为 0.9997.

其他常用分布的专用概率密度函数（或分布律）见表 8.3.

表 8.3　专用函数计算概率密度函数表

调用格式	功　能
binopdf(x, n, p)	参数为 n, p 的二项分布的概率密度函数值
geopdf(x, p)	参数为 p 的几何分布的概率密度函数值
hygepdf(x, M, K, N)	参数为 M, K, N 的超几何分布的概率密度函数值
poisspdf(x, Lambda)	参数为 Lambda 的泊松分布的概率密度函数值
unifpdf (x, a, b)	$[a, b]$ 上均匀分布（连续）概率密度在 $X=x$ 处的函数值
exppdf(x, Lambda)	参数为 Lambda 的指数分布概率密度函数值
normpdf(x, mu, sigma)	参数为 mu, sigma 的正态分布概率密度函数值
chi2pdf(x, n)	自由度为 n 的卡方分布概率密度函数值
tpdf(x, n)	自由度为 n 的 t 分布概率密度函数值
fpdf(x, n_1, n_2)	自由度为 (n_1, n_2) 的 F 分布概率密度函数值

例 2　确定自由度为 5 的卡方分布在点 3.15 处的密度函数值.

解　采用通用函数：

```
≫pdf('chi2', 3.15, 5)
```

或调用专用函数：

```
≫chi2pdf(3.15, 5)
```

输出结果均为

　　0.1539.

二、随机变量分布函数值的确定

为确定随机变量落在任意区间内的概率，需要用到累积概率值函数（即分布函数）$F(x)=P$

$(X \leqslant x)$. 工具箱中提供了通用函数 CDF 及专用函数计算累积概率值. 使用格式均与 PDF 相同.

表 8.4　计算累积概率值的函数表

调用格式	功　　能
cdf(name, x, A, B, C)	求以 name 为分布的随机变量的分布函数值
binocdf(x, n, p)	参数为 n, p 的二项分布的分布函数值
geocdf(x, p)	参数为 p 的几何分布的分布函数值
hygecdf(x, M, K, N)	参数为 M, K, N 的超几何分布的分布函数值
poisscdf(x, Lambda)	参数为 Lambda 的泊松分布的分布函数值
unifcdf (x, a, b)	$[a, b]$ 上均匀分布（连续）的分布函数值
expcdf(x, Lambda)	参数为 Lambda 的指数分布的分布函数值
normcdf(x, mu, sigma)	参数为 mu, sigma 的正态分布的分布函数值
chi2cdf(x, n)	自由度为 n 的卡方分布的分布函数值
tcdf(x, n)	自由度为 n 的 t 分布的分布函数值
fcdf(x, n1, n2)	第一自由度为 n_1, 第二自由度为 n_2 的 F 分布的分布函数值

例 3　设随机变量 $X \sim B(16, 0.3)$，求 $P(X < 5)$.

解　对离散型随机变量，有 $P(X < 5) = P(X \leqslant 5) - P(X = 5)$，同时调用通用分布函数值和概率密度函数，在命令窗口输入：

$$\text{cdf}('\text{bino}', 5, 16, 0.3) - \text{pdf}('\text{bino}', 5, 16, 0.3)$$

可得所求概率为 0.4499.

例 4　设随机变量 $X \sim N(3, 2^2)$，求概率：$P(2 < X \leqslant 5)$, $P(|X| > 2)$, $P(X > 3)$.

解　设连续型随机变量 X 的分布函数为 $F(x)$，则

$P(2 < X \leqslant 5) = F(5) - F(2)$；$P(|X| > 2) = 1 - P(|X| \leqslant 2) = 1 - F(2) + F(-2)$；

$P(X > 3) = 1 - P(X \leqslant 3) = 1 - F(3)$.

在 MATLAB 的命令窗口分别输入命令：

≫p1＝normcdf(5, 3, 2)- normcdf(2, 3, 2), p2＝1－normcdf(2, 3, 2)＋normcdf(－2, 3, 2), ...

p3＝1－normcdf(3, 3, 2)

可得三个概率依次为 $p_1 = 0.5328$，$p_2 = 0.6977$，$p_3 = 0.5000$.

即 $P(2 < X \leqslant 5) = 0.5328$，$P(|X| > 2) = 0.6977$，$P(X > 3) = 0.5$.

例 5　绘制标准正态分布的密度函数及分布函数在 $[-4, 4]$ 上的图形：

解　在 MATLAB 命令窗口输入：

≫x＝－4:0.01:4；y＝normpdf(x, 0, 1)；z＝ normcdf(x, 0, 1)；

≫subplot(1, 2, 1); plot(x, y, 'k'); axis([－4, 4, －0.1, 0.5]);title('标准正态分布的密度函数')

≫subplot(1, 2, 2); plot(x, z, 'k');　axis([－4, 4, －0.1, 1.1]);title('标准正态分布的分布函数')

执行后可得图 8.1.

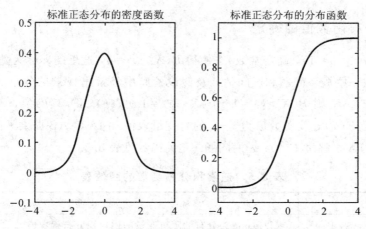

图 8.1　标准正态分布的密度函数及分布函数图

例 6　当试验次数充分大时，一方面由泊松定理可知，二项分布的近似分布为泊松分布；另一方面由棣莫佛-拉普拉斯中心极限定理可得，二项分布的极限分布为正态分布. 为了直观了解它们之间的关系，可绘制两离散型分布（二项分布与泊松分布）的分布律图形，及二项分布与正态分布分布函数的图形.

解　命令如下：

x＝0：50；y1＝binopdf(x, 50, 0.5)；

y2＝poisspdf(x, 25)；y3＝normpdf(x, 25, sqrt(12.5))；

subplot(1, 2, 1)；plot(x, y1, 'o')；

hold on；plot(x, y2, '+')；

title('二项分布 B(50, 0.5)与泊松分布 P(25)')；

subplot(1, 2, 2)；plot(x, y1, 'o')；hold on；plot(x, y3, '+')；

title('二项分布 B(50, 0.5)与正态分布 N(25, 12.5)')；

运行结果如图 8.2 所示.

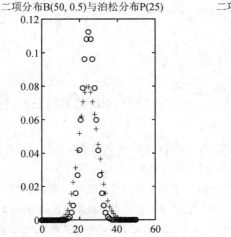
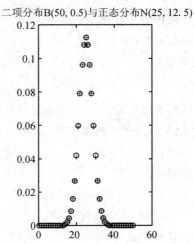

图 8.2　二项分布与泊松分布、正态分布的比较

三、逆累积分布函数值的确定

对给定的 $\alpha(0<\alpha<1)$，确定常数 k，使得 $P(X>k)=\alpha$，这里的 k 称为随机变量 X 的上侧 α 分位数. 在一些概率问题和区间估计及假设检验中经常出现常见分布的分位数. 记 X 的分布函数为 $F(x)$，则 $P(X>k)=1-P(X\leqslant k)=1-F(k)$，即 $F(k)=1-\alpha$. 寻找 k 就转化为对分布函数 $F(x)$ 寻找函数值为 $1-\alpha$ 的自变量取值. MATLAB 提供了函数 ICDF 及专用逆累积分布函数来解决 $F(?)=\alpha$ 的问题. 相关函数见表 8.5.

表 8.5　逆累积分布函数的函数表

调用格式	功　　能
icdf(name, alpha, A, B, C)	求以 name 为分布的随机变量的逆累积分布函数值
binoinv(alpha, n, p)	参数为 n，p 的二项分布的逆累积分布函数值
geoinv(alpha, p)	参数为 p 的几何分布的逆累积分布函数值
hygeinv(alpha, M, K, N)	参数为 M, K, N 的超几何分布的逆累积分布函数值
poissinv(alpha, Lambda)	参数为 Lambda 的泊松分布的逆累积分布函数值
unifinv (alpha, a, b)	$[a, b]$ 上均匀分布（连续）的逆累积分布函数值
expinv(alpha, Lambda)	参数为 Lambda 的指数分布的逆累积分布函数值
norminv(alpha, mu, sigma)	参数为 mu, sigma 的正态分布的逆累积分布函数值
chi2inv(alpha, n)	自由度为 n 的卡方分布的逆累积分布函数值
tinv(alpha, n)	自由度为 n 的 t 分布的逆累积分布函数值
finv(alpha, n1, n2)	自由度为 (n_1, n_2) 的 F 分布的逆累积分布函数值

例 7　对标准分布函数 $\Phi(x)$，确定常数 x，使得 $\Phi(x)=0.975$.

解法 1　调用通用函数：

≫x＝icdf('norm', 0.975, 0, 1)

解法 2　调用专用函数：

≫x＝norminv(0.975, 0, 1)

输出结果均为

x＝1.9600

例 8　绘制卡方分布 $\chi^2(5)$ 的密度函数图，并标注 $\alpha=0.9$ 的逆累积分布函数值.

解　在 MATLAB 编辑器下建立 M 文件：

```
n=5;α=0.9;                           %自由度 n，累积概率 α
x_α=chi2inv(α, n);                   %x_α 为逆分布函数值
x=0:0.1:15; yd_c=chi2pdf(x, n);      %计算概率密度函数值，供绘图使用
plot(x, yd_c, 'b'), hold on;         %绘制卡方分布的概率密度函数图形
xxf=0:0.1:x_α;yyf=chi2pdf(xxf, n);   %计算[0, x_α]上的密度函数值，供填色使用
fill([xxf, x_α], [yyf, 0], 'g');     %绿色填充，其中点(x_α,0)使得填色区域封闭
```

text(x_α * 1.01, 0.01, num2str(x_α))　　　　　%标注临界点
text(10, 0.10, ['\fontsize{16}X~{\chi}^2(5)'])　%图中标注
text(1.5, 0.05, '\fontsize{22}alpha=0.9')　　　%图中标注

结果显示如图 8.3 所示.

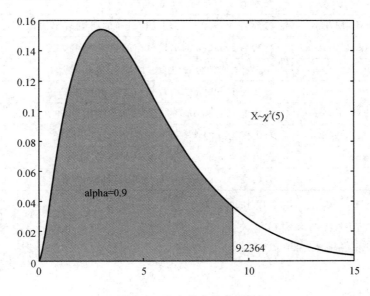

图 8.3　卡方分布的临界值

习题 8.2

1. 设 X 服从参数 $n=10$，$p=0.2$ 的二项分布，求分布律 $p_k = P(X=k)$ 的最大值及此时的 k（最可能次数），并绘制图形进行分析.

2. 设 $X \sim N(1.25, 0.46^2)$，求 $P(1 < X < 1.75)$ 及 $P(X \geqslant 2)$.

3. 在同一坐标系绘制正态分布的密度函数 $N(0, 1)$、$N(2, 1)$ 和 $N(0, 2^2)$ 图形，理解正态分布两个参数对密度函数图形的影响.

4. 在同一坐标系下，比较自由度为 20 的 t 分布的密度函数与标准正态分布密度函数.

5. 计算 $F_{0.05}(10, 15)$ 及 $F_{0.95}(15, 10)$，验证 $F_\alpha(m, n) = \dfrac{1}{F_{1-\alpha}(n, m)}$.

第三节　随机变量的数字特征

一、常见分布的期望和方差

在 MATLAB 统计工具箱中，以 'stat' 结尾的函数可以用于计算给定参数的某种分布的期望和方差. 求常见分布的期望和方差的函数见表 8.6.

表 8.6　常见分布的均值和方差

调用格式	功　能
[M，V]=binostat (n, p)	二项分布 $B(n, p)$ 的期望 M 和方差 V
[M，V]=geostat (p)	参数为 p 的几何分布的期望 M 和方差 V
[M，V]=hygestat (M，K, N)	参数为 M, K, N 的超几何分布的期望 M 和方差 V
[M，V]=poisstat (Lambda)	参数为 Lambda 的泊松分布的期望 M 和方差 V
[M，V]=unifstat (a, b)	$[a, b]$ 上均匀分布(连续)的期望 M 和方差 V
[M，V]=expstat (Lambda)	参数为 Lambda 的指数分布的期望 M 和方差 V
[M，V]=normstat(mu, sigma)	参数为 mu, sigma 的正态分布的期望 M 和方差 V
[M，V]=chi2stat (n)	自由度为 n 的卡方分布的期望 M 和方差 V
[M，V]=tstat (n)	自由度为 n 的 t 分布的期望 M 和方差 V
[M，V]=fstat (n_1, n_2)	自由度为 $(n1, n2)$ 的 F 分布的期望和方差

例 1　已知 $X \sim N(3, 16)$，求其期望和方差.

解　在 MATLAB 命令窗口输入：

≫[M, V]=normstat(3, 4)

运行结果

M=3，V=16

即 $E(X)=3$，$D(X)=16$.

二、一般分布的期望和方差

如果 X 不是常用的随机变量，计算期望和方差要分两种情况考虑：

1. X 为离散型随机变量

若离散型随机变量 X 只取有限个值，可借助同维数组的点乘运算及求和来求期望和方差.

例 1　设 X 的分布律为

X	10	11	12	13
p	0.1	0.4	0.3	0.2

则在命令窗口直接输入命令：

≫x =[10, 11, 12, 13]; p =[0.1, 0.4, 0.3, 0.2] ;

≫EX =sum(x. ∗ p)　　　　　　　　　　　　　　%计算数学期望

≫ y =x. ^2 ； EY =sum(y. ∗ p)；　DX =EY −(EX)^2　　%可求得方差的值

运行得到

EX=11.6000, DX = 0.8400.

若离散型随机变量 X 取可数无穷多个值，设其分布律为 $P(X = x_k) = p_k$, $k = 1, 2, \cdots,$

则期望 $E(X) = \sum\limits_{k=1}^{\infty} x_k p_k$，方差 $D(X) = E(X^2) - [E(X)]^2$. 其中, 级数求和可以通过符号求和函数 symsum 完成. 该函数的调用格式是：symsum(S, v, a, b), 其功能是对表达式 S 关于变量 v 从 a 到 b 求和.

例 2　设随机变量 X 的分布律为 $P(X=k) = \dfrac{1}{2^k}$, $k = 1, 2, 3, \cdots$, 求其期望和方差.

解　在 MATLAB 命令窗口输入：

```
syms k; pk＝1/2^k; EX＝symsum(k * pk, k, 1, inf)        %计算期望
E2X＝symsum(k^2 * pk, k, 1, inf); DX＝E2X－(EX)^2        %计算方差
```

结果显示期望 $E(X) = 2$, 方差 $D(X) = 2$.

2. X 为连续型随机变量

为计算一般连续型随机变量的数学期望, 需要调用积分命令 int(f, 'x', a, b) 来计算定积分 $\displaystyle\int_a^b f(x)\mathrm{d}x$, 其中 f 为被积函数 (符号表达式), a, b 是数值 (可为 inf).

例 3　设随机变量 X 的概率密度为 $f(x) = \begin{cases} x\mathrm{e}^{-\frac{x^2}{2}}, & x > 0 \\ 0, & x \leqslant 0 \end{cases}$, 求 X 的期望和方差.

解　在 MATLAB 命令窗口输入：

```
syms x; f＝x * exp(−x^2/2);
EX＝int(x * f, 0, inf), E2X＝int(x^2 * f, 0, inf);
DX＝E2X－(EX)^2
```

运行结果显示

```
EX ＝(2^(1/2) * pi^(1/2)/2, DX ＝2 − pi/2
```

即 X 的期望 $E(X) = \dfrac{\sqrt{2\pi}}{2}$, $D(X) = 2 - \dfrac{\pi}{2}$.

例 4　如果二维连续型随机变量 (X, Y) 的概率密度为

$$f(x, y) = \begin{cases} \dfrac{1}{2}\sin(x+y), & 0 \leqslant x \leqslant \dfrac{\pi}{2}, 0 \leqslant y \leqslant \dfrac{\pi}{2}, \\ 0, & \text{其他.} \end{cases}$$

求 $E(X), D(X), E(Y), D(Y)$ 及 ρ_{XY}.

解　X 的数学期望 $E(X) = \displaystyle\int_{-\infty}^{+\infty} \int_{-\infty}^{+\infty} xf(x, y)\mathrm{d}x\mathrm{d}y$. 在 MATLAB 中可利用两次积分 int 嵌套计算. 可在命令窗口输入命令：

```
≫syms x y; fun ＝sin(x ＋y)/2;
≫ EX＝int(int(x * fun, 'x', 0, pi/2), 'y', 0, pi/2)
```

可得数学期望

```
E(X)＝pi/4
≫ EX2 ＝int(int(x^2 * fun, 'x', 0, pi/2), 'y', 0, pi/2)
```

即得

E(X²) = pi/2 + pi^2/8 − 2

≫ DX = EX2 − (EX)^2

可得方差

D(X) = pi/2 + pi^2/16 − 2

类似地可计算 $E(Y)$、$D(Y)$、$E(XY)$，进而得到协方差 $\text{Cov}(X, Y)$、相关系数 ρ_{XY}.

EY = int(int(y * fun, 'x', 0, pi/2), 'y', 0, pi/2)

EY2 = int(int(y^2 * fun, 'x', 0, pi/2), 'y', 0, pi/2); DY = EY2 − (EY)^2

EXY = int(int(x * y * fun, 'x', 0, pi/2), 'y', 0, pi/2)

CovXY = EXY − (EX) * (EY)

rhoXY = CovXY/sqrt(DX * DY)

运行可得

EY = pi/4, DY = pi/2 + pi^2/16−2, EXY = pi/2−1, CovXY = pi/2 − pi^2/16−1

rhoXY = −(pi^2/16 − pi/2 + 1)/(pi/2 + pi^2/16 − 2)

即 $E(X) = E(Y) = \dfrac{\pi}{4}$，$D(X) = D(Y) = \dfrac{\pi}{2} + \dfrac{\pi^2}{16} - 2$，$E(XY) = \dfrac{\pi}{2} - 1$，

$\text{Cov}(X, Y) = \dfrac{\pi}{2} - \dfrac{\pi^2}{16} - 1$，$\rho_{XY} = \dfrac{8\pi - \pi^2 - 16}{8\pi + \pi^2 - 32}$.

三、样本的函数

在数理统计中，总是从总体中抽取个体，构造统计量进行统计推断. MATLAB 中提供了对观测值(向量 $\boldsymbol{X}$)求样本函数的常见命令，如表 8.7 所示.

表 8.7　常见的样本函数

调用格式	功　　　能
table = tabulate(X)	返回正整数的频率表，$\boldsymbol{X}$ 为正整数构成的向量，返回 3 列：第 1 列中包含 X 的值，第 2 列为这些值的个数，第 3 列为这些值的频率
cdfplot(X)	作样本 $\boldsymbol{X}$(向量)的累积分布函数图形
[Y, I] = sort(X)	Y 为排序结果，I 中元素表示 Y 中对应元素在 X 中位置
median(X)	返回向量 $\boldsymbol{X}$ 中各元素的中位数
range(X)	返回向量 $\boldsymbol{X}$ 中的最大值与最小值之差(极差)
hist(X, k)	将区间$[\min(\boldsymbol{X}), \max(\boldsymbol{X})]$分为 k 个小区间作频数直方图
mean(X)	返回向量 $\boldsymbol{X}$ 中各元素的平均值
D = var(X)	返回向量 $\boldsymbol{X}$ 的无偏估计的方差(前置系数 $1/(n-1)$)
D = var(X, 1)	返回向量 $\boldsymbol{X}$ 的有效估计的方差(前置系数 $1/n$)
std(X)	返回向量 $\boldsymbol{X}$ 的无偏估计标准差
std(X, 1)	返回向量 $\boldsymbol{X}$ 的有效估计标准差

续表

调用格式	功　　能
moment(X, order)	返回向量 X 的 order 阶中心矩
cov(X)	返回向量 X 的协方差
cov(X, Y)	返回等长向量 X, Y 的协方差
corrcoef(X, Y)	返回向量 X, Y 的相关系数

例 5　对 200 个服从标准正态分布的随机数绘制频数直方图及经验分布函数.

解　在 MATLAB 命令窗口输入：

x＝random('norm', 0, 1, 200, 1)

subplot(1, 2, 1), hist(x, 8), title('频数直方图')

subplot(1, 2, 2), cdfplot(x)

可得图 8.4.

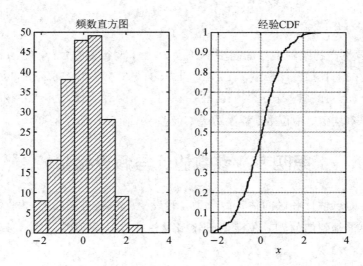

图 8.4　频数直方图与经验分布函数

例 6　随机抽取 6 个滚珠测得直径如下：（直径：mm）

14.70　15.21　14.90　14.91　15.32　15.32

试求样本平均值、样本方差及样本标准差.

解　在命令窗口运行

≫X＝[14.70　15.21　14.90　14.91　15.32　15.32]

≫xbar＝mean(X), sigma2＝var(x), sigma＝std(x)

运行结果为

xbar = 15.0600, sigma2 = 0.1234, sigma ＝0.3513

即样本均值为 15.0600, 样本方差为 0.1234, 样本标准差为 0.3513.

习题 8.3

1. 设随机变量 X 的分布律为

X	10.5	8.6	6.3	7.5	9.4	7.8
P	0.2	0.1	0.25	0.15	0.2	0.1

求 X 的期望和方差.

2. 计算均匀分布 $U(-2,5)$ 的期望和方差.

3. 设随机变量 X 的概率密度为 $f(x)=\dfrac{1}{2}\mathrm{e}^{-|x|}$ ，求 X 的期望和方差.

4. 设二维随机变量 (X,Y) 的联合概率密度为

$$f(x,y)=\begin{cases}(x+y)/8, & 0<x<2,\ 0<y<2\\ 0, & \text{其他}\end{cases}$$

计算相关系数 $\rho_{XY}(X,Y)$.

5. 从某工厂生产的某种型号的圆轴中任取 20 个，测得其直径（单位：cm）数据如下：

15.28　15.63　15.13　15.46　15.40　15.56　15.35　15.56　15.38　15.21

15.48　15.58　15.57　15.36　15.48　15.46　15.52　15.29　15.42　15.69

求上述数据的样本均值、中位数、样本方差、极差、二阶和三阶中心矩.

第四节　参数估计与假设检验

参数估计分为点估计和区间估计两大类，假设检验包括参数检验和非参数检验. 这问题是数理统计中很基础的问题，在样本值较多时往往涉及烦琐的计算. MATLAB 为此建立了专门的函数.

一、参数估计

1. 点估计

点估计是用单个数值作为未知参数的估计，常用的方法有矩估计法和最大似然估计法.

由于待估参数往往是总体原点矩或原点矩的函数，矩估计法就是以取自总体的样本的原点矩或样本原点矩的函数值作为待估参数的估计. 例如，样本均值总是总体均值的矩估计量，样本方差总是总体方差的矩估计量，样本标准差总是总体标准差的矩估计量. 在 MATLAB 中，调用计算矩的函数 moment 即可进行估计值的计算.

最大似然估计法是在待估参数的可能取值范围内进行挑选，使得似然函数值（即样本取固定观察值的概率）最大的那个参数值为最大似然估计值. 求最大似然估计值，可以调用

MATLAB 统计工具箱中的函数 mle. 该函数的调用格式是

$$phat=mle('name', data)$$

其中，name 为总体的分布类型(取值见表 8.1)，缺省时默认正态分布.

例 1　从一批钢管中随机抽取 8 根，测得其长度(单位：cm)分别为

$$240, 243, 185, 230, 228, 196, 246, 200.$$

(1) 求总体均值和方差的矩估计值；

(2) 若总体服从正态分布，求总体均值和方差的最大似然估计值.

解　在 MATLAB 命令窗口输入：

≫x=[240, 243, 185, 230, 228, 196, 246, 200];

≫muhat=mean(x), sigma2hat=moment(x, 2)

得到总体均值的矩估计值 muhat= 221，方差的矩估计值 sigma2hat=492.25.

再输入

≫phat=mle('norm', x)

或

≫phat=mle(x)

结果显示

phat = 221.0000　22.2542

第一个分量即为总体均值的最大似然估计值，第二个分量为总体标准差的最大似然估计值. 输入

phat(2) ^2

得到

495.2500

可见，对正态分布总体均值和方差进行点估计，矩估计与最大似然估计相同.

可见，若总体服从泊松分布，输入

≫lamdahat=mle('poiss', x)

得到

lamdahat=221

可见，总体均值的矩估计与最大似然估计也相同.

2. 区间估计

求参数的区间估计，首先要求该参数的点估计，然后构造一个含有该参数的随机变量，并根据一定的置信水平确定该估计值的范围.

函数 mle 不仅可以用于求指定分布参数的最大似然估计，还可以用来求指定分布参数的区间估计. 此时，函数的调用格式有两种：

① [phat, pci]=mle('name', data)

其功能是：利用样本值 data，确定分布类型'name'的参数的最大似然估计 phat 和置信度为 95% 的置信区间 pci.

② [phat，pci]＝mle('name'，data，alpha)

该格式返回参数的最大似然估计 phat 和置信度为 $100(1-\text{alpha})\%$ 的置信区间 pci.

例 2　从某厂生产的滚珠中随机抽取 10 个，测得滚珠的直径（单位：mm）如下：

14.6，15.0，14.7，15.1，14.9，14.8，15.0，15.1，15.2，14.8.

若滚珠直径服从正态分布 $N(\mu, \sigma^2)$，求滚珠直径均值 μ 的置信水平为 95％的置信区间.

解　在 MATLAB 命令窗口输入：

≫x＝[14.6，15.0，14.7，15.1，14.9，14.8，15.0，15.1，15.2，14.8]；

≫ [p，ci]＝mle('norm'，x，0.05)

运行输出

p ＝

　　　14.9200　　　0.1833

ci ＝

　　　14.7818　　　0.1329

　　　15.0582　　　0.3527

结果显示：总体期望 μ 的最大似然估计值为 14.9200，95％的置信区间是[14.7818，15.0582].
同时得到总体均方差 σ 的最大似然估计值为 0.1833，95％的置信区间是[0.1329，0.3527].

　　　除了调用 mle 函数可以求指定分布的参数估计值，MATLAB 工具箱中还提供了求常
见分布的参数估计的专用函数，见表 8.8.

表 8.8　常用的参数估计函数

命　　令	功　　能
[muhat，sigmahat，muci，sigmaci] ＝ normfit(X，alpha)	正态总体的参数估计，返回值 muhat 是数据 X 的均值的点估计值，sigmahat 是标准差的点估计值，muci 是均值的区间估计，sigmaci 是标准差的区间估计，显著性水平为 alpha（缺省为 0.05）
[phat，pci]＝ binofit (X，N，alpha)	返回二项分布的数据 X 的参数 p 的点估计及其区间估计
[lambdahat，lambdaci] ＝ poissfit (X，alpha)	返回泊松分布的数据 X 的参数的点估计及其区间估计
[ahat，bhat，ACI，BCI]＝unifit(X，alpha)	返回均匀分布的数据 X 的参数的点估计及其区间估计
[muhat，muci] ＝ expfit(X，alpha)	返回指数分布的数据 X 的均值的点估计及其区间估计

　　　例 3　利用随机数生成 100 个均值为 10，标准差为 2 的正态随机数据，求该正态样本
的均值和标准差的参数估计值和 95％的置信区间.

　　　解　输入以下命令：

X ＝ normrnd(10，2，100，1)；　　　　　　　　　　％产生正态随机数据

[mu，sigma，muci，sigmaci] ＝ normfit(X)

输出结果为

mu ＝ 10.2462　　　　　　　　　　　　　％均值的估计值

sigma ＝2.3248　　　　　　　　　　　　　％标准差的估计值

muci ＝

　　9.7849

　　10.7075

sigmaci ＝

　　2.0412

　　2.7007

例 4　从一大批袋装糖果中随机抽取 16 袋，重量(单位：g)如下：

508，496，499，497，504，503，510，493，512，514，505，502，496，506，506，509

设每袋糖果重量服从正态分布，试求袋装糖果平均重量置信水平为 95％的置信区间．

解　直接调用正态总体参数估计命令如下：

x＝[508，496，499，497，504，503，510，493，512，514，505，502，496，506，506，509]；

[muhat，sigmahat，muci，sigmaci]＝normfit(x，0.05)

运行结果可得

muhat ＝ 503.7500，sigmahat ＝ 6.2022，

muci ＝[500.4451，507.0549]，sigmaci ＝[4.5816，9.5990]

可知袋装糖果平均重量置信水平 95％的置信区间为[500.4451，507.0549]．

由数理统计知识知：正态总体 $N(\mu，\sigma^2)$ 当方差未知时，均值 μ 的置信水平为 $1-\alpha$ 的置信区间为

$$\left(\overline{X}-t_{\frac{\alpha}{2}}(n-1)\frac{S}{\sqrt{n}}，\quad \overline{X}+t_{\frac{\alpha}{2}}(n-1)\frac{S}{\sqrt{n}}\right)$$

利用上例中的数据，可以验证：运行命令

xbar＝mean(x)；s＝std(x)；d＝tinv((1−0.05/2)，16−1) ∗ s/sqrt(16)；

a＝xbar−d；b＝xbar＋d；muci＝[a，b]

同样可得平均重量的置信区间为[500.4451，507.0549]（取 0.95 的置信水平）．

若总体的标准差 σ 已知，得 μ 的置信水平为 95％的置信区间为

$$\left(\overline{X}-z_{\frac{\alpha}{2}}\frac{\sigma}{\sqrt{n}}，\quad \overline{X}+z_{\frac{\alpha}{2}}\frac{\sigma}{\sqrt{n}}\right)$$

例 5　根据例 2 中的 10 个滚珠直径，若滚珠直径服从正态分布 $N(\mu，\sigma^2)$，并且已知 $\sigma＝0.16$ mm，求滚珠直径均值 μ 的置信水平为 95％的置信区间．

解　在 MATLAB 命令窗口输入：

x＝[14.6，15.0，14.7，15.1，14.9，14.8，15.0，15.1，15.2，14.8]；

xbar＝mean(x)；

```
d＝norminv(1－0.05/2) * 0.16/sqrt(10);
a＝xbar－d;b＝xbar＋d;
muci＝[a, b]
```

运行结果得

```
muci＝[14.8208, 15.0192].
```

例6 设两个工厂生产的灯泡寿命近似服从正态分布 $N(\mu_1, \sigma_1^2)$ 和 $N(\mu_2, \sigma_2^2)$. 样本分别为

工厂甲：1600　　1610　　1650　　1680　　1700　　1720　　1800

工厂乙：1460　　1550　　1600　　1620　　1640 1660　　1740　　1820

设两样本相互独立，且 μ_1, μ_2, σ_1^2, σ_2^2 均未知，求方差比 σ_1^2/σ_2^2 的置信度为 0.95 的置信区间.

解 σ_1^2/σ_2^2 的一个置信水平为 $1-\alpha$ 的置信区间为

$$\left(\frac{S_1^2}{S_2^2} \frac{1}{F_{\frac{\alpha}{2}}(n_1-1, n_2-1)}, \frac{S_1^2}{S_2^2} \frac{1}{F_{1-\frac{\alpha}{2}}(n_1-1, n_2-1)} \right)$$

输入：

```
datax＝[1600, 1610, 1650, 1680, 1700, 1720, 1800];
n1＝length(datax);
datay＝[1460, 1550, 1600, 1620, 1640, 1660, 1740, 1820];
n2＝length(datay);
sigma2x＝var(datax);
sigma2y＝var(datay);
ratio＝sigma2x/sigma2y;
k1＝finv(1－0.05/2, n1－1, n2－1);
k2＝finv(0.05/2, n1－1, n2－1);
a＝ratio/k1;
b＝ratio/k2;
ci＝[a, b]
```

则输出

```
ci＝[0.0765, 2.2308]
```

这是置信度为 0.95 时方差比的置信区间.

二、假设检验

在总体分布类型已知但参数未知或分布类型未知时，为了推断总体的某些性质（样本数据是否来自具有特定分布的总体、两组样本数据是否具有相同的分布等）需要进行假设检验. MATLAB 提供了进行假设检验的相应函数，涉及正态分布、t 分布和卡方分布等检验统计量，见表 8.9.

表 8.9　常用的假设检验函数

命　令	功　能
[h, sig, ci] = ztest(x, m, sigma, alpha, tail)	总体方差 sigma² 已知时，总体均值的假设检验；返回值 h 为一个布尔值，$h=1$ 表示可以拒绝原假设，$h=0$ 表示不可以拒绝原假设，sig 为假设成立的概率，ci 为均值的 $1-$alpha 置信区间，其中 alpha 为显著性水平（缺省为 0.05），tail 为备择假设选项，tail $=0,1,-1$ 表示备择假设分别为"$\neq$""$>$""$<$"（缺省为 0）
[h, sig, ci] = ttest(x, m, alpha, tail)	总体方差 sigma² 未知时，总体均值的假设检验，参数的含义同上
[h, sig, ci] = ttest2(x, y, alpha, tail)	两个正态总体均值的假设检验，参数的含义同上
h = jbtest(X, alpha)	X 为大样本时，对输入向量 X 进行 Jarque-Bera 测试，若 $h=0$，则可以认为 X 是服从正态分布的；若 $h=1$，则可以否定 X 服从正态分布
h = lillietest(X, alpha)	X 为小样本时正态分布的拟合优度测试，h 的含义同上
h = vartest(x, sigma, alpha, tail)	单个总体方差的假设检验，参数的含义同上
h = vartest2(x, y, alpha, tail)	两个总体方差的假设检验，参数的含义同上
h = normplot(x)	此命令显示数据矩阵 x 的正态概率图. 如果数据来自于正态分布，则图形显示出直线性形态，而其它概率分布函数显示出曲线形态

例 7　某车间生产钢丝，用 X 表示钢丝的折断力，由经验判断 $X \sim N(\mu, \sigma^2)$，其中 $\mu=570, \sigma^2=8^2$. 今换了一批材料，从性能上看，估计折断力的方差 σ^2 不会有什么变化（即仍有 $\sigma^2=8^2$），但不知折断力的均值 μ 和原先有无差别. 现抽得样本，测得其折断力为

$$578 \quad 572 \quad 570 \quad 568 \quad 572 \quad 570 \quad 570 \quad 572 \quad 596 \quad 584$$

试检验折断力均值有无变化？（取 $\alpha=0.05$）

解　根据题意，要对总体均值作双侧假设检验

$$H_0: \mu=570, \quad H_1: \mu \neq 570$$

总体方差已知，采用 z-检验法，输入

x=[578, 572, 570, 568, 572, 570, 570, 572, 596, 584];

[h, sig, ci] = ztest(x, 570, 8, 0.05, 0)

执行后，输出结果

h =

　　1

sig =

　　0.0398

ci =

570.2416　580.1584

由于 $h=1$，故在显著性水平 $\alpha=0.05$ 下拒绝原假设，即认为折断力的均值发生了变化.

例 8　水泥厂用自动包装机包装水泥，每袋额定重量是 50 kg，某日开工后随机抽查了 9 袋，称得重量如下：

　　　　49.6　49.3　50.1　50.0　49.2　49.9　49.8　51.0　50.2

设每袋重量服从正态分布，问包装机工作是否正常($\alpha=0.05$)？

解　根据题意，要对均值作双侧假设检验：

$$H_0:\mu=50;\ H_1:\mu\neq50$$

总体方差未知时，采用 t-检验法，输入

x＝[49.6,49.3,50.1,50.0,49.2,49.9,49.8,51.0,50.2];

[h, sig, ci]＝ttest(x, 50, 0.05, 0)

执行后的输出结果为

h ＝

　　0

sig ＝

　　0.5911

ci ＝

　49.4878　50.3122

结果 $h=0$ 表示在显著性水平 $\alpha=0.05$ 下，不拒绝原假设，即认为包装机工作正常.

例 9　某工厂生产金属丝，产品指标为折断力. 折断力的方差被用作工厂生产精度的表征. 方差越小，表明精度越高. 以往工厂一直把该方差保持在 64(kgf)与 64(kgf)以下. 最近从一批产品中抽取 10 根做折断力试验，测得的结果(单位：kgf)如下：

578　572　570　568　572　570　572　596　584　570

由上述样本数据算得样本方差 $s^2=75.733>64$. 问金属丝折断力的方差是否明显变大了？(取 $\alpha=0.05$)

解　根据题意，要对方差作右侧假设检验：

$$H_0:\sigma^2\leqslant64;\quad H_1:\sigma^2>64$$

输入

x＝[578,572,570,568,572,570,572,596,584,570];

h ＝ vartest(x, 8, 0.05, 1)

则输出

h＝1

据此，在显著性水平 $\alpha=0.05$ 下，接受原假设，即认为样本方差没有明显变大.

例 10　在平炉上进行一项试验以确定改变操作方法的建议是否会增加钢的产率，试验

是在同一只平炉上进行的. 每炼一炉钢时除操作方法外,其他条件都尽可能相同. 先用标准方法炼一炉,然后用建议的新方法炼一炉,以后交替进行,各炼 10 炉,其产率分别为

(1) 标准方法: 78.1　72.4　76.2　74.3　77.4　78.4　76.0　75.5　76.7　77.3

(2) 新方法:　79.1　81.0　77.3　79.1　80.0　79.1　79.1　77.3　80.2　82.1

设这两个样本相互独立,且分别来自正态总体 $N(\mu_1, \sigma^2)$ 和 $N(\mu_2, \sigma^2)$, μ_1、μ_2、σ^2 均未知. 问建议的新操作方法能否提高产率?(取 $\alpha = 0.05$)

解　两个总体方差不变时,在水平 $\alpha = 0.05$ 下检验假设:

$$H_0: \mu_1 = \mu_2, \qquad H_1: \mu_1 < \mu_2$$

输入

≫X=[78.1　72.4　76.2　74.3　77.4　78.4　76.0　75.5　76.7　77.3];

≫Y=[79.1　81.0　77.3　79.1　80.0　79.1　79.1　77.3　80.2　82.1];

≫[h, sig, ci]=ttest2(X, Y, 0.05, −1)

结果显示为

h =

　　1

sig =

　　2.1759e−04　　　　　　　　　　　　　　　　％说明两个总体均值相等的概率很小

ci =

　　−Inf　−1.9083

结果表明: $h = 1$ 表示在水平 $\alpha = 0.05$ 下,应该拒绝原假设,即认为建议的新操作方法提高了产率,因此,比原方法好。

习题 8.4

1. 用金球测定引力常数,得测定观测值为

$$6.678, 6.683, 6.681, 6.676, 6.679, 6.672.$$

设测定值总体服从正态分布 $N(\mu, \sigma^2)$, μ 和 σ 均未知. 求 μ 和 σ 的估计值以及置信度为 90% 的置信区间.

2. 某车间生产滚珠,从长期实践中知道,滚珠直径可以认为服从正态分布. 从某天产品中任取 6 个测得直径如下(单位:mm):

$$15.6\quad 16.3\quad 15.9\quad 15.8\quad 16.2\quad 16.1$$

若已知直径的方差是 0.06,试求总体均值 μ 的置信度分别为 0.95 和 0.90 的置信区间. 比较上述两个区间,你可以得到什么结论?

3. 某地某年高考后随机抽得 15 名男生、12 名女生的物理考试成绩如下:

男生: 49　48　47　53　51　43　39　57　56　46　42　44　55　44　40

　　女生：46　40　47　51　43　36　43　38　48　54　48　34

　　从这 27 名学生的成绩能说明这个地区男女生的物理考试成绩不相上下吗？（取显著性水平 $\alpha=0.05$）.

　　4. 为比较甲、乙两种安眠药的疗效，将 20 名患者分成两组，每组 10 人，如服药后延长的睡眠时间分别服从正态分布，其数据为（单位：小时）

　　甲：5.5　4.6　4.4　3.4　1.9　1.6　1.1　0.8　0.1　−0.1

　　乙：3.7　3.4　2.0　2.0　0.8　0.7　0　−0.1　−0.2　−1.6

　　问在显著性水平 $\alpha=0.05$ 下两种药的疗效有无显著差别.

第五节　综合实例

一、随机数的应用——粒子移动的随机模拟

　　粒子在平面上每一步移动都是随机的，每一步的移动可简化为平面上一个点在横坐标与纵坐标上分别产生一个 −1 与 +1 之间的随机增量，得到一个新的点，两点之间的直线为粒子每单位时间移动一步的轨迹. 选取初始点为坐标原点，通过点与点之间的连线可以得到粒子移动的轨迹，如图 8.5 所示.

　　在 MATLAB 中编写 M 文件 liziyd. m 如下：

```
figure                                                    %新建图形窗口
x＝0;
y＝0;
n＝input('请输入移动的步数 n＝');
plot(x, y, 'go', 'MarkerFaceColor', 'g', 'MarkerSize', 6)   %用绿色圆点标记初始点
hold on
for i＝1:n
  dx＝unifrnd(−1, 1);
  dy＝unifrnd(−1, 1);
  plot([x x+dx], [y y+dy], 'b', 'linewidth', 1. 5);
  hold on
  x＝x+dx;
  y＝y+dy;
end
plot(x, y, 'ro', 'MarkerFaceColor', 'r', 'MarkerSize', 6)        %用红色圆点标记终点
```

运行上述程序 liziyd. m，输入

n＝30, n＝50, n＝200, n＝1000

可分别得到图 8.5A~D.

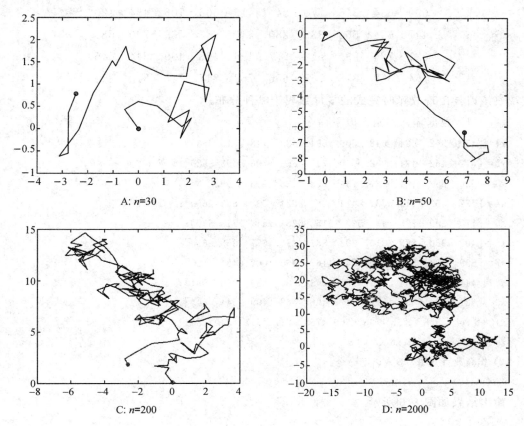

图 8.5　粒子移动的轨迹

二、统计推断——数据的统计分析

科学研究往往是从对采集到的实验数据进行统计分析开始的. 下面的例子提供了对数据进行统计分析的一般程序.

例 1　一道工序用自动化车床连续加工某种零件, 由于刀具损坏等原因会出现故障. 故障是完全随机的, 并假定生产任一零件时出现故障的机会均相同. 工作人员通过检查零件来确定工序是否出现故障. 现累积有 100 次故障纪录, 故障出现时该刀具完成的零件数如下：

459	362	624	542	509	584	433	748	815	505
612	452	434	982	640	742	565	706	593	680
926	653	164	487	734	608	428	1153	593	844
527	552	513	781	474	388	824	538	862	659
775	859	755	49	697	515	628	954	771	609

402	960	885	610	292	837	473	677	358	638
699	634	555	570	84	416	606	1062	484	120
447	654	564	339	280	246	687	539	790	581
621	724	531	512	577	496	468	499	544	645
764	558	378	765	666	763	217	715	310	851

试观察该刀具出现故障时完成的零件数属于哪种分布.

解 （1）数据输入，输入以下命令：

x1＝[459　362　624　542　509　584　433　748　815　505]；

x2＝[612　452　434　982　640　742　565　706　593　680]；

x3＝[926　653　164　487　734　608　428　1153　593　844]；

x4＝[527　552　513　781　474　388　824　538　862　659]；

x5＝[775　859　755　49　697　515　628　954　771　609]；

x6＝[402　960　885　610　292　837　473　677　358　638]；

x7＝[699　634　555　570　84　416　606　1062　484　120]；

x8＝[447　654　564　339　280　246　687　539　790　581]；

x9＝[621　724　531　512　577　496　468　499　544　645]；

x10＝[764　558　378　765　666　763　217　715　310　851]；

x＝[x1 x2 x3 x4 x5 x6 x7 x8 x9 x10]；

（2）作频数直方图，输入以下命令：

hist(x, 10)

输出结果如图 8.6 所示.

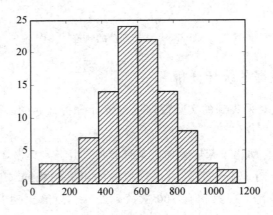

图 8.6　频数直方图

从图 8.6 可看出，零件数近似服从正态分布.

（3）分布的正态性检验，输入以下命令：

normplot(x)

输出结果如图 8.7 所示.

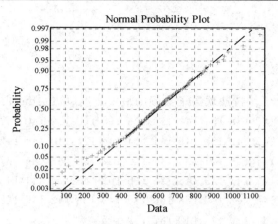

图 8.7　正态概率图

从图 8.7 可看出，数据基本分布在一条直线上，故初步可断定零件数服从正态分布．

（4）参数估计：

在基本确定所给数据的分布后，就可估计该数据分布的参数，输入以下命令：

[muhat，sigmahat，muci，sigmaci] = normfit(x)

输出结果为

muhat =

594

sigmahat =

204.1301

muci =

553.4962

634.5038

sigmaci =

179.2276

237.1329

结果表明：零件数均值的估计值为 594，标准差的估计值为 204，均值的 95％置信区间为[553.4962，634.5038]，标准差的 95％置信区间为[179.2276，237.1329]．

（5）假设检验：

现已确定零件数服从正态分布，方差未知，检验其均值是否等于 594，输入以下命令：

[h，sig，ci] = ttest(x，594)

输出结果为

h =

0

sig =

1

ci =

553.4962　634.5038

结果表明：① $h=0$，表示不拒绝原假设，说明提出的假设均值 594 是合理的；

② 95％的置信区间为[553.5，634.5]包括 594．故可以认为该刀具出现故障时完成的

零件数的平均值为 594.

习题 8.5

1. 下面列出 84 个伊特拉斯坎男子头颅的最大宽度（单位：mm）：

    141 148 132 138 154 142 150 146 155 158 150 140 147 148 144

    150 149 145 149 158 143 141 144 144 126 140 144 142 141 140

    145 135 147 146 141 136 140 146 142 137 148 154 137 139 143

    140 131 143 141 149 148 135 148 152 143 144 141 143 147 146

    150 132 142 142 143 153 149 146 149 138 142 149 142 137 134

    144 146 147 140 142 140 137 152 145

(1) 利用数据画出直方图；

(2) 检验分布的正态性；

(3) 若检验符合正态分布，估计正态分布的参数并检验参数（$\alpha=0.05$）.

2. 某校 60 名学生的一次考试成绩如下：

    93 75 83 93 91 85 84 82 77 76 77 95 94 89 91 88 86 83 96 81

    79 97 78 75 67 69 68 84 83 81 75 66 85 70 94 84 83 82 80 78

    74 73 76 70 86 76 90 89 71 66 86 73 80 94 79 78 77 63 53 55

(1) 利用数据画出直方图；

(2) 检验分布的正态性；

(3) 若检验符合正态分布，估计正态分布的参数并检验参数.

总习题八

1. 分别使用金球和铂球测定引力常数：

(1) 用金球测定观察值为：6.683　6.681　6.676　6.678　6.679　6.672

(2) 用铂球测定观察值为：6.661　6.661　6.667　6.667　6.664

设测定值总体均服从正态分布，均值和方差未知. 对(1)、(2) 两种情况分别求均值和标准差的置信度为 0.9 的置信区间.

2. 某车间用一台包装机包装葡萄糖，包得的袋装糖净重是一个随机变量，它服从正态分布. 当机器正常时，其均值为 0.5 kg，标准差为 0.015. 某日开工后检验包装机是否正常，随机地抽取所包装的糖 9 袋，称得净重如下（单位：kg）

    0.497, 0.506, 0.518, 0.524, 0.498, 0.511, 0.52, 0.515, 0.512,

问机器是否正常？

3. 某种电子元件的寿命 X（单位：h）服从正态分布，μ、σ^2 均未知. 现测得 16 只元件的寿命如下：

    159　280　101　212　224　379　179　264

    222　362　168　250　149　260　485　170

问是否有理由认为元件的平均寿命大于 225(h)？

习题参考答案

■ **第一章**

习题 1.1

1. (1) $\overline{A}BC \cup A\overline{B}\,\overline{C} \cup AB\overline{C}$；(2) $AB\overline{C} \cup A\overline{B}C \cup \overline{A}BC$；(3) $A \cup B \cup C$；(4) $\overline{A} \cup \overline{B} \cup \overline{C}$；

(5) $AB\overline{C} \cup A\overline{B}C \cup \overline{A}BC$；(6) $\overline{A}B\overline{C} \cup \overline{A}\,\overline{B}C \cup A\overline{B}\,\overline{C}$；(7) $AB \cup AC \cup BC$；

(8) $\overline{A}B \cup \overline{A}C \cup \overline{B}C$；(9) ABC；(10) $\overline{A}\overline{B}C$；(11) $\overline{ABC}$；(12) $\overline{\overline{A}\,\overline{B}\,\overline{C}}$

2. A，B，C 至少有一个不发生；　A 为样本空间，B 为不可能事件

3. $\overline{B}$；$\varnothing$；A　4. (1)，(2)，(3) 均不成立

习题 1.2

1. $1-p$　2. 0.9　3. B　4. C　5. D

习题 1.3

1. $P_r = \dfrac{1 \times 1}{10 \times 10} = \dfrac{1}{10^2}$　　2. $\dfrac{13}{21}$　3. $\dfrac{20}{27}$

4. $\dfrac{C_{N_1}^{k} C_{N-N_1}^{n-k}}{C_N^n}$, $\dfrac{C_{N_1}^{k} C_{N-N_1}^{n-k}}{C_N^n}$, $\dfrac{A_{N_1}^{k} A_{N-N_1}^{n-k}}{A_N^n}$　　5. $\dfrac{4}{9}$　6. $\dfrac{2}{9}$

7. $P(A) = 0.1535$，$P(B) = 0.0011$

习题 1.4

1. $\dfrac{1}{2}$　2. 0.4，0.4856　3. $\dfrac{2}{3}$

习题 1.5

1. (1) 0.3，(2) 0.5，(3) 0.7

2. 0.44，0.91　3. 0.26，0.96　4. 0.33　5. C　6. A　7. 1/3

总习题一

一、填空题

1. $\dfrac{2}{3}$　2. $\dfrac{3}{4}$　3. $\dfrac{1}{4}$

二、选择题

1. D　2. A

三、解答题

1. (1) 不成立　(2) 成立

2. (1) 错误；(2) 错误；(3) 错误；(4) 正确；(5) 错误；(6) 正确

3. $\dfrac{5}{8}$　4. $\dfrac{2}{3}$　5. $\dfrac{1}{4}$　6. $\dfrac{2}{9}$　7. $\dfrac{3}{10}$，$\dfrac{3}{10}$　8. (1) $\dfrac{1}{20}$；　(2) $\dfrac{1}{30}$

9. $\dfrac{25}{91}$；$\dfrac{6}{91}$　10. $\dfrac{6}{7}$　11. $\dfrac{2}{3}$　12. 0.902　13. $\dfrac{3}{4}$　14. 0.268

15. (1) $\displaystyle\sum_{i=1}^{n}(-1)^{i-1}\dfrac{1}{i!}$；(2) $\displaystyle\sum_{i=2}^{n-k}(-1)^{i}\dfrac{1}{i!}$；$\dfrac{1}{k!}\displaystyle\sum_{i=2}^{n-k}(-1)^{i}\dfrac{1}{i!}$　16. (1) $\dfrac{1}{10}$；(2) $\dfrac{7}{40}$；(3) $\dfrac{3}{8}$

17. (1) $\dfrac{1}{40}$；(2) $\dfrac{2}{5}$　18. $\dfrac{21}{80}$　19. 0.23

四、证明题(略)

■ 第二章

习题 2.1

1. (1) 1；　(2) $\dfrac{1}{2}$，　$1-\dfrac{\sqrt{2}}{2}$　　2. A　3. C

4. $F(x)=\begin{cases} 0, & x<-1 \\ \dfrac{5x+7}{16}, & -1\leqslant x<1 \\ 1, & x\geqslant 1 \end{cases}$

习题 2.2

1.

X	0	1	2	3
p_k	0.4	0.4	0.1	0.1

0.9；0

2. $A=0$，$B=1$，$P(1<X\leqslant 2)=1-\dfrac{1}{3}(e^4+e^1)$

3. $P(X=n)=0.2^{n-1}0.8(n=1,2\cdots)$

4.

X	0	1	2
p_k	0.3	0.6	0.1

$F(x)=\begin{cases} 0, & x<0, \\ \dfrac{3}{10}, & 0\leqslant x<1, \\ \dfrac{9}{10}, & 1\leqslant x<2, \\ 1, & x\geqslant 2 \end{cases}$

5. (1) 0.9389；(2) 0.1198　6. 8　7. 0.997

习题 2.3

1. $F(x)=\begin{cases} \dfrac{1}{2}e^x, & x\leqslant 0 \\ 1-\dfrac{1}{2}e^{-x}, & x>0 \end{cases}$

2. (1) 1；(2) 1；(3) $f(x)\begin{cases} \dfrac{1}{x} & 1\leqslant x<e \\ 0 & 其他 \end{cases}$

3. $c=1.2$; $F(x)=\begin{cases} 0 & x<-1 \\ 0.2x+0.2 & -1\leqslant x<0 \\ 0.2x+0.2+0.6y^2 & 0\leqslant x<1 \\ 1 & 1\leqslant x \end{cases}$; 0.25; 0.710

4. D　5. $\dfrac{9}{64}$

习题 2.4

1. 1

2.

Y＼X	1	2	3	4	$P(Y=j)$
1	$\dfrac{1}{4}$	$\dfrac{1}{8}$	$\dfrac{1}{12}$	$\dfrac{1}{16}$	$\dfrac{25}{48}$
2	0	$\dfrac{1}{8}$	$\dfrac{1}{12}$	$\dfrac{1}{16}$	$\dfrac{13}{48}$
3	0	0	$\dfrac{1}{12}$	$\dfrac{1}{16}$	$\dfrac{7}{48}$
4	0	0	0	$\dfrac{1}{16}$	$\dfrac{3}{48}$
$P(X=i)$	$\dfrac{1}{4}$	$\dfrac{1}{4}$	$\dfrac{1}{4}$	$\dfrac{1}{4}$	

3. (1) $P(X=1|Z=0)=\dfrac{4}{9}$;

(2)

Y＼X	0	1	2
0	$\dfrac{1}{4}$	$\dfrac{1}{6}$	$\dfrac{1}{36}$
1	$\dfrac{1}{3}$	$\dfrac{1}{9}$	0
2	$\dfrac{1}{9}$	0	0

4. $\dfrac{1}{24}$; $\dfrac{1}{12}$; $\dfrac{1}{4}$; $\dfrac{3}{8}$; $\dfrac{1}{4}$; $\dfrac{3}{4}$; $\dfrac{1}{2}$; $\dfrac{1}{3}$　　5. B　　6. $3, 65/72$

7. (1) $k=12$,　(2) $F(x,y)=\begin{cases} (1-e^{-3x})(1-e^{-4y}), & x>0,\ y>0 \\ 0, & 其他 \end{cases}$,

(3) $P(Y\leqslant X)=(1-e^{-3})(1-e^{-8})$　(4) $\dfrac{4}{7}$

8. (1) $f(x,y)=\begin{cases} 6, & (x,y)\in G \\ 0, & (x,y)\notin G \end{cases}$　$f_X(x)=\begin{cases} 6(x-x^2), & 0\leqslant x\leqslant 1 \\ 0, & 其他 \end{cases}$

$f_Y(y)=\begin{cases} 6(\sqrt{y}-y), & 0\leqslant y\leqslant 1 \\ 0, & 其他 \end{cases}$;　(2) X,Y 不相互独立

9. $F_X(x)=\begin{cases}1-\mathrm{e}^{-x}, & x>0 \\ 0, & \text{其他}\end{cases}$，$F_Y(y)=\begin{cases}1-\mathrm{e}^{-y}, & y>0 \\ 0, & \text{其他}\end{cases}$

$f_X(x)=\begin{cases}\mathrm{e}^{-x}, & x>0 \\ 0, & \text{其他}\end{cases}$，$f_Y(y)=\begin{cases}\mathrm{e}^{-y}, & y>0 \\ 0, & \text{其他}\end{cases}$

10. 当 $0<y<1$ 时，$f_{X|Y}(x\,|\,y)=\begin{cases}\dfrac{3x^2(4xy+1)}{3y+1}, & 0<x<1 \\ 0, & \text{其他}\end{cases}$

当 $0<x<1$ 时，$f_{Y/X}(y\,|\,x)=\begin{cases}\dfrac{4xy+1}{3y+1}, & 0<y<1 \\ 0, & \text{其他}\end{cases}$

习题 2.5

1.

Y	4	1	0
p_k	$\dfrac{1}{5}$	$\dfrac{3}{5}$	$\dfrac{1}{5}$

2.

M	1	2	3	4	5
p_k	0.06	0.07	0.33	0.26	0.28

N	0	1	2
p_k	0.46	0.33	0.21

W	1	2	3	4	5	6	7
p_k	0.03	0.03	0.21	0.24	0.30	0.13	0.06

3. $f_Y(y)=\begin{cases}\dfrac{1}{y}, & 1<y<\mathrm{e} \\ 0, & \text{其他}\end{cases}$，　$f_Y(y)=\begin{cases}\dfrac{1}{2}\mathrm{e}^{-\frac{1}{2}y}, & 0<y \\ 0, & \text{其他}\end{cases}$

4. $f_Z(z)=\begin{cases}0, & z<1 \\ 2\sqrt{z-1}-z+1, & 1\leqslant z<2; \\ 1, & z\geqslant 2\end{cases}$　5. $f_Z(z)=\begin{cases}1-\mathrm{e}^{-z}, & 0<z<1 \\ (\mathrm{e}-1)\mathrm{e}^{-z} & z\geqslant 1 \\ 0, & \text{其他}\end{cases}$

6. (1) $P(X>2Y)=\dfrac{7}{24}$，(2) $f_Z(z)=\begin{cases}z(2-z), & 0<z<1 \\ (2-z)^2, & 1\leqslant z<2; \\ 0, & \text{其他}\end{cases}$

7. A　　8. $f_Z(z)=\begin{cases}0, & z<0 \\ \dfrac{b}{2a}, & 0\leqslant z<\dfrac{a}{b} \\ \dfrac{a}{2bz^2}, & z\geqslant \dfrac{a}{b}\end{cases}$

总习题二

一、填空题

1. $P(\max(X,Y)\leqslant 1)=\dfrac{1}{9}$　2. 0.8.　3. $\dfrac{5}{52}$

二、选择题

1. A　2. C　3. D　4. A

三、解答题

1. $C=\dfrac{1}{e^{\lambda/2}-1}$

2.

$X-Y$	-3	-2	0	1	3
p_k	$\dfrac{3}{10}$	$\dfrac{1}{10}$	$\dfrac{3}{10}$	$\dfrac{3}{20}$	$\dfrac{3}{20}$
$X+Y$	-2	0	1	3	4
p_k	$\dfrac{5}{20}$	$\dfrac{1}{10}$	$\dfrac{9}{20}$	$\dfrac{3}{20}$	$\dfrac{1}{20}$
XY	-2	-1	1	2	4
p_k	$\dfrac{9}{20}$	$\dfrac{1}{10}$	$\dfrac{1}{4}$	$\dfrac{3}{20}$	$\dfrac{1}{20}$

3. (1) $A=\dfrac{1}{\pi}$；(2) $P\left(-\dfrac{1}{2}<X<\dfrac{1}{2}\right)=\displaystyle\int_{-\frac{1}{2}}^{\frac{1}{2}}\dfrac{1}{\pi}\dfrac{1}{\sqrt{1-x^2}}\mathrm{d}x=\dfrac{1}{3}$；

(3) $F(x)=\begin{cases}0, & x<-1\\[2mm]\dfrac{1}{2}+\dfrac{1}{\pi}\arcsin x, & -1\leqslant x<1\\[2mm]1, & x\geqslant1\end{cases}$

4. (1) $A=\dfrac{2}{\pi}$；(2) $f_X(x)=\begin{cases}\dfrac{4}{3\pi}(1+2x^2)\sqrt{1-x^2}, & |x|\leqslant1\\[2mm]0, & 其他\end{cases}$；(3) 不独立

5. (1) $\dfrac{1}{8}$；(2) $\dfrac{3}{8}$；(3) $\dfrac{2}{3}$

6. $f_X(x)=\begin{cases}e^{-x}, & x>0\\0, & 其他\end{cases}$，$f_Y(y)=\begin{cases}ye^{-y}, & y>0\\0, & 其他\end{cases}$

7. (1) $f_X(x)=\begin{cases}2x, & 0<x<1\\0, & 其他\end{cases}$，$f_Y(y)=\begin{cases}1-\dfrac{y}{2}, & 0<y<2\\[2mm]0, & 其他\end{cases}$；

(2) $f_Z(z)=\begin{cases}1-\dfrac{z}{2}, & 0\leqslant z<2\\[2mm]0, & 其他\end{cases}$；(3) $\dfrac{3}{4}$

8. (1) $P\left(Z\leqslant\dfrac{1}{2}\,\middle|\,X=0\right)=0.5$；

(2) $f_Z(z)=\begin{cases}\dfrac{1}{3}, & -1<z<2\\[2mm]0, & 其他\end{cases}$

9. (1) $F(x, y) = \begin{cases} 0, & x<0 \text{ 或 } y<0 \\ \frac{1}{3}x^2 y\left(x+\frac{y}{4}\right), & 0 \leqslant x<1,\ 0 \leqslant y<2 \\ \frac{1}{3}x^2(2x+1), & 0 \leqslant x<1,\ y \geqslant 2 \\ \frac{1}{12}(4+y)y, & x \geqslant 1,\ 0 \leqslant y<2 \\ 1, & x \geqslant 1,\ y \geqslant 2 \end{cases}$;

(2) $f_X(x) = \begin{cases} 2x^2+\frac{2}{3}x, & 0 \leqslant x \leqslant 1 \\ 0, & \text{其他} \end{cases}$, $f_X(x) = \begin{cases} \frac{1}{3}+\frac{1}{6}y, & 0 \leqslant x \leqslant 2 \\ 0, & \text{其他} \end{cases}$;

(3) $f(x|y) = \begin{cases} \dfrac{6x^2+2xy}{2+y}, & 0<x \leqslant 1,\ 0<y \leqslant 2 \\ 0, & \text{其他} \end{cases}$;

$f(y|x) = \begin{cases} \dfrac{3x+y}{6x+2} & 0<x \leqslant 1,\ 0<y \leqslant 2 \\ 0, & \text{其他} \end{cases}$; (4) $\dfrac{65}{72}$, $\dfrac{17}{24}$, $\dfrac{5}{32}$

10. $f(x, y) = \begin{cases} \dfrac{9y^2}{x}, & 0<x<1,\ 0<y<x \\ 0, & \text{其他} \end{cases}$, $f_Y(y) = \begin{cases} -9y^2\ln y, & 0<y<1 \\ 0, & \text{其他} \end{cases}$, $\dfrac{1}{8}$

■ 第三章

习题 3.1

1. $E(X)=0$, $E(2X+5)=5$, $E(X^2)=0.4$　　2. $E(X)=\sum\limits_{k=1}^{\infty} x_k P_k = 27.22$

3. $E(Y)=\sum\limits_{k=1}^{\infty} y_k P_k = 2732.15$　　4. $E(X)=\dfrac{3}{12}$, $E(X+Y)=\dfrac{1}{12}$, $E(XY)=\dfrac{5}{12}$

5. $E(X)=0$, $E(X^2)=2$, $E\{\min(|x|, 1)\}=1-\mathrm{e}^{-1}$

6. $a=12$, $b=-12$, $c=2$

7. (1)

$X_1 \backslash X_2$	0	1
0	$1-\mathrm{e}^{-1}$	0
1	$\mathrm{e}^{-1}-\mathrm{e}^{-2}$	e^{-2}

(2) $E(X_1+X_2)=\mathrm{e}^{-2}+\mathrm{e}^{-1}$

8. $\dfrac{4}{3}$, $\dfrac{5}{8}$, $\dfrac{5}{8}$　　9. (1) $f_V(v) = \begin{cases} 2\mathrm{e}^{-2v}, & v>0, \\ 0, & \text{其他} \end{cases}$; (2) $E(U+V)=2$

10. $\dfrac{4}{9}$, $f_Z(z) = \begin{cases} z, & 0 \leqslant z<1 \\ z-2, & 2 \leqslant z<3 \\ 0, & \text{其他} \end{cases}$

习题 3.2

1. $E(X)=1$，$D(X)=\dfrac{1}{6}$ 2. $E(X)=0$，$D(X)=2$

3. 2.85   4. 2，验证过程略   5. D

习题 3.3

1. $E(X)=\dfrac{2}{3}$；$E(Y)=0$；$\mathrm{Cov}(X,Y)=0$ 2. 略

3. X 与 Y 不相关，不相互独立

4. (1) $\dfrac{5}{12}$，$\dfrac{5}{12}$，$\dfrac{11}{144}$，$\dfrac{11}{144}$，$\dfrac{5}{36}$；(2) 不相互独立，X 与 Y 相关；

5. (1)

X \ Y	-1	0	1
0	0	$\dfrac{1}{3}$	0
1	$\dfrac{1}{3}$	0	$\dfrac{1}{3}$

(2)

Z	-1	0	1
P	$\dfrac{1}{3}$	$\dfrac{1}{3}$	$\dfrac{1}{3}$

(3) $\rho_{XY}=0$

习题 3.4

1. 0.6736   2. 0.2   3. $N(0,2\sqrt{10})$ 4. A

5. 当有 70 分钟可用时应选择走第二条路线. 只有 65 分钟可用时应选择走第一条路线

6. 3   7. 他能被录取，但能被录取为正式工的可能性不大

8. $2a+3b=4$ 9. $\dfrac{1}{2}$ 10. $\mu^3+\mu\sigma^2$ 11. 2

总习题三

一、填空题

1. 1，$\dfrac{1}{2}$ 2. 2   3. 3，2

二、选择题

1. D   2. B   3. D   4. C

三、解答题

1. $\dfrac{19}{6}$，$\dfrac{13}{6}\ln 2$ 2. $\dfrac{8}{3}$，$\dfrac{20}{9}$，3，2，$\dfrac{3\sqrt{10}}{160}$ 3. $\dfrac{3}{4}$ 4. 9

5. $D(X)=\dfrac{2}{25}$ 6. $\dfrac{1}{4}$，$\dfrac{2}{3}$ 7. $\dfrac{4}{5}$，$\dfrac{3}{5}$，$\dfrac{1}{2}$，$\dfrac{16}{15}$

8. X 和 Y 不相互独立. X 与 Y 不相关.

9.

X	0	1	2	3
p	$\dfrac{27}{125}$	$\dfrac{54}{125}$	$\dfrac{36}{125}$	$\dfrac{8}{125}$

$$F(x)=\begin{cases} 0 & x<0 \\ \dfrac{27}{125} & 0\leqslant x<1 \\ \dfrac{81}{125} & 1\leqslant x<2, \quad E(X)=\dfrac{6}{5} \\ \dfrac{117}{125} & 2\leqslant x<3 \\ 0 & x\geqslant 3 \end{cases} \qquad 10.\ E(X)=0.60,D(X)=0.46$$

11. (1) 0，X 和 $|X|$ 不相关；(2) X 和 $|X|$ 不是相互独立的. 12. 1

13. $\dfrac{24}{5}$ 14. (1) $\dfrac{1}{3}$，3；(2) 0

■ 第四章

习题 4.1
证明略.

习题 4.2
1. 0.2266 2. 11 个部件 3. 0.999 4. 0.8882 5. 1700 kW

总习题四
一、选择题
1. C 2. C
二、解答题
1. 0.0228 2. 0.8948 3. 147 4. 539

■ 第五章

习题 5.1

1. (1) $P\{X_1=x_1,X_2=x_2,\cdots,X_n=x_n\}=\dfrac{\lambda^{\sum\limits_{i=1}^{n}x_i}}{x_1!x_2!\cdots x_n!}\mathrm{e}^{-n\lambda}$；

   (2) $E(\overline{X})=\lambda;D(\overline{X})=\dfrac{1}{n}\lambda;E(S^2)=\lambda$

2. $f_{X_{(1)}}(x)=n[1-F(x)]^{n-1}f(x)$；$f_{X_{(n)}}(x)=n[F(x)]^{n-1}f(x)$

3. $F_5(x)=\begin{cases} 0, & x<1 \\ 2/5, & 1\leqslant x<2 \\ 3/5, & 2\leqslant x<3 \\ 1, & x\geqslant 3 \end{cases}$，图略

4. 略

习题 5.2

1. $\dfrac{1}{3}$ 2. $n;2$ 3. 0.1 4. $\sqrt{2}$ 5. $t(m)$ 6. $t(n-1)$

7. $F(1,1)$ 8. $F(n,1)$ 9. 略 10. 0.8293 11. 68 12. 0.9950

总习题五

一、1. 0.8664　　2. $F(n_2, n_1)$　　3. $\chi^2(n-1)$，$\chi^2(n)$，$(n-1)\sigma^2$；$2n\sigma^4$

　　4. 0.95；　　5. n，　t

二、1. C　　2. D　　3. B　　4. B　　5. C

三、1. 13.23，0.0695，0.0557　　2. (1) p，$\dfrac{pq}{n}$，pq；(2) $\dfrac{1}{\lambda}$，$\dfrac{1}{n\lambda^2}$，$\dfrac{1}{\lambda^2}$；　　(3) θ，$\dfrac{\theta^2}{3n}$，$\dfrac{\theta^3}{3}$

3. $a=\dfrac{1}{3}$，$b=\dfrac{1}{2}$　　4. 25　　5. 0.0401　　6. 26.105

四、略

■ 第六章

习题 6.1

1. (1) $\hat{\theta}_M=\dfrac{\overline{X}}{1-\overline{X}}$，$\hat{\theta}_L=-\dfrac{n}{\displaystyle\sum_{i=1}^{n}\ln X_i}$；

　　(2) $\hat{\theta}_M=\sqrt{B_2}$，$\hat{\mu}_M=\overline{X}-\sqrt{B_2}$，$\hat{\theta}_L=\overline{X}-X_{(1)}$，$\hat{\mu}_L=X_{(1)}$；

　　(3) $\hat{\theta}_M=\overline{X}$，$\hat{\theta}_l=X_{(n)}=\max\limits_{1\leqslant i\leqslant n}\{X_i\}$　(4) $\hat{\theta}_M=\dfrac{\overline{X}}{m}$，$\hat{\theta}_L=\dfrac{\overline{X}}{m}$

2. $e^{-\overline{X}}$　　3. $\hat{\theta}=\dfrac{5}{6}$　　4. 矩估计值 $\hat{\theta}_M=\dfrac{1}{4}$；最大似然估计值 $\hat{\theta}_L=\dfrac{7-\sqrt{13}}{12}$

5. $\hat{\lambda}_M=\dfrac{2}{\overline{X}}$，$\hat{\lambda}_L=\dfrac{2}{\overline{X}}$　　6. $\hat{\theta}_M=\overline{X}$；$\hat{\theta}_L=\dfrac{2n}{\displaystyle\sum_{i=1}^{n}\dfrac{1}{X_i}}$

习题 6.2

1. $\dfrac{1}{2(n-1)}$　　2. (1) $c_1=-1$，$c_1=1$；(2) $(\overline{X})^2$，$E(\overline{X}^2)=\lambda^2+\dfrac{1}{n}\lambda$，证明略

3. (1) $\overline{X}-1$，证明略；(2) $X_{(1)}$，证明略；　　4. 略

5. 证明略，$\hat{\theta}_1$　　6. 证明略，$\dfrac{n_1}{n_1+n_2}$，$\dfrac{n_2}{n_1+n_2}$　　7. (1) $\dfrac{1}{n}\displaystyle\sum_{i=1}^{n}|X_i|$，(2) 略；

8. $k_1=\dfrac{1}{k+1}$，$k_2=\dfrac{k}{k+1}$

9. 证明略，$\dfrac{1}{n}\displaystyle\sum_{i=1}^{n}(X_i-\mu)^2$，更有效

习题 6.3

1. (1) (5.608, 6.392)，(2) (5.558, 6.442)　　2. (7.4, 21.1)　　3. (−6.04, −5.96)

4. (−0.002, 0.006)　　5. (0.3159, 12.90)

总习题六

一、1. $\dfrac{n}{n-1}$　　2. $\dfrac{1}{n}$

　　3. $\left(\overline{X}-\dfrac{\sigma}{\sqrt{n}}z_{\frac{\alpha}{2}}, \overline{X}+\dfrac{\sigma}{\sqrt{n}}z_{\frac{\alpha}{2}}\right)$，$\left(\overline{X}-t_{\frac{\alpha}{2}}(n-1)\dfrac{s}{\sqrt{n}}, \overline{X}+t_{\frac{\alpha}{2}}(n-1)\dfrac{S}{\sqrt{n}}\right)$

4. $(0.22, 3.60)$

二、1. A 2. C 3. B 4. C 5. D

三、1. $\hat{\theta}_M = \dfrac{1}{4}$, $\hat{\theta}_L = \dfrac{2}{9}$ 2. $\hat{\beta}_M = \dfrac{\overline{X}}{1+\overline{X}}$, $\hat{\beta}_L = \dfrac{n}{\sum\limits_{i=1}^{n} \ln X_i}$

3. $a = \dfrac{n_1 - 1}{n_1 + n_2 - 2}$, $b = \dfrac{n_2 - 1}{n_1 + n_2 - 2}$ 4. (1) $(4.738, 4.974)$; (2) $(4.749, 4.963)$

5. 82 6. $(35.858, 252.333)$ 7. 123

四、证明略

■ 第七章

习题 7.1

1. 包装机工作不正常 2. 可以认为包装的平均重量仍为 15 g

3. 可以认为 $\mu = 5.5$ 4. $c = 0.98$, $\beta = 0.83$

习题 7.2

1. 不能认为 $\mu = 10$ 2. 有显著变化 3. 有显著变化

4. 不正常 5. 可以认为 6. 显著偏大

习题 7.3

1. 有显著影响 2. 差异不显著 3. 相同 4. 有显著差异

5. 可以认为 B 原料生产的产品比 A 原料生产的产品重量大

6. 新方法比旧方法得率高 7. 无区别 8. 方差相同

习题 7.4

1. 可以认为 X 服从泊松分布 2. 服从泊松分布 3. 这颗骰子是均匀的

4. 服从均匀分布

总习题七

一、1. 一，二 2. $U = \dfrac{\overline{X} - \mu_0}{\sigma / \sqrt{n}}$, $u > z_\alpha$ 3. χ^2, $\chi^2 = \dfrac{(n-1)S^2}{\sigma_0^2}$, $\chi^2(n-1)$

4. U, $U = \dfrac{\overline{X} - \overline{Y}}{\sqrt{\dfrac{\sigma_1^2}{n_1} + \dfrac{\sigma_2^2}{n_2}}}$, $u \leqslant -z_\alpha$ 5. $F = \dfrac{S_1^2}{S_2^2}$, $F > F_\alpha(n_1 - 1, n_2 - 1)$

二、1. A 2. B 3. B 4. C 5. A

三、1. 不能认为 $\mu = 1277$

2. (1) 男、女红细胞数的波动大小相同；(2) 性别对红细胞数有显著影响

3. 骰子是均匀的

■ 第八章

习题 8.1

1. 新建函数 M 文件 toubi. M

输入

```
function toubi(N)
a＝binornd(1, 0.5, N, 1);          %产生 N 个取值 0，1 的随机数据，模拟 N 次掷币
n＝sum(a＝＝1);                      %累计取值 1 的个数，得出现正面的次数
f＝n/N                             %计算出现正面的频率
dist＝abs(f－0.5)                   %计算频率 f 与 0.5 的距离
end
```

在命令窗口运行

≫toubi(10000)

可得

f ＝0.488800000000000, dist ＝ 0.011200000000000

再运行

≫ toubi(80000)

结果为

f ＝0.502150000000000, dist ＝0.002150000000000

可见随着抛掷次数增大，频率与 0.5 的差异越来越小.

2. format long;a＝unifrnd(－1, 1, 10000, 2);x＝a(:, 1);y＝a(:, 2);

n＝sum(x. ^2＋y. ^2＜＝1);f＝4 ∗ n/10000

习题 8.2

1. 输入

≫ y＝binopdf([0:10], 10, 0.2);[x, i]＝max(y), plot([0:10], y)

输出结果

x＝－.3020, i＝3

对应的最可能次数 $k＝i－1＝2$

结果见题图 8.8.

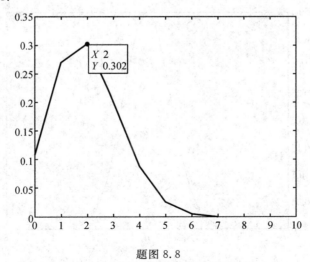

题图 8.8

2. 运行

≫p1＝normcdf(1.75, 1.25, 0.46)－normcdf(1, 1.25, 0.46),

≫p2＝1－normcdf(2, 1.25, 0.46)

结果为

p1＝0.5681，p2＝0.0515

3. 运行

≫ x＝−6:0.01:6;y1＝normpdf(x);y2＝normpdf(x, 2, 1);y3＝normpdf(x, 0, 2);

≫ plot(x, y1, 'r', x, y2, 'k', x, y3, 'b')

输出题图 8.9.

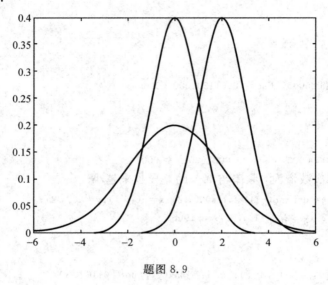

题图 8.9

4. 运行

≫ x＝−6:0.01:6;y1＝normpdf(x);y2＝tpdf(x, 20);

≫ plot(x, y1, 'r', x, y2, 'b')   %红色为标准正态分布密度函数，蓝色为 t(20)密度函数

输出题图 8.10.

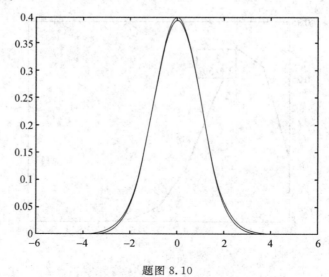

题图 8.10

5. 运行

≫a＝finv(0.05, 10, 15), b＝finv(0.95, 15, 10), c＝1/b

运行可得

a $=0.3515$, b $= 2.8450$, c $= 0.3515$.

易见 $a=c$。

习题 8.3

1. 运行

```
≫x=[10.5, 8.6, 6.3, 7.5, 9.4, 7.8];
≫p=[0.2, 0.1, 0.25, 0.15, 0.2, 0.1];
≫EX=sum(x. * p)
≫E2X=sum(x. ^2. * p);DX=E2X−(EX)^2
```

结果为

EX $=8.3200$, DX $= 2.3396$

2. 运行

```
≫[M, V]=unifstat(−2, 5)
```

结果为

M $=1.5000$, V $=4.0833$

3. 运行

```
≫syms x; f=1/2 * exp(−abs(x));
≫EX=int(x * f, −inf, inf), E2X=int(x^2 * f, −inf, inf);DX=E2X−(EX)^2
```

结果为

EX $=0$, DX $=2$

4. 运行

```
≫ syms x y
≫ fxy=(x+y)/8;
≫ EXY=int(int(x * y * fxy, x, 0, 2), y, 0, 2);      %计算期望 E(XY)
≫ EX=int(int(x * fxy, x, 0, 2), y, 0, 2);           %计算期望 E(X)
≫ EY=int(int(y * fxy, x, 0, 2), y, 0, 2);           %计算期望 E(Y)
≫ COVXY=EXY−EX * EY;                                %计算协方差 cov(X, Y)
≫ E2X=int(int(x^2 * fxy, x, 0, 2), y, 0, 2);        %计算期望 E(X^2)
≫ DX=E2X−EX^2;                                      %计算方差 D(X)
≫ E2Y=int(int(y^2 * fxy, x, 0, 2), y, 0, 2);        %计算期望 E(Y^2)
≫ DY=E2Y−EY^2;                                      %计算方差 D(Y)
≫ RHOXY=COVXY/sqrt(DX * DY)                         %计算相关系数
```

结果显示相关系数 $\rho_{XY} =$ RHOXY $= -1/11$.

5. 运行

```
≫data=[15.28 , 15.63, 15.13, 15.46, 15.40, 15.56, 15.35, 15.56, 15.38, 15.21, ...
       15.48, 15.58, 15.57, 15.36, 15.48, 15.46, 15.52, 15.29, 15.42, 15.69];
≫mu=mean(data)                   %求样本均值
≫middle=median(data)             %求样本中位数
≫sigma2=var(data)                %求样本方差
≫jicha=range(data)               %求样本极差
≫m2=moment(data, 2)              %求样本二阶中心矩
≫m3=moment(data, 3)              %求样本三阶中心矩
```

运行结果为

mu $=15.4405$, middle $= 15.4600$, sigma2 $=0.0206$, jicha $= 0.5600$,

m2 $= 0.0196$, m3 $= -0.0010$

习题 8.4

1. 运行

$\gg$ x $=[$ 6.678 6.683 6.681 6.676 6.679 6.672$]$;

$\gg[$ mu , sigma , muci , sigmaci$]=$normfit(x, 0.1)

运行结果

mu $=6.6782$, sigma $= 0.0039$, muci $=[6.6750, 6.6813]$, sigmaci $=[0.0026, 0.0081]$.

2. 输入

$\gg$ data$=[15.6, 16.3, 15.9, 15.8, 16.2, 16.1]$;

$\gg$ sigma$=$sqrt(0.06);xbar$=$mean(data); d1$=$norminv($1-0.05/2$) $*$ sigma/sqrt(6);

$\gg$ a1$=$xbar$-$d1;b1$=$xbar$+$d1;muci$=[$a1, b1$]$

则输出

muci $=[$ 15.7873　16.1793$]$.

即均值 μ 的置信度为 0.95 的置信区间是 $(15.7873, 16.1793)$.

为求出置信度为 0.90 的置信区间，输入

$\gg$d2$=$norminv($1-0.1/2$) $*$ sigma/sqrt(6);

$\gg$ a2$=$xbar$-$d2;b2$=$xbar$+$d2;muci$=[$a2, b2$]$

则输出

muci$=[$15.8188　16.1478$]$

即均值 μ 的置信度为 0.90 的置信区间是 $(15.7873, 16.1793)$. 比较两个不同置信度所对应的置信区间可以看出置信度越大所作出的置信区间也越大.

3. 根据题意，要对均值差作单边假设检验：

$$H_0: \mu_1=\mu_2, \qquad H_1: \mu_1\neq\mu_2$$

输入

x$=[49.0, 48, 47, 53, 51, 43, 39, 57, 56, 46, 42, 44, 55, 44, 40]$;

y$=[46, 40, 47, 51, 43, 36, 43, 38, 48, 54, 48, 34]$;

$[$h, sig, ci$]=$ttest2(x, y, 0.05, 0)

则输出

h $=$

　　0

sig $=$

　　0.1301

ci $=$

　　-1.1368　　8.3368

$h=0$ 表明没有充分理由否认原假设，即认为这一地区男女生的物理考试成绩不相上下.

4. 疗效的差异性涉及均值和方差两方面的检验.

先在 μ_1, μ_2 未知的条件下检验假设：

$$H_0 : \sigma_1^2 = \sigma_2^2 , \quad H_1 : \sigma_1^2 \neq \sigma_2^2$$

输入

x = [5.5, 4.6, 4.4, 3.4, 1.9, 1.6, 1..1, 0.8, 0.1, −0.1];

y = [3.7, 3.4, 2.0, 2.0, 0.8, 0.7, 0, −0.1, −0.2, −1.6];

H = **vartest2**(**x**, **y**, 0.05, 0)

则输出

H = 0

不能拒绝原假设，故两个正态总体方差相等的假设成立.

其次，在方差相等的条件下作均值是否相等的假设检验：

$$H'_0 : \mu_1 = \mu_2 , \quad H'_1 : \mu_1 \neq \mu_2$$

输入

h = ttest2(**x**, **y**, 0.05, 0)

则输出

h = 0

此时不能拒绝原假设 $H'_0 : \mu_1 = \mu_2$，因此，在显著性水平 $\alpha = 0.05$ 下可认为 $\mu_1 = \mu_2$.

综合上述讨论结果，可以认为两种安眠药疗效无显著差异.

习题 8.5

1. 输入数据

x = [141, 148, 132, 138, 154, 142, 150, 146, 155, 158, 150, 140, 147, 148, ...
144, 150, 149, 145, 149, 158, 143, 141, 144, 144, 126, 140, 144, 142, 141, 140, ...
145, 135, 147, 146, 141, 136, 140, 146, 142, 137, 148, 154, 137, 139, 143, 140, ...
131, 143, 141, 149, 148, 135, 148, 152, 143, 144, 141, 143, 147, 146, 150, 132, ...
142, 142, 143, 153, 149, 146, 149, 138, 142, 149, 142, 137, 134, 144, 146, 147, ...
140, 142, 140, 137, 152, 145];

(1) hist(**x**, 10)

(2) normplot(**x**)

输出图 8.11 如下：

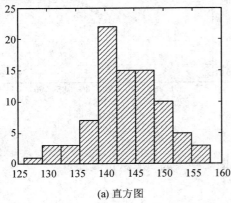

(a) 直方图

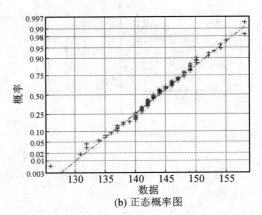

(b) 正态概率图

题图 8.11

数据基本分布在一条直线上，故初步可断定头颅的最大宽度服从正态分布.

（3）运行

[muhat, sigmahat, muci, sigmaci]= normfit(x)

输出均值的估计值

muhat = 143.7738

均方差的估计值

sigmahat = 5.9705

参数的 95% 置信区间分别为

muci =[142.4781, 145.0695], sigmaci =[5.1841, 7.0403]

检验 $H_0:\mu=143.7738$； $H_1:\mu\neq143.7738$

运行

h = ttest(x , 143.7738)

得

h=0

故可以认为头颅最大宽度的平均值为 143.7738.

2. 运行

x1=[93 75 83 93 91 85 84 82 77 76 77 95 94 89 91 88 86 83 96 81];

x2=[79 97 78 75 67 69 68 84 83 81 75 66 85 70 94 84 83 82 80 78];

x3=[74 73 76 70 86 76 90 89 71 66 86 73 80 94 79 78 77 63 53 55];

x=[x1, x2, x3];

（1）hist(x, 10)

（2）normplot(x)

得到下图：

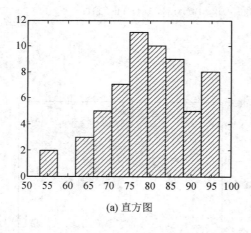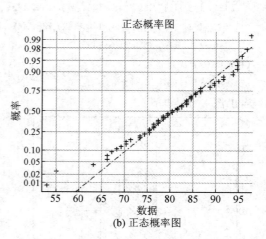

(a) 直方图   (b) 正态概率图

题图 8.12

由于数据基本分布在一条直线上，故初步可断定学生成绩服从正态分布.

（4）输入

[muhat, sigmahat, muci, sigmaci]= normfit(x)

运行得到

muhat = 80.1000, sigmahat = 9.7106,

muci =[77.5915, 82.6085], sigmaci =[8.2310, 11.8436].

在成绩服从正态分布，方差未知情况下，检验其均值是否等于 80.1，输入

h= ttest(x , 80.1)

运行结果

h=0

不能拒绝假设均值 80.1，故可认为平均成绩为 80.1 分.

总习题八

1. 输入以下命令：

X=[6.683　6.681　6.676　6.678　6.679　6.672]；

Y=[6.661　6.661　6.667　6.667　6.664]；

[mu, sigma, muci, sigmaci]=normfit(X, 0.1)　　　　　　　　　　%金球测定的估计

[MU, SIGMA, MUCI, SIGMACI]=normfit(Y, 0.1)　　　　　　　　%铂球测定的估计

输出结果为

mu =

　　6.6782

sigma =

　　0.0039

muci =

　　6.6750

　　6.6813

sigmaci =

　　0.0026

　　0.0081

MU =

　　6.6640

SIGMA =

　　0.0030

MUCI =

　　6.6611

　　6.6669

SIGMACI =

　　0.0019

0.0071

　　结果表明：金球测定的 μ_1 估计值为 6.6782，置信区间为[6.6750, 6.6813]；σ_1 的估计值为 0.0039，置信区间为[0.0026, 0.0081]；铂球测定的 μ_2 估计值为 6.6640，置信区间为[6.6611, 6.6669]；σ_2 的估计值为 0.0030，置信区间为[0.0019, 0.0071].

2. 输入以下命令：

```
m = 0.5; sigma=0.015;                    %提出均值的原假设, 方差已知
X=[0.497, 0.506, 0.518, 0.524, 0.498, 0.511, 0.52, 0.515, 0.512];
[h, sig, ci, zval]=ztest(X, m, sigma)
```

输出结果为

```
h =
    1
sig =
    0.0248                               %样本观察值的概率
ci =
    0.5014     0.5210                    %置信区间, 均值 0.5 在此区间之外
zval =
    2.2444                               %统计量的值
```

结果表明：$h=1$，说明在水平 $\alpha=0.05$ 下，可拒绝原假设，即认为包装机工作不正常.

3. 依题意检验

$$H_0 : \mu \leqslant 225 ; \quad H_1 : \mu > 225$$

输入以下命令：

```
m =225; alpha=0.05; tail=1;
X=[159 280 101 212 224 379 179 264 222 362 168 250 149 260 485 170];
[h, sig, ci]=ttest(X, m, alpha, tail)
```

输出结果为

```
h =
    0
sig =
    0.2570
ci =
    198.2321        Inf
```

结果 $h=0$ 表示在水平 $\alpha=0.05$ 下应该接受原假设 H_0，即认为元件的平均寿命不大于 225 小时.

附　　录

附表 1　几种常用的概率分布

分布名称	分布记号	分布参数	概率分布或概率密度	数学期望	方差
0-1分布	$B(1,p)$	$0<p<1$	$P\{X=k\}=p^k(1-p)^{1-k}$ $(k=0,1)$	p	$p(1-p)$
二项分布	$B(n,p)$	$n\geqslant 0$ $0<p<1$	$P\{X=k\}=C_n^k p^k(1-p)^{n-k}$ $(k=0,1,\cdots,n)$	np	$np(1-p)$
泊松分布	$P(\lambda)$	$\lambda\geqslant 0$	$P\{X=k\}=\dfrac{\lambda^k}{k!}\mathrm{e}^{-k}$ $(k=0,1,2,\cdots)$	λ	λ
几何分布	$G(p)$	$0<p<1$	$P\{X=k\}=(1-p)^{k-1}p$ $(k=1,2,\cdots)$	$\dfrac{1}{p}$	$\dfrac{1-p}{p^2}$
超几何分布	$H(n,M,N)$	n,M,N $(n\leqslant M)$	$P\{X=k\}=\dfrac{C_M^k C_{N-M}^{n-k}}{C_N^n}$ $(k=0,1,\cdots,n)$	$\dfrac{nM}{N}$	$\dfrac{nM}{N}\left(1-\dfrac{M}{N}\right)\dfrac{N-n}{N-1}$
均匀分布	$U(a,b)$	$a<b$	$\varphi(x)=\begin{cases}\dfrac{1}{b-a} & a\leqslant x\leqslant b \\ 0 & \text{其他}\end{cases}$	$\dfrac{a+b}{2}$	$\dfrac{(b-a)^2}{12}$
指数分布	$E(\lambda)$	$\lambda>0$	$\varphi(x)=\begin{cases}\lambda\mathrm{e}^{-\lambda x} & x>0 \\ 0 & x\leqslant 0\end{cases}$	$\dfrac{1}{\lambda}$	$\dfrac{1}{\lambda^2}$
正态分布	$N(\mu,\sigma^2)$	μ $\sigma>0$	$\varphi(x)=\dfrac{1}{\sqrt{2\pi}\sigma}\mathrm{e}^{-\frac{(x-\mu)^2}{2\sigma^2}}$	μ	σ^2
χ^2分布	$\chi^2(n)$	$n\geqslant 1$	$\varphi(x)=\begin{cases}\dfrac{1}{2^{\frac{n}{2}}\Gamma\left(\frac{n}{2}\right)}x^{\frac{n}{2}-1}\mathrm{e}^{-\frac{x}{2}} & x>0 \\ 0 & x\leqslant 0\end{cases}$	n	$2n$
t分布	$t(n)$	$n\geqslant 1$	$\varphi(x)=\dfrac{\Gamma\left(\frac{n+1}{2}\right)}{\sqrt{n\pi}\,\Gamma\left(\frac{n}{2}\right)}\left(1+\dfrac{x^2}{n}\right)^{-\frac{n+1}{2}}$	0 $(n>1)$	$\dfrac{n}{n-2}(n>2)$
F分布	$F(m,n)$	m,n	$\varphi(x)=\begin{cases}\dfrac{\Gamma\left(\frac{m+n}{2}\right)m^{\frac{m}{2}}n^{\frac{n}{2}}x^{\frac{m}{2}-1}}{\Gamma\left(\frac{m}{2}\right)\Gamma\left(\frac{n}{2}\right)(mx+n)^{\frac{m+n}{2}}} & x>0 \\ 0 & x\leqslant 0\end{cases}$	$\dfrac{n}{n-2}$ $(n>2)$	$\dfrac{2n^2(m+n-2)}{m(n-2)^2(n-4)}$ $(n>4)$

附表 2　泊松分布的概率 $P\{X=k\}=\dfrac{\lambda^k}{k!}e^{-\lambda}, k=0,1,2,\cdots$

k \ λ	0.1	0.2	0.3	0.4	0.5	0.6	0.7	0.8	0.9	1.0	1.5
0	0.9048	0.8187	0.7408	0.6703	0.6065	0.5488	0.4966	0.4493	0.4066	0.3679	0.2231
1	0.0905	0.1637	0.2222	0.2681	0.3033	0.3293	0.3476	0.3595	0.3659	0.3679	0.3347
2	0.0045	0.0164	0.0333	0.0536	0.0758	0.0988	0.1217	0.1438	0.1647	0.1839	0.2510
3	0.0002	0.0011	0.0033	0.0072	0.0126	0.0198	0.0284	0.0383	0.0494	0.0613	0.1255
4		0.0001	0.0003	0.0007	0.0016	0.0030	0.0050	0.0077	0.0111	0.0153	0.0471
5				0.0001	0.0002	0.0004	0.0007	0.0012	0.0020	0.0031	0.0141
6							0.0001	0.0002	0.0003	0.0005	0.0035
7										0.0001	0.0008
8											0.0001

k \ λ	2.0	2.5	3.0	3.5	4.0	4.5	5.0	6.0	7.0	8.0	9.0
0	0.1353	0.0821	0.0498	0.0302	0.0183	0.0111	0.0067	0.0025	0.0009	0.0003	0.0001
1	0.2707	0.2052	0.1494	0.1057	0.0733	0.0500	0.0337	0.0149	0.0064	0.0027	0.0011
2	0.2707	0.2565	0.2240	0.1850	0.1465	0.1125	0.0842	0.0446	0.0223	0.0107	0.0050
3	0.1804	0.2138	0.2240	0.2158	0.1954	0.1687	0.1404	0.0892	0.0521	0.0286	0.0150
4	0.0902	0.1336	0.1680	0.1888	0.1954	0.1898	0.1755	0.1339	0.0912	0.0573	0.0337
5	0.0361	0.0668	0.1008	0.1322	0.1563	0.1708	0.1755	0.1606	0.1277	0.0916	0.0607
6	0.0120	0.0278	0.0504	0.0771	0.1042	0.1281	0.1462	0.1606	0.1490	0.1221	0.0911
7	0.0034	0.0099	0.0216	0.0385	0.0595	0.0824	0.1044	0.1377	0.1490	0.1396	0.1171
8	0.0009	0.0031	0.0081	0.0169	0.0298	0.0463	0.0653	0.1033	0.1304	0.1396	0.1318
9	0.0002	0.0009	0.0027	0.0066	0.0132	0.0232	0.0363	0.0688	0.1014	0.1241	0.1318
10		0.0002	0.0008	0.0023	0.0053	0.0104	0.0181	0.0413	0.0710	0.0993	0.1186
11			0.0002	0.0007	0.0019	0.0043	0.0082	0.0225	0.0452	0.0722	0.0970
12			0.0001	0.0002	0.0006	0.0034	0.0034	0.0113	0.0263	0.0481	0.0728
13				0.0001	0.0002	0.0006	0.0013	0.0052	0.0142	0.0296	0.0504
14					0.0001	0.0002	0.0005	0.0022	0.0071	0.0169	0.0324
15						0.0001	0.0002	0.0009	0.0033	0.0090	0.0194
16								0.0003	0.0014	0.0045	0.0109
17								0.0001	0.0006	0.0021	0.0058
18									0.0002	0.0009	0.0029
19									0.0001	0.0004	0.0014
20										0.0002	0.0006
21										0.0001	0.0003
22											0.0001

附表 3　标准正态分布表

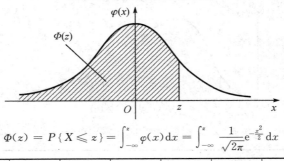

$$\Phi(z) = P\{X \leqslant z\} = \int_{-\infty}^{z} \varphi(x)\,\mathrm{d}x = \int_{-\infty}^{z} \frac{1}{\sqrt{2\pi}} \mathrm{e}^{-\frac{x^2}{2}}\,\mathrm{d}x$$

z	0	1	2	3	4	5	6	7	8	9
0.0	0.5000	0.5040	0.5080	0.5120	0.5160	0.5199	0.5239	0.5279	0.5319	0.5359
0.1	0.5398	0.5438	0.5478	0.5517	0.5557	0.5596	0.5636	0.5675	0.5714	0.5753
0.2	0.5793	0.5832	0.5871	0.5910	0.5948	0.5987	0.6026	0.6064	0.6103	0.6141
0.3	0.6179	0.6217	0.6255	0.6293	0.6331	0.6368	0.6406	0.6443	0.6480	0.6517
0.4	0.6554	0.6591	0.6628	0.6664	0.6700	0.6736	0.6772	0.6808	0.6844	0.6879
0.5	0.6915	0.6950	0.6985	0.7019	0.7054	0.7088	0.7123	0.7157	0.7190	0.7224
0.6	0.7257	0.7291	0.7324	0.7357	0.7389	0.7422	0.7454	0.7486	0.7517	0.7549
0.7	0.7580	0.7611	0.7642	0.7673	0.7703	0.7734	0.7764	0.7794	0.7823	0.7852
0.8	0.7881	0.7910	0.7939	0.7967	0.7995	0.8023	0.8051	0.8078	0.8106	0.8133
0.9	0.8159	0.8186	0.8212	0.8238	0.8264	0.8289	0.8315	0.8340	0.8365	0.8389
1.0	0.8413	0.8438	0.8461	0.8485	0.8508	0.8531	0.8554	0.8577	0.8599	0.8621
1.1	0.8643	0.8665	0.8686	0.8708	0.8729	0.8749	0.8770	0.8790	0.8810	0.8830
1.2	0.8849	0.8869	0.8888	0.8907	0.8925	0.8944	0.8962	0.8980	0.8997	0.9015
1.3	0.9032	0.9049	0.9066	0.9082	0.9099	0.9115	0.9131	0.9147	0.9162	0.9177
1.4	0.9192	0.9207	0.9222	0.9236	0.9251	0.9265	0.9278	0.9292	0.9306	0.9319
1.5	0.9332	0.9345	0.9357	0.9370	0.9382	0.9394	0.9406	0.9418	0.9430	0.9441
1.6	0.9452	0.9463	0.9474	0.9484	0.9495	0.9505	0.9515	0.9525	0.9535	0.9545
1.7	0.9554	0.9564	0.9573	0.9582	0.9591	0.9599	0.9608	0.9616	0.9625	0.9633
1.8	0.9641	0.9648	0.9656	0.9664	0.9671	0.9678	0.9686	0.9693	0.9700	0.9706
1.9	0.9713	0.9719	0.9726	0.9732	0.9738	0.9744	0.9750	0.9786	0.9762	0.9767
2.0	0.9772	0.9778	0.9783	0.9788	0.9793	0.9798	0.9803	0.9808	0.9812	0.9817
2.1	0.9821	0.9826	0.9830	0.9834	0.9838	0.9842	0.9846	0.9850	0.9854	0.9857
2.2	0.9861	0.9864	0.9868	0.9871	0.9874	0.9878	0.9881	0.9884	0.9887	0.9890
2.3	0.9893	0.9896	0.9898	0.9901	0.9904	0.9906	0.9909	0.9911	0.9913	0.9916
2.4	0.9918	0.9920	0.9922	0.9925	0.9927	0.9929	0.9931	0.9932	0.9934	0.9936
2.5	0.9938	0.9940	0.9941	0.9943	0.9945	0.9946	0.9948	0.9949	0.9951	0.9952
2.6	0.9953	0.9955	0.9956	0.9957	0.9959	0.9960	0.9961	0.9962	0.9963	0.9964
2.7	0.9965	0.9966	0.9967	0.9968	0.9969	0.9970	0.9971	0.9972	0.9973	0.9974
2.8	0.9974	0.9975	0.9976	0.9977	0.9977	0.9878	0.9979	0.9979	0.9980	0.9981
2.9	0.9981	0.9982	0.9982	0.9983	0.9984	0.9984	0.9985	0.9985	0.9986	0.9986
3.0	0.9987	0.9990	0.9993	0.9995	0.9997	0.9998	0.9998	0.9999	0.9998	1.0000

注：表中末行系函数值 $\Phi(3.0), \Phi(3.1), \cdots, \Phi(3.9)$.

附表 4　χ² 分布表

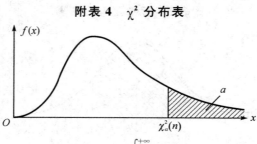

$$P\{\chi^2 > \chi^2_a(n)\} = \int_{\chi^2_a(n)}^{+\infty} f(x)\,\mathrm{d}x = a$$

n	$a=0.995$	0.99	0.975	0.95	0.90	0.75
1	—	—	0.001	0.004	0.016	0.102
2	0.010	0.020	0.051	0.103	0.211	0.575
3	0.072	0.115	0.216	0.352	0.584	1.213
4	0.207	0.297	0.484	0.711	1.064	1.923
5	0.412	0.554	0.831	1.145	1.610	2.675
6	0.676	0.872	1.237	1.635	2.204	3.455
7	0.989	0.239	1.690	2.167	2.833	4.255
8	1.344	0.646	2.180	2.733	3.490	5.071
9	1.735	2.088	2.700	3.325	4.168	5.899
10	2.156	2.558	3.247	3.940	4.865	6.737
11	2.603	3.053	3.816	4.575	5.578	7.584
12	3.074	3.571	4.404	5.226	6.304	8.438
13	3.565	4.107	5.009	5.892	7.042	9.299
14	4.075	4.660	5.629	6.571	7.790	10.165
15	4.601	5.229	6.262	7.261	8.547	11.037
16	5.142	5.812	6.908	7.962	9.312	11.912
17	5.697	6.408	7.564	8.672	10.085	12.792
18	6.265	7.015	8.231	9.390	10.865	13.675
19	6.844	7.633	8.907	10.117	11.651	14.562
20	7.434	8.260	9.591	10.851	12.443	15.452
21	8.034	8.897	10.283	11.591	13.240	16.344
22	8.643	9.542	10.982	12.338	14.042	17.240
23	9.260	10.196	11.689	13.091	14.848	18.137
24	9.886	10.856	12.401	13.848	15.659	19.037
25	10.520	11.524	13.120	14.611	16.473	19.939
26	11.160	12.198	13.844	15.379	17.292	20.843
27	11.808	12.879	14.573	16.151	18.114	21.749
28	12.461	13.565	15.308	16.928	18.939	22.657
29	13.121	14.257	16.047	17.708	19.768	23.567
30	13.787	14.954	16.791	18.493	20.599	24.478
31	14.458	15.655	17.539	19.281	21.434	25.390
32	15.134	16.362	18.291	20.072	22.271	26.304
33	15.815	17.074	19.047	20.867	23.110	27.219
34	16.501	17.789	19.806	21.664	23.952	28.186
35	17.192	18.509	20.569	22.465	24.797	29.054
36	17.887	19.233	21.336	23.269	25.643	29.973
37	18.586	19.960	22.106	24.075	26.492	30.893
38	19.289	20.691	22.878	24.884	27.343	31.815
39	19.996	21.426	23.654	25.695	28.196	32.737
40	20.707	22.164	24.433	26.509	29.051	33.660
41	21.421	22.906	25.215	27.326	29.907	34.585
42	22.138	23.650	25.999	28.144	30.765	35.510
43	22.859	24.398	26.785	28.965	31.625	36.436
44	23.584	25.148	27.575	29.787	32.487	37.363
45	24.311	25.901	28.366	30.612	33.350	38.291

n	$\alpha=0.25$	0.10	0.05	0.025	0.01	0.005
1	1.323	2.706	3.841	5.024	6.635	7.879
2	2.773	4.605	5.991	7.378	9.210	10.597
3	4.108	6.251	7.815	9.348	11.345	12.838
4	5.385	7.779	9.488	11.143	13.277	14.860
5	6.626	9.236	11.071	12.833	15.086	16.750
6	7.841	10.645	12.592	14.449	16.812	18.548
7	9.037	12.017	14.067	16.013	18.475	20.278
8	10.219	13.362	15.507	17.535	20.090	21.955
9	11.389	14.684	16.919	19.023	21.666	23.589
10	12.549	15.987	18.307	20.483	23.209	25.188
11	13.701	17.275	19.675	21.920	24.725	26.757
12	14.845	18.549	21.026	23.337	26.217	28.299
13	15.984	19.812	22.362	24.736	27.688	29.819
14	17.117	21.064	23.685	26.119	29.141	31.319
15	18.245	22.307	24.996	27.488	20.578	32.801
16	19.369	23.542	26.296	28.845	32.000	34.267
17	20.489	24.769	27.587	30.191	33.409	35.718
18	21.605	25.989	28.869	31.526	34.805	37.156
19	22.718	27.204	30.144	32.852	36.191	38.582
20	23.828	28.412	31.410	34.170	37.566	39.997
21	24.935	29.615	32.671	35.479	38.932	41.401
22	26.039	30.813	33.924	36.781	40.289	42.796
23	27.141	32.007	35.172	38.076	41.638	44.181
24	28.241	33.196	36.415	39.364	42.980	45.559
25	29.339	34.382	37.652	40.646	44.314	46.928
26	30.435	35.563	38.885	41.923	45.642	48.290
27	31.528	36.741	40.113	43.194	46.963	49.645
28	32.620	37.916	41.337	44.461	48.278	50.993
29	33.711	39.087	42.557	45.722	49.588	52.336
30	34.800	40.256	43.773	46.979	50.892	53.672
31	35.887	41.422	44.985	48.232	52.191	55.003
32	36.973	42.585	46.194	49.480	53.486	56.328
33	38.058	43.745	47.400	50.725	54.776	57.648
34	39.141	44.903	48.602	51.966	56.061	58.964
35	40.223	46.059	49.802	53.203	57.342	60.275
36	41.304	47.212	50.998	54.437	58.619	61.581
37	42.383	48.363	52.192	55.668	59.892	62.883
38	43.462	49.513	53.384	56.896	61.162	64.181
39	44.539	50.660	54.572	58.120	62.428	65.476
40	45.616	51.805	55.758	59.342	63.691	66.766
41	46.692	52.949	56.942	60.561	64.950	68.053
42	47.766	54.090	58.124	61.777	66.206	29.336
43	48.840	55.230	59.304	62.990	67.459	70.616
44	49.916	46.369	60.481	64.201	68.710	71.893
45	50.985	57.505	61.656	35.410	69.957	73.166

附表 5　t 分布表

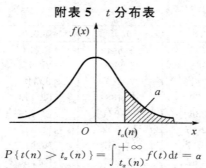

$$P\{t(n) > t_\alpha(n)\} = \int_{t_\alpha(n)}^{+\infty} f(t)\,\mathrm{d}t = \alpha$$

n	α=0.25	0.10	0.05	0.025	0.01	0.005
1	1.0000	3.0777	6.3138	12.7062	31.8207	63.6574
2	0.8165	1.8856	2.9200	4.3027	6.9646	9.9248
3	0.7649	1.6377	2.3534	3.1824	4.5407	5.8409
4	0.7407	0.5332	2.1318	2.7764	3.7469	4.6041
5	0.7267	1.4759	2.0150	2.5706	3.3649	4.0322
6	0.7176	1.4398	1.9432	2.4469	3.1427	3.7074
7	0.7111	1.4149	1.8946	2.3646	2.9980	3.4995
8	0.7064	1.3968	1.8595	2.3060	2.8965	3.3554
9	0.7027	1.3830	1.8331	2.2622	2.8214	3.2498
10	0.6998	1.3722	1.8125	2.2281	2.7638	3.1693
11	0.6974	1.3634	1.7959	2.2010	2.7181	3.1058
12	0.6955	1.3562	1.7823	2.1788	2.6810	3.0545
13	0.6938	1.3502	1.7709	2.1604	2.6503	3.0123
14	0.6924	1.3450	1.7613	2.1448	2.6245	2.9768
15	0.6912	1.3406	1.7531	2.1315	2.6025	2.9467
16	0.6901	1.3368	1.7459	2.1199	2.5835	2.9208
17	0.6892	1.3334	1.7396	2.1098	2.5669	2.8982
18	0.6884	1.3304	1.7341	2.1009	2.5524	2.8784
19	0.6876	1.3277	1.7291	2.0930	2.5395	2.8609
20	0.6870	1.3253	1.7247	2.0860	2.5280	2.8453
21	0.6864	1.3232	1.7207	2.0796	2.5177	2.8314
22	0.6858	1.3212	1.7171	2.0739	2.5083	2.8188
23	0.6853	1.3195	1.7139	2.0687	2.4999	2.8073
24	0.6848	1.3178	1.7109	2.0639	2.4922	2.7969
25	0.6844	1.3163	1.7081	2.0595	2.4851	2.7874
26	0.6840	1.3150	1.7056	2.0555	2.4786	2.7787
27	0.6837	1.3137	1.7033	2.0518	2.4727	2.7707
28	0.6834	1.3125	1.7011	2.0484	2.4641	2.7633
29	0.6830	1.3114	1.6991	2.0452	2.4620	2.7564
30	0.6828	1.3104	1.6973	2.0423	2.4573	2.7500
31	0.6825	1.3095	1.6955	2.0395	2.4528	2.7440
32	0.6822	1.3086	1.6939	2.0369	2.4487	2.7385
33	0.6820	1.3077	1.6924	2.0345	2.4448	2.7333
34	0.6818	1.3070	1.6909	2.0322	2.4411	2.7284
35	0.6816	1.3062	1.6896	2.0301	2.4377	2.7238
36	0.6814	1.3055	1.6883	2.0281	2.4345	2.7195
37	0.6812	1.3049	1.6871	2.0262	2.4314	2.7154
38	0.6810	1.3042	1.6860	2.0244	2.4286	2.7116
39	0.6808	1.3036	1.6849	2.0227	2.4258	2.7079
40	0.6807	1.3031	1.6839	2.0211	2.4233	2.7045
41	0.6805	1.3025	1.6829	2.0195	2.4208	2.7012
42	0.6804	1.3020	1.6820	2.0181	2.4185	2.6981
43	0.6802	1.3016	1.6811	2.0167	2.4163	2.6951
44	0.6801	1.3011	1.6802	2.0154	2.4141	2.6923
45	0.6800	1.3006	1.6794	2.0141	2.4121	2.6896

附表 6　F 分布表

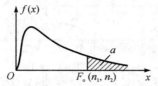

$$P\{F(n_1,n_2)>F_\alpha(n_1,n_2)\}=\alpha$$

$$\alpha=0.10$$

n_2 \ n_1	1	2	3	4	5	6	7	8	9
1	39.86	49.50	53.59	55.33	57.24	58.20	58.91	59.44	59.86
2	8.53	9.00	9.16	9.24	6.29	9.33	9.35	9.37	9.38
3	5.54	5.46	5.39	5.34	5.31	5.28	5.27	5.25	5.24
4	4.54	4.32	4.19	4.11	4.05	4.01	3.98	3.95	3.94
5	4.06	3.78	3.62	3.52	3.45	3.40	3.37	3.34	3.32
6	3.78	3.46	3.29	3.18	3.11	3.05	3.01	2.98	2.96
7	3.59	3.26	3.07	2.96	2.88	2.83	2.78	2.75	2.72
8	3.46	3.11	2.92	2.81	2.73	2.67	2.62	2.59	2.56
9	3.36	3.01	2.81	2.69	2.61	2.55	2.51	2.47	2.44
10	3.20	2.92	2.73	2.61	2.52	2.46	2.41	2.38	2.35
11	3.23	2.86	2.66	2.54	2.45	2.39	2.34	2.30	2.27
12	3.18	2.81	2.61	2.48	2.39	2.33	2.28	2.24	2.21
13	3.14	2.76	2.56	2.43	2.35	2.28	2.23	2.20	2.16
14	3.10	2.73	2.52	2.39	2.31	2.24	2.19	2.15	2.12
15	3.07	2.70	2.49	2.36	2.27	2.21	2.16	2.12	2.09
16	3.05	2.67	2.46	2.33	2.24	2.18	2.13	2.09	2.06
17	3.03	2.64	2.44	2.31	2.22	2.15	2.10	2.06	2.03
18	3.01	2.62	2.42	2.29	2.20	2.13	2.08	2.04	2.00
19	2.99	2.61	2.40	2.27	2.18	2.11	2.06	2.02	1.98
20	2.97	2.50	2.38	2.25	2.16	2.09	2.04	2.00	1.96
21	2.96	2.57	2.36	2.23	2.14	2.08	2.02	1.98	1.95
22	2.95	2.56	2.35	2.22	2.13	2.06	2.01	1.97	1.93
23	2.94	2.55	2.34	2.21	2.11	2.05	1.99	1.95	1.92
24	2.93	2.54	2.33	2.19	2.10	2.04	1.98	1.94	1.91
25	2.92	2.53	2.32	2.18	2.09	2.02	1.97	1.93	1.89
26	2.91	2.52	2.31	2.17	2.08	2.01	1.96	1.92	1.88
27	2.90	2.51	2.30	2.17	2.07	2.00	1.95	1.91	1.87
28	2.89	2.50	2.29	2.16	2.06	2.00	1.94	1.90	1.87
29	2.89	2.50	2.28	2.15	2.06	1.99	1.93	1.89	1.86
30	2.88	2.49	2.22	2.14	2.05	1.98	1.93	1.88	1.85
40	2.84	2.41	2.23	2.09	2.00	1.93	1.87	1.83	1.79
60	2.79	2.39	2.18	2.04	1.95	1.87	1.82	1.77	1.74
120	2.75	2.35	2.13	1.99	1.90	1.82	1.77	1.72	1.68
∞	2.71	2.30	2.08	1.94	1.85	1.77	1.72	1.67	1.63

n_2 \ n_1	10	12	15	20	24	30	40	60	120	∞
1	60.19	60.71	61.22	61.74	62.06	62.26	62.53	62.79	63.06	63.33
2	9.39	9.41	9.42	9.44	9.45	9.46	9.47	9.47	9.48	9.49
3	5.23	5.22	5.20	5.18	5.18	5.17	5.16	5.15	5.14	5.13
4	3.92	3.90	3.87	3.84	3.83	3.82	3.80	3.79	3.78	3.76
5	3.30	3.27	3.24	3.21	3.19	3.17	3.16	3.14	3.12	3.10
6	2.94	2.90	2.87	2.84	2.82	2.80	2.78	2.76	2.74	2.72
7	2.70	2.67	2.63	2.59	2.58	2.56	2.54	2.51	2.49	2.47
8	2.54	2.50	2.46	2.42	2.40	2.38	2.36	2.34	2.32	2.29
9	2.42	2.38	2.34	2.30	2.28	2.25	2.23	2.21	2.18	2.16
10	2.32	2.28	2.24	2.20	2.18	2.16	2.13	2.11	2.08	2.06
11	2.25	2.21	2.17	2.12	2.10	2.08	2.05	2.03	2.00	1.97
12	2.19	2.15	2.40	2.06	2.04	2.01	1.99	1.96	1.93	1.90
13	2.14	2.10	2.05	2.01	1.98	1.96	1.93	1.90	1.88	1.85
14	2.10	2.05	2.01	1.96	1.94	1.91	1.89	1.82	1.83	1.80
15	2.06	2.02	1.97	1.92	1.90	1.87	1.85	1.82	1.79	1.76
16	2.03	1.99	1.94	1.89	1.87	1.84	1.81	1.78	1.75	1.72
17	2.00	1.96	1.91	1.86	1.84	1.81	1.78	1.75	1.72	1.69
18	1.98	1.93	1.89	1.84	1.81	1.78	1.75	1.72	1.69	1.66
19	1.96	1.91	1.86	1.81	1.79	1.76	1.73	1.70	1.67	1.63
20	1.94	1.89	1.84	1.79	1.77	1.74	1.71	1.68	1.64	1.61
21	1.92	1.87	1.83	1.78	1.75	1.72	1.69	1.66	1.62	1.59
22	1.90	1.86	1.81	1.76	1.73	1.70	1.67	1.64	1.60	1.57
23	1.89	1.84	1.80	1.74	1.72	1.69	1.66	1.62	1.59	1.55
24	1.88	1.83	1.78	1.73	1.70	1.67	1.64	1.61	1.57	1.53
25	1.87	1.82	1.77	1.72	1.69	1.66	1.63	1.59	1.56	1.52
26	1.86	1.81	1.76	1.71	1.68	1.65	1.61	1.58	1.54	1.50
27	1.85	1.80	1.75	1.70	1.67	1.64	1.60	1.57	1.53	1.49
28	1.84	1.79	1.74	1.69	1.66	1.63	1.59	1.56	1.52	1.48
29	1.83	1.78	1.73	1.68	1.65	1.62	1.58	1.55	1.51	1.47
30	1.82	1.77	1.72	1.67	1.64	1.61	1.57	1.54	1.50	1.46
40	1.76	1.71	1.66	1.61	1.57	1.54	1.51	1.47	1.42	1.38
60	1.71	1.66	1.60	1.54	1.51	1.48	1.44	1.40	1.35	1.29
120	1.65	1.60	1.55	1.48	1.45	1.41	1.37	1.32	1.26	1.19
∞	1.60	1.55	1.49	1.42	1.38	1.34	1.30	1.24	1.17	1.00

$\alpha=0.05$

n_1 n_2	1	2	3	4	5	6	7	8	9
1	161.4	199.5	215.7	224.6	230.2	234.0	236.8	238.9	240.5
2	18.51	19.00	19.16	19.25	19.30	19.33	19.35	19.37	19.38
3	10.13	9.55	9.28	9.12	9.01	8.94	8.89	8.85	8.81
4	7.71	6.94	6.59	6.39	6.26	6.16	6.09	6.04	6.00
5	6.61	5.79	5.41	5.19	5.05	4.95	4.88	4.82	4.77
6	5.99	5.14	4.76	4.53	4.39	4.28	4.21	4.15	4.10
7	5.59	4.74	4.35	4.12	3.97	3.87	3.79	3.73	3.68
8	5.32	4.46	4.07	3.84	3.69	3.58	3.50	3.44	3.39
9	5.12	4.26	3.86	3.63	3.48	3.37	3.29	3.23	3.18
10	4.96	4.10	3.71	3.48	3.33	3.22	3.14	3.07	3.02
11	4.84	3.98	3.59	3.36	3.20	3.07	3.01	2.95	2.90
12	4.75	3.89	3.49	3.26	3.11	3.00	2.91	2.85	2.80
13	4.67	3.81	3.41	3.18	3.03	2.52	2.85	2.77	2.71
14	4.60	3.74	3.34	3.11	2.96	2.85	2.76	2.70	2.65
15	4.54	3.68	3.29	3.06	2.90	2.79	2.71	2.64	2.59
16	4.49	3.63	3.24	3.01	2.85	2.74	2.66	2.59	2.54
17	4.45	3.59	3.20	2.96	2.81	2.70	2.61	2.55	2.49
18	4.41	3.55	3.16	2.93	2.77	2.66	2.58	2.51	2.46
19	4.38	3.52	3.13	2.90	2.74	2.63	2.54	2.48	2.42
20	4.35	3.49	3.10	2.87	2.71	2.60	2.51	2.45	2.39
21	4.32	3.47	3.07	2.84	2.68	2.57	2.49	2.42	2.37
22	4.30	3.44	3.05	2.82	2.66	2.55	2.46	2.40	2.34
23	4.28	3.42	3.03	2.80	2.64	2.53	2.44	2.37	2.32
24	4.26	3.40	3.01	2.78	2.62	2.51	2.42	2.36	2.30
25	4.24	3.39	2.99	2.76	2.60	2.49	2.40	2.34	2.28
26	4.23	3.37	2.98	2.74	2.59	2.47	2.39	2.32	2.27
27	4.21	3.35	2.96	2.73	2.57	2.46	2.37	2.31	2.25
28	4.20	3.34	2.95	2.71	2.56	2.45	2.36	2.29	2.24
29	4.18	3.33	2.93	2.70	2.55	2.43	2.35	2.28	2.22
30	4.17	3.32	2.92	2.69	2.53	2.42	2.33	2.27	2.21
40	4.08	3.23	2.84	2.61	2.45	2.34	2.25	2.18	2.12
60	4.00	3.15	2.76	2.53	2.37	2.25	2.17	2.10	2.04
120	3.92	3.07	2.68	2.45	2.29	2.17	2.09	2.02	1.96
∞	3.84	3.00	2.60	2.37	2.21	2.10	2.01	1.94	1.88

n_1 n_2	10	12	15	20	24	30	40	60	120	∞
1	241.9	243.9	245.9	248.0	249.1	250.1	251.1	252.2	253.3	254.3
2	19.40	19.41	19.43	19.45	19.45	19.46	19.47	19.48	19.49	19.30
3	8.79	8.74	8.70	8.66	8.64	8.62	8.59	8.57	8.55	8.53
4	5.96	5.91	5.86	5.80	5.77	5.75	5.72	5.69	5.66	5.63
5	4.74	4.68	4.62	4.56	4.53	4.50	4.46	4.43	4.40	4.36
6	4.06	4.00	3.94	3.87	3.84	3.81	3.77	3.74	3.70	3.67
7	3.64	3.57	3.51	3.44	3.41	3.38	3.34	3.30	3.27	3.23
8	3.35	3.28	3.22	3.15	3.12	3.08	3.04	3.01	2.97	2.93
9	3.14	3.07	3.01	2.94	2.90	2.86	2.83	2.79	2.75	2.71
10	2.98	2.91	2.85	2.77	2.74	2.70	2.66	2.62	2.58	2.54
11	2.85	2.79	2.72	2.65	2.61	2.57	2.53	2.49	2.45	2.40
12	2.75	2.69	2.62	2.54	2.51	2.47	2.43	2.38	2.34	2.30
13	2.67	2.60	2.53	2.46	2.42	2.38	2.34	2.30	2.25	2.21
14	2.60	2.53	2.46	2.39	2.35	2.31	2.27	2.22	2.18	2.13
15	2.54	2.48	2.40	2.33	2.29	2.25	2.20	2.16	2.11	2.07
16	2.49	2.42	2.35	2.28	2.24	2.19	2.15	2.11	2.06	2.01
17	2.45	2.38	2.31	2.23	2.19	2.15	2.10	2.06	2.01	1.96
18	2.41	2.34	2.27	2.19	2.15	2.11	2.06	2.02	1.97	1.92
19	2.38	2.31	2.23	2.16	2.11	2.07	2.03	1.98	1.93	1.88
20	2.35	2.28	2.20	2.12	2.08	2.04	1.99	1.95	1.90	1.84
21	2.32	2.25	2.18	2.10	2.05	2.01	1.96	1.92	1.87	1.81
22	2.30	2.23	2.15	2.07	2.03	1.98	1.94	1.89	1.84	1.78
23	2.27	2.20	2.13	2.05	2.01	1.96	1.91	1.86	1.81	1.76
24	2.25	2.18	2.11	2.03	1.98	1.94	1.89	1.84	1.79	1.73
25	2.24	2.16	2.09	2.01	1.96	1.92	1.87	1.82	1.77	1.71
26	2.22	2.15	2.07	1.99	1.95	1.90	1.85	1.80	1.75	1.69
27	2.20	2.13	2.06	1.97	1.93	1.88	1.84	1.79	1.73	1.67
28	2.19	2.12	2.04	1.96	1.91	1.87	1.82	1.77	1.71	1.65
29	2.18	2.10	2.03	1.94	1.90	1.85	1.81	1.75	1.70	1.64
30	2.16	2.09	2.01	1.93	1.89	1.84	1.73	1.74	1.68	1.62
40	2.08	2.00	1.92	1.84	1.79	1.74	1.69	1.64	1.58	1.51
60	1.99	1.92	1.84	1.75	1.70	1.65	1.59	1.53	1.47	1.39
120	1.91	1.83	1.75	1.66	1.61	1.55	1.50	1.43	1.35	1.25
∞	1.83	1.75	1.67	1.57	1.52	1.46	1.39	1.32	1.22	1.00

$\alpha = 0.10$

n_2 \ n_1	1	2	3	4	5	6	7	8	9	10
1	647.8	799.5	864.2	899.6	921.8	937.1	948.2	956.7	963.3	968.6
2	38.51	39.60	39.17	39.25	39.30	39.33	39.36	39.37	39.39	39.40
3	17.44	16.04	15.44	15.10	14.88	14.73	14.62	14.54	14.47	14.42
4	12.22	10.65	9.98	9.60	9.36	9.20	9.07	8.98	8.98	8.84
5	10.01	8.43	7.76	7.39	7.15	6.98	6.85	6.76	6.68	6.62
6	8.31	7.26	6.60	6.23	5.99	5.82	5.70	5.60	5.52	5.46
7	8.07	6.54	5.89	5.52	5.29	5.12	4.99	4.90	4.82	4.76
8	7.57	6.06	5.42	5.05	4.82	4.65	4.53	4.43	4.36	4.30
9	7.21	5.71	5.08	4.72	4.48	4.32	4.20	4.10	4.03	3.96
10	6.94	5.46	4.83	4.47	4.24	4.07	3.95	3.85	3.78	3.72
11	6.72	5.26	4.63	4.28	4.04	4.88	3.76	3.66	3.59	3.53
12	6.55	5.10	4.47	4.12	3.89	3.73	3.61	3.51	3.44	3.37
13	6.41	4.97	4.35	4.00	3.77	3.60	3.48	3.39	3.31	3.25
14	6.30	4.86	4.24	3.89	3.66	3.50	3.38	3.29	3.21	3.15
15	6.20	4.77	4.15	3.86	3.58	3.41	3.29	3.20	3.12	3.06
16	6.12	4.69	4.08	3.73	3.50	3.34	3.22	3.12	3.05	2.99
17	6.04	4.62	4.01	3.66	3.44	3.28	3.16	3.06	2.98	2.92
18	5.98	4.56	3.95	3.61	3.38	3.22	3.10	3.01	2.93	2.87
19	5.92	4.51	3.90	3.56	3.33	3.17	3.05	2.96	2.88	2.82
20	5.87	4.46	3.86	3.51	3.29	3.13	3.01	2.91	2.84	2.77
21	5.83	4.42	3.82	3.48	3.25	3.09	2.97	2.87	2.80	2.73
22	5.79	4.38	3.78	3.44	3.22	3.06	2.93	2.84	2.76	2.70
23	5.75	4.35	3.75	3.41	3.18	3.02	2.90	2.81	2.73	2.67
24	5.72	4.32	3.72	3.38	3.15	2.99	2.87	2.78	2.70	2.64
25	5.69	4.29	3.69	3.35	3.13	2.97	2.85	2.75	2.68	2.61
26	5.66	4.27	3.67	3.33	3.10	2.94	2.82	2.73	2.65	2.59
27	5.63	4.24	3.65	3.31	3.08	2.92	2.80	2.71	2.63	2.57
28	5.61	4.22	3.63	3.29	3.06	2.90	2.78	2.69	2.61	2.55
29	5.59	4.20	3.61	3.27	3.04	2.88	2.76	2.67	2.59	2.53
30	5.57	4.18	3.59	3.25	3.03	2.87	2.75	2.65	2.57	2.51
40	5.42	4.05	3.46	3.13	2.90	2.74	2.62	2.53	2.45	2.39
60	5.29	3.93	3.34	3.01	2.79	2.63	2.51	2.41	2.33	2.27
120	5.15	3.80	3.23	2.89	2.67	2.52	2.39	2.30	2.22	2.16
∞	5.02	3.69	3.12	2.79	2.57	2.41	2.29	2.19	2.11	2.05

$$\alpha = 0.025$$

n_2 \ n_1	12	15	20	24	30	40	60	120	∞
1	976.7	984.9	993.1	997.2	1 001	1 006	1 010	1 014	1 018
2	39.41	39.43	39.45	39.46	39.46	39.47	39.48	39.49	39.50
3	14.34	14.25	14.17	14.12	14.08	14.04	13.99	13.95	13.90
4	8.75	8.66	8.56	8.51	8.46	8.41	8.36	8.31	8.26
5	6.52	6.43	6.33	6.28	6.23	6.18	6.12	6.07	6.02
6	5.37	5.27	5.17	5.12	5.07	5.01	4.96	4.90	4.85
7	4.67	4.57	4.47	4.42	4.36	4.31	4.25	4.20	4.14
8	4.20	4.10	4.00	3.95	3.89	3.84	3.78	3.73	3.67
9	3.87	3.77	3.67	3.61	3.56	3.51	3.45	3.39	3.33
10	3.62	3.52	3.42	3.37	3.31	3.26	3.20	3.14	3.08
11	3.43	3.33	3.23	3.17	3.12	3.06	3.00	2.94	2.88
12	3.28	3.18	3.07	3.02	2.96	2.91	2.85	2.79	2.72
13	3.15	3.05	2.95	2.89	2.84	2.78	2.72	2.66	2.60
14	3.05	2.95	2.84	2.79	2.73	2.67	2.61	2.55	2.49
15	2.90	2.86	2.76	2.70	2.64	2.59	2.52	2.46	2.40
16	2.89	2.79	2.68	2.63	2.57	2.51	2.45	2.38	2.32
17	2.82	2.72	2.62	2.56	2.50	2.44	2.38	2.32	2.25
18	2.77	2.67	2.56	2.50	2.44	2.38	2.32	2.26	2.19
19	2.72	2.62	2.51	2.45	2.39	2.33	2.27	2.20	2.13
20	2.68	2.57	2.46	2.41	2.35	2.29	2.22	2.16	2.09
21	2.64	2.53	2.42	2.37	2.31	2.25	2.18	2.11	2.04
22	2.60	2.50	2.39	2.33	2.27	2.21	2.14	2.08	2.00
23	2.57	2.47	2.36	2.30	2.24	2.18	2.11	2.04	1.97
24	2.54	2.44	2.33	2.27	2.21	2.15	2.08	2.01	1.94
25	2.51	2.41	2.30	2.24	2.18	2.12	2.05	1.98	1.91
26	2.49	2.39	2.28	2.22	2.16	2.09	2.03	1.95	1.88
27	2.47	2.36	2.25	2.19	2.13	2.07	2.00	1.93	1.85
28	2.45	2.34	2.23	2.17	2.11	2.05	1.98	1.91	1.83
29	2.43	2.32	2.21	2.15	2.09	2.03	1.96	1.89	1.81
30	2.41	2.31	2.20	2.14	2.07	2.01	1.94	1.87	1.79
40	2.29	2.18	2.07	2.01	1.94	1.88	1.80	1.72	1.64
60	2.17	2.06	1.94	1.88	1.82	1.74	1.67	1.58	1.48
120	2.05	1.94	1.82	1.76	1.69	1.61	1.53	1.43	1.31
∞	1.94	1.83	1.71	1.64	1.57	1.48	1.39	1.27	1.00

$\alpha=0.01$

n_2 \ n_1	1	2	3	4	5	6	7	8	9	10
1	4 052	4 999.5	5 403	5 625	5 764	5 859	5 928	5 982	6 022	6 056
2	98.50	99.00	99.17	99.25	99.30	99.33	99.36	99.37	99.39	99.40
3	34.12	30.82	29.46	28.71	28.24	27.91	27.67	27.49	27.35	27.23
4	21.20	18.00	16.69	15.98	15.52	15.21	14.98	14.80	14.66	14.55
5	16.26	13.27	12.06	11.39	10.97	10.67	10.46	10.29	10.16	10.05
6	13.75	10.92	9.78	9.15	8.75	8.47	8.26	8.10	7.98	7.82
7	12.25	9.55	8.45	7.85	7.46	7.19	6.99	6.84	6.72	6.62
8	11.26	8.65	7.59	7.01	6.63	6.37	6.18	6.03	5.91	5.81
9	10.56	8.02	6.99	6.42	6.06	5.80	5.61	5.47	5.35	5.26
10	10.04	7.56	6.55	5.99	5.64	5.39	5.20	5.06	4.94	4.85
11	9.65	7.21	6.22	5.67	5.32	5.07	4.89	4.74	4.63	4.54
12	9.33	6.93	5.95	5.41	5.06	4.82	4.64	4.50	4.39	4.30
13	9.07	6.70	5.74	5.21	4.86	4.62	4.44	4.30	4.19	4.10
14	8.86	6.51	5.56	5.04	4.69	4.46	4.28	4.14	4.03	3.94
15	8.68	6.36	5.42	4.89	4.56	4.32	4.14	4.00	3.89	3.80
16	8.53	6.23	5.29	4.77	4.44	4.20	4.03	3.89	3.78	3.69
17	8.40	6.11	5.18	4.67	4.34	4.10	3.93	3.79	3.68	3.59
18	8.29	6.01	5.09	5.58	4.25	4.01	3.81	3.71	3.60	3.51
19	8.18	5.93	5.01	4.50	4.17	3.94	3.77	3.63	3.52	3.43
20	8.10	5.85	4.94	4.43	4.10	3.87	3.70	3.56	3.46	3.37
21	8.02	5.78	4.87	4.37	4.04	3.81	3.64	3.51	3.40	3.31
22	7.95	5.72	4.82	4.31	3.99	3.76	3.59	3.45	3.35	3.26
23	7.88	5.66	4.76	4.26	3.94	3.71	3.54	3.41	3.30	3.21
24	7.82	5.61	4.72	4.22	3.90	3.67	3.50	3.36	3.26	3.17
25	7.77	5.57	4.68	4.18	3.85	3.63	3.46	3.32	3.22	3.13
26	7.72	5.53	4.64	4.14	3.82	3.59	3.42	3.29	3.18	3.09
27	7.68	5.49	4.60	4.11	3.78	3.56	3.39	3.26	3.15	3.06
28	7.64	5.45	4.57	4.07	3.75	3.53	3.36	3.23	3.12	3.03
29	7.60	5.42	4.54	4.04	3.73	3.50	3.33	3.20	3.09	3.00
30	7.56	5.39	4.51	4.02	3.70	3.47	3.30	3.17	3.07	2.98
40	7.31	5.18	4.31	3.83	3.51	3.29	3.12	2.99	2.89	2.80
60	7.08	4.98	4.13	3.65	3.34	3.12	2.95	2.82	2.72	2.63
120	6.85	4.79	3.95	3.48	3.17	2.96	2.79	2.66	2.56	2.47
∞	6.63	4.61	3.78	3.32	3.02	2.86	2.64	2.51	2.41	2.32

续表

n_2＼n_1	12	15	20	24	30	40	60	120	∞
1	6 106	6 157	6 209	6 235	6 261	6 287	9 313	6 339	6 366
2	99.42	99.43	99.45	99.46	99.47	99.47	99.48	99.49	99.50
3	27.05	26.87	26.69	26.60	26.50	26.41	26.32	26.22	26.13
4	14.37	14.20	14.02	13.93	13.84	13.95	13.65	13.56	13.46
5	9.89	9.72	9.55	9.47	9.38	9.25	9.20	9.11	9.02
6	7.72	7.56	7.40	7.31	7.23	7.14	7.06	6.97	6.88
7	6.47	6.31	6.16	6.07	5.99	5.91	5.82	5.74	5.65
8	5.67	5.52	5.36	5.28	5.20	5.12	5.03	4.95	4.86
9	5.11	4.96	4.81	4.73	4.65	4.57	4.48	4.40	4.31
10	4.71	4.56	4.41	4.33	4.25	4.17	4.08	4.00	3.91
11	4.40	4.25	4.10	4.02	3.94	3.86	2.78	3.69	3.60
12	4.16	4.01	3.86	3.78	3.70	3.62	3.54	3.45	3.36
13	3.96	3.82	3.66	3.59	3.51	3.43	3.34	3.25	3.17
14	3.80	3.66	3.51	3.43	3.35	3.27	3.18	3.09	3.00
15	3.67	3.52	3.37	3.29	3.21	3.13	3.05	2.96	2.87
16	3.55	3.41	3.26	3.18	3.10	3.02	2.93	2.84	2.75
17	3.46	3.31	3.16	3.08	3.00	2.92	2.83	2.75	2.65
18	3.37	3.23	3.08	3.00	2.92	2.84	2.75	2.66	2.57
19	3.30	3.15	3.00	2.92	2.84	2.76	2.67	2.58	2.49
20	3.23	3.09	2.94	2.86	2.78	2.69	2.61	2.52	2.42
21	3.17	3.03	2.88	2.80	2.72	2.64	2.55	2.46	2.36
22	3.12	2.98	2.83	2.75	2.67	2.58	2.50	2.40	2.31
23	3.07	2.93	2.98	2.70	2.62	2.54	2.45	2.35	2.26
24	3.03	2.89	2.74	2.66	2.58	2.49	2.40	2.31	2.21
25	2.99	2.85	2.70	2.62	2.54	2.45	2.36	2.27	2.17
26	2.96	2.81	2.66	2.58	2.50	2.42	2.33	2.23	2.13
27	2.93	2.78	2.63	2.55	2.47	2.38	2.29	2.20	2.10
28	2.90	2.75	2.60	2.52	2.44	2.35	2.26	2.17	2.06
29	2.87	2.73	2.57	2.49	2.41	2.33	2.23	2.14	2.03
30	2.84	2.70	2.55	2.47	2.39	2.30	2.21	2.11	2.01
40	2.66	2.52	2.37	2.29	2.20	2.11	2.02	1.92	1.80
60	2.50	2.35	2.20	2.12	2.03	1.94	1.84	1.73	1.60
120	2.34	2.19	2.03	1.95	1.86	1.76	1.66	1.53	1.38
∞	2.18	2.04	1.88	1.79	1.70	1.59	1.47	1.32	1.00

$\alpha = 0.005$

n_2＼n_1	1	2	3	4	5	6	7	8	9	10
1	16 211	20 000	21 615	22 300	23 056	23 437	23 715	23 925	24 091	24 224
2	198.5	199.0	199.2	199.2	199.3	199.3	199.4	199.4	199.4	199.4
3	55.55	49.80	47.47	46.19	45.39	44.84	44.43	44.13	43.88	43.69
4	31.33	26.28	24.26	23.15	22.46	21.97	21.62	21.35	21.14	20.97
5	22.78	18.31	16.53	15.56	14.94	14.51	14.20	13.96	13.77	13.62
6	18.63	14.54	12.92	12.03	11.46	11.07	10.79	10.57	10.39	10.25
7	16.24	12.40	10.88	10.05	9.52	9.16	8.89	8.68	8.51	8.38
8	14.69	11.04	9.60	8.81	8.30	7.95	7.69	7.50	7.34	7.21
9	13.61	10.11	8.72	7.96	7.47	7.13	6.88	6.69	6.54	6.42
10	12.83	9.43	8.08	7.34	6.87	6.54	6.30	6.12	5.97	5.85
11	12.23	8.91	7.60	6.88	6.42	6.10	5.86	5.68	5.54	5.42
12	11.75	8.51	7.23	6.52	6.07	5.76	5.52	5.35	5.20	5.09
13	11.37	8.19	6.93	6.23	5.79	5.48	5.25	5.08	4.94	4.82
14	11.06	7.92	6.68	6.00	5.56	5.26	5.03	4.86	4.72	4.60
15	11.80	7.70	6.48	5.80	5.37	5.07	4.85	4.67	4.54	4.42
16	10.58	7.51	6.30	5.64	5.21	4.91	4.69	4.52	4.38	4.27
17	10.38	7.35	6.16	5.50	5.07	4.78	4.56	4.39	4.25	4.14
18	10.22	7.21	6.03	5.37	4.96	4.66	4.44	4.28	4.14	4.03
19	10.07	7.09	5.92	5.27	4.85	4.56	4.34	4.18	4.04	3.93
20	9.94	6.99	5.82	5.17	4.76	4.47	4.26	4.09	3.96	3.85
21	9.83	6.89	5.73	5.09	4.68	4.39	4.18	4.01	3.88	3.77
22	9.73	6.81	5.65	5.02	4.61	4.32	4.11	3.94	3.81	3.70
23	9.63	6.73	5.58	4.95	4.54	4.26	4.05	3.88	3.75	3.64
24	9.55	6.66	4.52	4.89	4.49	4.20	3.99	3.83	3.69	3.59
25	9.48	6.60	5.46	4.84	4.43	4.15	3.94	3.78	3.64	3.54
26	9.41	6.54	5.41	4.79	4.38	4.10	3.89	3.73	3.60	3.49
27	9.34	6.49	5.36	4.74	4.34	4.06	3.85	3.69	3.56	3.45
28	9.28	6.44	5.32	4.70	4.30	4.02	3.81	3.65	3.52	3.41
29	9.23	6.40	5.28	4.66	4.26	3.98	3.77	3.61	3.48	3.38
30	9.18	6.35	5.24	4.62	4.23	3.95	3.74	3.58	3.45	3.34
40	8.83	6.07	4.98	4.37	3.99	3.71	3.51	3.35	3.22	3.12
60	8.49	5.79	4.73	4.14	3.76	3.49	3.29	3.13	3.01	2.90
120	8.18	5.54	4.50	3.92	3.55	3.28	3.09	2.93	2.81	2.71
∞	7.88	5.30	4.28	3.72	3.35	3.09	2.90	2.74	2.62	2.52

续表

n_2 \ n_1	12	15	20	24	30	40	60	120	∞
1	24 426	24 630	24 836	24 940	25 044	25 148	25 253	25 359	25 465
2	199.4	199.4	199.4	199.5	199.5	199.5	199.5	199.5	199.5
3	43.39	43.08	42.78	42.62	42.47	42.31	42.15	41.99	41.83
4	20.70	20.44	20.17	20.03	19.89	19.75	19.61	19.47	19.32
5	13.38	13.15	12.90	12.78	12.66	12.53	12.40	12.27	12.14
6	10.03	9.81	9.59	9.47	9.36	9.24	9.12	9.00	8.88
7	8.18	7.97	7.75	7.65	7.53	7.42	7.31	7.19	7.08
8	7.01	6.81	6.61	6.50	6.40	6.29	6.18	6.06	5.95
9	6.23	6.03	5.83	5.73	5.62	5.52	5.41	5.30	5.19
10	5.66	5.47	5.27	5.17	5.07	4.97	4.86	4.75	4.64
11	5.24	5.05	4.86	4.76	4.65	4.55	4.44	4.34	4.23
12	4.91	4.72	4.53	4.43	4.33	4.23	4.12	4.01	3.90
13	4.64	4.46	4.27	4.17	4.07	3.97	3.78	3.76	3.65
14	4.43	4.25	4.06	3.96	3.86	3.76	3.66	3.55	3.44
15	4.25	4.07	3.88	3.79	3.69	4.48	3.48	3.37	3.26
16	4.10	3.92	3.73	3.64	3.54	3.44	3.33	3.22	3.11
17	3.97	3.79	3.61	3.51	3.41	3.31	3.21	3.10	2.98
18	3.86	3.68	3.50	3.40	3.30	3.20	3.10	2.99	2.87
19	3.76	3.59	3.40	3.31	3.21	3.11	3.00	2.89	2.78
20	3.68	3.50	3.32	3.22	3.12	3.02	2.92	2.81	2.69
21	3.60	3.43	3.24	3.15	3.05	2.95	2.84	2.73	2.61
22	3.54	3.36	3.18	3.08	2.98	2.88	2.77	2.66	2.55
23	3.47	3.30	3.12	3.02	2.92	2.82	2.71	2.60	2.48
24	3.42	3.25	3.06	2.97	2.87	2.77	2.66	2.55	2.43
25	3.37	3.20	3.01	2.92	2.82	2.72	2.61	2.50	2.38
26	3.33	3.15	2.97	2.87	2.77	2.67	2.56	2.45	2.33
27	3.28	3.11	2.93	2.83	2.73	2.63	2.52	2.41	2.29
28	3.25	3.07	2.89	2.79	2.69	2.59	2.48	2.37	2.25
29	3.21	3.04	2.86	2.76	2.66	2.56	2.45	2.33	2.21
30	3.18	3.01	2.82	2.73	2.63	2.52	2.42	2.30	2.18
40	2.95	2.78	2.60	2.50	2.40	2.30	2.18	2.06	1.93
60	2.74	2.57	2.39	2.29	2.19	2.08	1.96	1.83	1.69
120	2.54	2.37	2.19	2.09	1.98	1.87	1.75	1.61	1.43
∞	2.36	2.19	2.00	1.90	1.79	1.67	1.53	1.36	1.00

参 考 文 献

[1]　盛骤等. 概率论与数理统计[M]. 北京：高等教育出版社，2001.

[2]　魏宗舒. 概率论与数理统计教程[M]. 北京：高等教育出版社，1998.

[3]　李贤平等. 概率论与数理统计[M]. 上海：复旦大学出版社，2003.

[4]　涂平等. 概率论与数理统计[M]. 武汉：华中科技大学出版社，2008.

[5]　姚孟臣. 概率论与数理统计学习指导[M]. 北京：中国人民大学出版社，2006.

[6]　范玉妹等. 概率论与数理统计[M]. 北京：机械工业出版社，2012.

[7]　许伯生等. 概率论与数理统计[M]. 北京：清华大学出版社，2018.

[8]　张宇. 概率论与数理统计 9 讲[M]. 北京：高等教育出版社，2019.

[9]　李永乐等. 数学历年真题全精解析. 西安：西安交通大学出版社，2019.

[10]　张志刚等. Matlab 与数学实验. 北京：中国铁道出版社，2004.